姜丽娜 编著

大学物理导教导学

U0351713

清华大学出版社

北京

内 容 简 介

　　《大学物理导教导学》是针对当前流行的各种版本《大学物理学》教材而配套的学习辅导书。全书涵盖了大学物理力学、热学、电磁学、光学以及量子物理等五部分。各部分均包含教学目标和内容概要,题型丰富,概括全面,插图较多,篇幅短小精悍,通俗易懂。书中许多富有启发性的例题,既可以促进学生进行探究性、研究性学习,还可以进一步培养学生的探索精神和创新精神。本书还在解题中提供了多种思路、多种解法以提高学生分析和解决问题的能力。本书可作为教师的教学参考材料和学生学习手册,还可供学生考研复习之用,希望本书的使用能够体现物理教学在素质教育和创新教育中的优势。

　　书中凡没有注明的单位均为 SI 制。

　　本书可供所有理工科院校和师范类院校的本科生、大专生和教师教学使用。

图书在版编目(CIP)数据

　　大学物理导教导学/姜丽娜编著.--北京:清华大学出版社,2014(2017.1 重印)
　　ISBN 978-7-302-35403-1

　　Ⅰ.①大…　Ⅱ.①姜…　Ⅲ.①物理学－高等学校－教学参考资料　Ⅳ.①O4

　　中国版本图书馆 CIP 数据核字(2014)第 022917 号

责任编辑:邹开颜　赵从棉
封面设计:常雪影
责任校对:赵丽敏
责任印制:李红英

出版发行:清华大学出版社
　　　　网　　　　址:http://www.tup.com.cn,http://www.wqbook.com
　　　　地　　　　址:北京清华大学学研大厦 A 座　　　　邮　　编:100084
　　　　社　总　机:010-62770175　　　　　　　　　　　　邮　　购:010-62786544
　　　　投稿与读者服务:010-62776969,c-service@tup.tsinghua.edu.cn
　　　　质　量　反　馈:010-62772015,zhiliang@tup.tsinghua.edu.cn
印　装　者:北京鑫海金澳胶印有限公司
经　　　销:全国新华书店
开　　　本:185mm×260mm　　印　张:14.25　　字　数:364 千字
版　　　次:2014 年 3 月第 1 版　　　　　　印　　次:2017 年 1 月第 4 次印刷
印　　　数:5201～6400
定　　　价:29.80 元

产品编号:052530-02

前　言

大学物理对工科学生来讲是一门十分重要的基础课。物理学作为带头学科对科学技术发展所做的贡献是众所周知的。根据20余年从教的经验，我们认为工科大学的学生在学习大学物理这门课时，首先要理解并掌握基本概念、基本方法、基本规律。著名物理学家费曼（R. P. Feynman）曾经说过："物理学家具有这样的习惯，对于任何一类现象，研究它们最简单的例子，把这称为'物理'，而把更复杂的体系，看作其他领域的事。"因此，在大学物理的学习中要学会理解物理模型、物理过程并且建立物理图像，从而提高分析问题和解决问题的能力。

目前，大学物理内容多而课时少的矛盾日显突出，如何为学生开发一个自主学习的平台显得尤为重要。为了使学生从依靠教师学习转变为自主学习，充分发挥学生、教材、教师三方面的积极性，形成以学生为主体、教材为核心、教师为向导的优化教学模式，在辽宁科技大学各级领导的关怀与支持下作者编写了《大学物理导教导学》一书。本书包括大学物理力、热、电、光以及量子物理和现代物理基础知识，全书分为5篇共16章，第1篇——力学基础篇，包含6章；第2篇——气体动力学和热力学篇，包含2章；第3篇——电磁学，包含4章；第4篇——波动光学篇，包含3章；第5篇——量子论篇，包含1章。

李海容老师为本书提供了部分例题并做了第1章的修改工作，冯文强和王彪老师参与了部分修改工作，高首山、王开明、聂晶老师提出了许多修改意见，本书在编写过程中还得到了刘磊、刘高斌、靳永双、王宏德、何开棘、邱东超、王健、谷月、杨秀一等老师的协助和支持，学生张越、廖川、孙梦茹对本书提出了修改意见，在此深表谢意。

清华大学出版社的赵从棉等老师对本书做了缜密的修改工作，对她们一丝不苟的敬业精神，编者深表敬意。对于清华大学出版社的邹开颜、朱红莲老师以及其他工作人员的积极支持表示衷心感谢。

本书在编写过程中还参考了国内外许多优秀教材，已经在书末列出。另外，部分照片来自网上不详作者。对于以上教材及照片的作者，编者特别致以诚挚的谢意。

由于编写时间仓促，经验不足，书中难免存在错误和不足之处，敬请读者不吝指正。

编　者
2014 年 1 月

目 录

第2篇　气体动理论和热力学篇

第3篇　电磁学篇

第 4 篇　波动光学篇

第 5 篇　量 子 论 篇

第1篇 力学基础篇

第1章 质点运动学

【教学目标】

1. 重点

质点模型建立的思想和方法,描述质点运动的基本物理量(如位矢、速度、加速度等)及相关计算,几种典型的质点运动,不同参照系间的物理量变换。

2. 难点

速度、加速度的瞬时性、矢量性和相对性在具体问题中的应用以及由加速度及初始条件求运动函数。

3. 基本要求

(1) 理解质点概念和理想模型的意义,通过质点概念的建立,初步了解建立物理模型的方法和意义,并理解参照系和惯性系的概念。

(2) 掌握通过位矢、位移、速度、加速度等物理量描述质点运动的运动学问题,包括由运动函数求速度和加速度及其逆问题——由加速度和初始条件求运动函数。

(3) 能够借助自然坐标表示质点作圆周运动的运动函数,熟练地计算质点运动的角速度、角加速度,以及切向加速度和法向加速度。

【内容概要】

物理学的研究方法:观察、实验、模拟、演绎、归纳、分析、综合、类比、理想化、假说、理论、……。

物理学的基本思想:用模型来描述自然,用数学来表达模型,用实验来检验模型。

运动学研究的内容:物体运动状态的变化规律而不涉及其原因。

1.1 位矢 位移 速度 加速度

1. 位矢与运动函数(方程)

如图 1.1 所示,直角坐标系中一质点在 t 时刻运动到点 P 处。

(1) 位矢 $\boldsymbol{r}$:描述物体的位置的物理量,记为

$$\boldsymbol{r} = \overrightarrow{OP} = x\boldsymbol{i} + y\boldsymbol{j} + z\boldsymbol{k}$$

位矢的大小为

$$r = |\boldsymbol{r}| = \sqrt{x^2 + y^2 + z^2}$$

方向角余弦

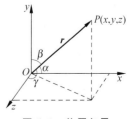

图 1.1 位置矢量

$$\cos\alpha = x/r, \quad \cos\beta = y/r, \quad \cos\gamma = z/r$$

满足关系式

$$\cos^2\alpha + \cos^2\beta + \cos^2\gamma = 1$$

（2）运动函数（方程）：描述物体的位置随时间变化规律的函数方程，记为

$$\boldsymbol{r} = x(t)\boldsymbol{i} + y(t)\boldsymbol{j} + z(t)\boldsymbol{k}, \quad 或 \quad \begin{cases} x = x(t) \\ y = y(t) \\ z = z(t) \end{cases}$$

（3）轨迹方程

质点运动时所经过的空间点的集合称为轨迹（或轨迹曲线），描写此曲线的数学方程叫轨迹方程。可以通过从运动函数的分量式中消去时间参数 t 得到坐标之间的关系即轨迹方程。

2. 位移、速度、加速度

如图 1.2 所示，一质点由位置 A 沿曲线运动到 B。

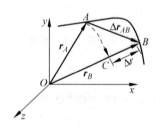

图 1.2　位移矢量

（1）位移：描述物体的位置变化的物理量，记为

$$\Delta\boldsymbol{r} = \overrightarrow{AB} = \boldsymbol{r}_B - \boldsymbol{r}_A$$

① 位移大小：$|\Delta\boldsymbol{r}| = \sqrt{(\Delta x)^2 + (\Delta y)^2 + (\Delta z)^2}$。

② 路程：质点运动过程中经过的轨迹长度，常用 s 或 Δs 表示。

③ 路程与位移的区别和联系

位移是矢量，而路程是标量；位移大小是两位置点间的直线距离，而路程是对应的运动轨迹的曲线长度，有 $\Delta s \geqslant |\Delta\boldsymbol{r}|$，在 $\Delta t \rightarrow 0$ 时，路程等于位移的大小，即 $\mathrm{d}s = |\mathrm{d}\boldsymbol{r}|$。

如图 1.2 中，$OA = OC$，$\Delta r = \Delta|\boldsymbol{r}| = CB$，一般情况下 Δr 与位移大小 $|\Delta\boldsymbol{r}|$ 是不相等的。

（2）速度：描述物体的位置随时间变化率的物理量。

① 速度大小 $v = \sqrt{v_x^2 + v_y^2 + v_z^2}$ 即速率。

② 平均速度：有限长时间内质点位移与时间的比，记为 $\overline{\boldsymbol{v}} = \dfrac{\Delta\boldsymbol{r}}{\Delta t}$。

③ 瞬时速度：无限短时间内质点位移与时间的比，记为

$$\boldsymbol{v} = \lim_{\Delta t \to 0} \frac{\Delta\boldsymbol{r}}{\Delta t} = \frac{\mathrm{d}\boldsymbol{r}}{\mathrm{d}t} = \frac{\mathrm{d}x}{\mathrm{d}t}\boldsymbol{i} + \frac{\mathrm{d}y}{\mathrm{d}t}\boldsymbol{j} + \frac{\mathrm{d}z}{\mathrm{d}t}\boldsymbol{k} = v_x\boldsymbol{i} + v_y\boldsymbol{j} + v_z\boldsymbol{k}$$

④ 速率：单位时间内质点所走过的路程。

平均速率：有限长时间内质点路程与时间的比，记为 $\overline{v} = \dfrac{\Delta s}{\Delta t}$。

瞬时速率：无限短时间内质点路程与时间的比，记为 $v = \lim\limits_{\Delta t \to 0} \dfrac{\Delta s}{\Delta t} = \dfrac{\mathrm{d}s}{\mathrm{d}t}$。

（3）加速度：描述物体的速度随时间变化率的物理量。

① 平均加速度：$\overline{\boldsymbol{a}} = \dfrac{\Delta\boldsymbol{v}}{\Delta t}$。

② 瞬时加速度：$\boldsymbol{a} = \lim\limits_{\Delta t \to 0} \dfrac{\Delta \boldsymbol{v}}{\Delta t} = \dfrac{\mathrm{d}\boldsymbol{v}}{\mathrm{d}t} = \dfrac{\mathrm{d}v_x}{\mathrm{d}t}\boldsymbol{i} + \dfrac{\mathrm{d}v_y}{\mathrm{d}t}\boldsymbol{j} + \dfrac{\mathrm{d}v_z}{\mathrm{d}t}\boldsymbol{k} = a_x\boldsymbol{i} + a_y\boldsymbol{j} + a_z\boldsymbol{k}$。

注意：一般所说的速度和加速度指瞬时速度和瞬时加速度。

例 1.1　质点在 xOy 平面内运动，其运动函数为 $\begin{cases} x = a\cos\omega t \\ y = b\sin\omega t \end{cases}$（其中 a、b、ω 均为常数，采用 SI 单位制），求：（1）该质点的轨迹方程，并判断质点作何运动；（2）运动函数矢量式及时间由 $t = 0 \sim \dfrac{\pi}{2\omega}$ 秒内的位移矢量式；（3）速度；（4）加速度。

解：（1）由运动函数消去时间参数 t 即可得到轨迹方程为 $\dfrac{x^2}{a^2} + \dfrac{y^2}{b^2} = 1$，质点的轨道中心在 $(0,0)$ 处，作椭圆或圆周运动。

（2）运动函数矢量式 $\boldsymbol{r} = a\cos\omega t\boldsymbol{i} + b\sin\omega t\boldsymbol{j}$，时间在 $0 \sim \dfrac{\pi}{2\omega}$ 秒内的位移矢量式，可由两时刻位矢 $\boldsymbol{r}(0) = a\boldsymbol{i}$ 和 $\boldsymbol{r}\left(\dfrac{\pi}{2\omega}\right) = b\boldsymbol{j}$ 之差求得，为 $\Delta\boldsymbol{r} = \boldsymbol{r}\left(\dfrac{\pi}{2\omega}\right) - \boldsymbol{r}(0) = -a\boldsymbol{i} + b\boldsymbol{j}$。

（3）速度为 $\boldsymbol{v} = \dfrac{\mathrm{d}\boldsymbol{r}}{\mathrm{d}t} = -a\omega\sin\omega t\boldsymbol{i} + b\omega\cos\omega t\boldsymbol{j}$，速率

$$v = |\boldsymbol{v}| = \sqrt{(-a\omega\sin\omega t)^2 + (b\cos\omega t)^2}$$

速度方向与 x 轴的夹角为

$$\theta(\boldsymbol{v}, \boldsymbol{i}) = \arctan\frac{v_y}{v_x} = \arctan\left(-\frac{b}{a}\cot\omega t\right)$$

（4）加速度 $\boldsymbol{a} = \dfrac{\mathrm{d}\boldsymbol{v}}{\mathrm{d}t} = -\omega^2(a\cos\omega t\boldsymbol{i} + b\sin\omega t\boldsymbol{j})$，加速度大小

$$a = |\boldsymbol{a}| = \omega\sqrt{(-a\cos\omega t)^2 + (b\sin\omega t)^2}$$

方向与 x 轴的夹角为

$$\theta(\boldsymbol{a}, \boldsymbol{i}) = \arctan\frac{a_y}{a_x} = \arctan\left(\frac{b}{a}\tan\omega t\right)$$

1.2　运动学的两类问题　运动的叠加原理

1. 运动学的两类问题

1) 第一类问题

已知运动函数，求解质点在任意时刻的位矢、速度、加速度。

例 1.2　已知质点运动函数 $\begin{cases} x = 2t + 5 \\ y = t^2 + 3t - 4 \end{cases}$（SI 制），求：（1）质点的运动函数矢量式；（2）质点的轨迹方程；（3）在时间 $0 \sim 2$ 秒内的位移矢量式；（4）速度函数；（5）加速度函数；（6）质点作什么运动。

解：（1）质点的运动函数矢量式

$$\boldsymbol{r} = (2t + 5)\boldsymbol{i} + (t^2 + 3t - 4)\boldsymbol{j}$$

（2）质点的轨迹方程为

$$4y = (x - 7)(x + 3) = x^2 - 4x - 21$$

（3）时间在 $0 \sim 2$ 秒内的位移矢量式，可由两时刻位矢 $\boldsymbol{r}(0) = 5\boldsymbol{i} - 4\boldsymbol{j}$ 和 $\boldsymbol{r}(2) = 9\boldsymbol{i} + 6\boldsymbol{j}$ 之

差求得,为

$$\Delta \boldsymbol{r} = \boldsymbol{r}(2) - \boldsymbol{r}(0) = 4\boldsymbol{i} + 10\boldsymbol{j}$$

（4）速度函数：

$$\boldsymbol{v} = \frac{\mathrm{d}\boldsymbol{r}}{\mathrm{d}t} = 2\boldsymbol{i} + (2t+3)\boldsymbol{j}$$

（5）加速度函数：

$$\boldsymbol{a} = \frac{\mathrm{d}\boldsymbol{v}}{\mathrm{d}t} = 2\boldsymbol{j}$$

（6）从加速度不为零,可判断质点作变速运动；从轨道方程为抛物线判断质点作曲线运动。所以,质点作变速曲线运动。

例 1.3　如图 1.3 所示,在离水面高为 h 的岸边,用绳拉船靠岸,当人以 v_0 的速率收绳时,则绳长 $l = l_0 - v_0 t$,l_0 为开始时绳的长度,试求船在离岸边 x 处的速度和加速度。

解：以岸边为原点,向右为 x 轴正向建立一维坐标,可得关系式

$$l^2 = x^2 - h^2 \tag{1}$$

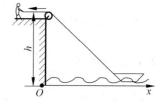

图 1.3　例 1.3 用图

式（1）两边对时间求导得 $2l\dfrac{\mathrm{d}l}{\mathrm{d}t} = 2x\dfrac{\mathrm{d}x}{\mathrm{d}t}$,利用已知条件得 $\dfrac{\mathrm{d}l}{\mathrm{d}t} = -v_0$,而 $\dfrac{\mathrm{d}x}{\mathrm{d}t} = v$ 即为速度,所以

$$-2lv_0 = 2xv \tag{2}$$

得到速度 $v = -\dfrac{l}{x}v_0 = -\dfrac{\sqrt{h^2+x^2}}{x}v_0$。

对式（2）两边求导得 $-v_0\dfrac{\mathrm{d}l}{\mathrm{d}t} = v\dfrac{\mathrm{d}x}{\mathrm{d}t} + x\dfrac{\mathrm{d}v}{\mathrm{d}t}$,可求得加速度为 $a = \dfrac{\mathrm{d}v}{\mathrm{d}t} = \dfrac{v_0^2 - v^2}{x} = -\dfrac{h^2}{x^3}v_0^2$。

2）第二类问题

已知加速度或速度与时间的关系以及初始条件,求任意时刻的速度和位矢。如设加速度为 $\boldsymbol{a} = \boldsymbol{a}(t) = \dfrac{\mathrm{d}\boldsymbol{v}}{\mathrm{d}t}$,初始速度和位置分别为 $\boldsymbol{v}|_{t=0} = \boldsymbol{v}_0$ 和 $\boldsymbol{r}|_{t=0} = \boldsymbol{r}_0$,经过积分可得速度和位矢的表达式 $\boldsymbol{v} - \boldsymbol{v}_0 = \displaystyle\int_{\boldsymbol{v}_0}^{\boldsymbol{v}} \mathrm{d}\boldsymbol{v} = \int_0^t \boldsymbol{a}(t)\mathrm{d}t$ 和 $\boldsymbol{r} - \boldsymbol{r}_0 = \displaystyle\int_{\boldsymbol{r}_0}^{\boldsymbol{r}} \mathrm{d}\boldsymbol{r} = \int_0^t \boldsymbol{v}(t)\mathrm{d}t$。

注意,在直线运动中的特殊情况如下：

（1）已知加速度或速度与时间的关系以及初始条件 v_0、x_0,则积分可得

$$v - v_0 = \int_{v_0}^{v} \mathrm{d}v = \int_0^t a(t)\mathrm{d}t \quad \text{和} \quad x - x_0 = \int_0^t v(t)\mathrm{d}t$$

（2）已知加速度 $a(x)$ 或速度 $v(x)$ 与时间的关系以及初始条件 v_0、x_0,则加速度可以写成 $a = \dfrac{\mathrm{d}v}{\mathrm{d}t} = \dfrac{\mathrm{d}v}{\mathrm{d}x} \cdot \dfrac{\mathrm{d}x}{\mathrm{d}t} = v\dfrac{\mathrm{d}v}{\mathrm{d}x}$,两边积分可得

$$\int_{v_0}^{v} v\mathrm{d}v = \int_{x_0}^{x} a\mathrm{d}x \quad \text{和} \quad v^2 = v_0^2 + \int_{x_0}^{x} a\mathrm{d}x$$

例 1.4　一沿直线运动的汽船,当其速度为 v_0 时（设此时 $t=0$,$x_0=0$）关闭发动机,船受阻力所获加速度 $a = -kv$,其中 k 为正值恒量。求：（1）船的速度函数 $v(t)$；（2）船的运动函数

$x(t)$。

解：（1）由加速度定义知 $a = \dfrac{\mathrm{d}v}{\mathrm{d}t} = -kv$，经分离变量得到 $\dfrac{\mathrm{d}v}{v} = -k\mathrm{d}t$，再两边积分得到 $\displaystyle\int_{v_0}^{v} \dfrac{\mathrm{d}v}{v} = -k\displaystyle\int_{0}^{t}\mathrm{d}t$，由此可得 $\ln v/v_0 = -kt$，即速度为 $v = v_0\mathrm{e}^{-kt}$。

（2）由速度定义 $\dfrac{\mathrm{d}x}{\mathrm{d}t} = v = v_0\mathrm{e}^{-kt}$，分离变量得 $\mathrm{d}x = v_0\mathrm{e}^{-kt}\mathrm{d}t$，积分得 $\displaystyle\int_{0}^{x}\mathrm{d}x = \displaystyle\int_{0}^{t} v_0\mathrm{e}^{-kt}\mathrm{d}t$，则运动函数为 $x = -\dfrac{v_0}{k}\mathrm{e}^{-kt}\big|_{0}^{t}$，即 $x = \dfrac{v_0}{k}(1-\mathrm{e}^{-kt})$。

2. 运动的叠加原理

任意一个复杂的运动总可以看成是几个简单独立运动的叠加，且不产生相互影响，称为运动的叠加原理或运动的独立性原理。

例 1.5　如图 1.4 所示，有一水平运动速度为 v_0 的汽车，在汽车上以与水平方向成 θ 角的速度 v 斜向上发射一颗子弹。略去空气阻力，并设发射过程不影响汽车的速度，试分别以地球、汽车为参照系，求子弹的轨迹方程。

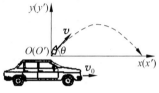

图 1.4　例 1.5 用图

解：（1）以地球为参照系，选发射时为计时起点 $t=0$，该时刻汽车的位置为坐标原点 O，汽车运动方向为 x 轴正向，竖直向上为 y 轴正向，则子弹的运动函数为

$$\begin{cases} x = (v\cos\theta + v_0)t \\ y = vt\sin\theta - \dfrac{1}{2}gt^2 \end{cases}$$

上式消去 t，得子弹在地球参照系中的轨迹方程

$$y = \frac{v\sin\theta}{v_0 + v\cos\theta}x - \frac{g}{2(v_0 + v\cos\theta)^2}x^2$$

（2）以汽车为参照系，选发射时为计时起点 $t'=0$，该时刻汽车的位置为坐标原点 O'，汽车运动方向为 x' 轴正向，竖直向上为 y' 轴正向，则子弹的运动函数为

$$\begin{cases} x' = vt'\cos\theta \\ y' = vt'\sin\theta - \dfrac{1}{2}gt'^2 \end{cases}$$

上式消去 t'，得子弹在汽车参照系中的轨迹方程

$$y' = x'\tan\theta - \frac{g}{2v^2\cos^2\theta}x'^2$$

1.3　圆周运动　曲线运动及其描述

1. 自然坐标系描述

自然坐标系是二维动态的（如图 1.5 所示），其中 O 是曲线上任意一点 P 所在圆的曲率中心，ρ 是曲率半径，$\boldsymbol{\tau}$ 是 P 点沿切向的单位向量，$\boldsymbol{n}$ 是由 P 点指向曲率中心的法向单位向量。

当质点作半径为 R 的圆周运动时：

切向加速度 $a_\tau = \mathrm{d}v/\mathrm{d}t$（反映速度大小变化）

法向加速度 $a_n = v^2/R$（反映速度方向变化）

总加速度 $\boldsymbol{a} = a_\tau \boldsymbol{\tau} + a_n \boldsymbol{n}$；总加速度大小 $a = \sqrt{a_n^2 + a_\tau^2}$

总加速度与切向夹角：$\alpha(a_\tau, a) = \arctan \dfrac{a_n}{a_\tau}$

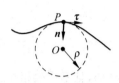

图 1.5　自然坐标

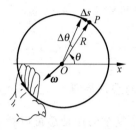

图 1.6　圆周运动的角量图示

2. 圆周运动的角量描述

如图 1.6 所示角位置 θ（OP 与 x 轴夹角），

(1) 角速度：$\omega = \lim\limits_{\Delta t \to 0} \dfrac{\Delta \theta}{\Delta t} = \dfrac{\mathrm{d}\theta}{\mathrm{d}t}$（标量式）

方向与运动方向成右手螺旋关系（如图 1.6 所示）。

(2) 角加速度：$\alpha = \lim\limits_{\Delta t \to 0} \dfrac{\Delta \omega}{\Delta t} = \dfrac{\mathrm{d}\omega}{\mathrm{d}t}$（标量式）

3. 角量和线量的关系

(1) 路程与角位移：$\Delta s = R \Delta \theta$

(2) 速度与角速度：$v = \dfrac{\mathrm{d}s}{\mathrm{d}t} = \dfrac{\mathrm{d}(\theta R)}{\mathrm{d}t} = \omega R$

(3) 加速度与角加速度：$a_\tau = \dfrac{\mathrm{d}v}{\mathrm{d}t} = \dfrac{\mathrm{d}(\omega R)}{\mathrm{d}t} = \alpha R$；$a_n = \dfrac{v^2}{R} = \omega^2 R$

例 1.6　质点作半径为 $R = 0.5\mathrm{m}$ 的圆周运动，其角速度函数为 $\omega = (3t^2 + 3)\mathrm{rad/s^2}$，设 $t = 0$ 时，角位置 $\theta = 0$。试求：质点在 $t = 2\mathrm{s}$ 时的

(1) 角位置、角速度、角加速度；

(2) 切向加速度、法向加速度和总加速度。

解：(1) 由角位置：

$$\theta(t) = \int_0^t \omega \mathrm{d}t = \int_0^t (3t^2 + 3)\mathrm{d}t = t^3 + 3t \, (\mathrm{rad})$$

角加速度

$$\alpha = \frac{\mathrm{d}\omega}{\mathrm{d}t} = 6t \, (\mathrm{rad/s^2})$$

将 $t = 2s$ 代入相应表达式

$$\begin{cases} \theta = t^3 + 3t \\ \omega = \dfrac{\mathrm{d}\theta}{\mathrm{d}t} = 3t^2 + 3 \\ \alpha = \dfrac{\mathrm{d}\omega}{\mathrm{d}t} = 6t \end{cases}, \quad 可得 \quad \begin{cases} \theta = 14\mathrm{rad} \\ \omega = 15\mathrm{rad/s} \\ \alpha = 12\mathrm{rad/s^2} \end{cases}$$

（2）切向加速度：$a_\tau = R\alpha = 6(\text{m/s}^2)$；法向加速度 $a_n = R\omega^2 = 112.5(\text{m/s}^2)$；总加速度 $\boldsymbol{a} = 112.5\boldsymbol{n} + 6\boldsymbol{\tau}$；大小 $a = \sqrt{a_n^2 + a_\tau^2} = 112.7(\text{m/s}^2)$。

总加速度与切向加速度夹角

$$\alpha(a_\tau, a) = \arctan\frac{a_n}{a_\tau} = \arctan\frac{112.5}{6} = 86°56'50''$$

4. 一般曲线运动时的加速度

设 P 点曲率半径为 ρ（如图 1.5 所示），则有
切向加速度：

$$a_\tau = \mathrm{d}v/\mathrm{d}t$$

法向加速度

$$a_n = v^2/\rho$$

例 1.7　一物体作斜抛运动（如图 1.7 所示），测得在轨道 A 点处速度 $\boldsymbol{v}$ 的大小为 v，其方向与水平方向夹角成 $45°$。求物体在 A 点的切向加速度 a_τ、法向加速度，轨道的曲率半径 ρ。

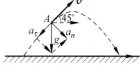

图 1.7　例 1.7 用图

解：抛体运动的加速度大小为 g，方向向下。由矢量分解得：
切向加速度为

$$a_\tau = -g\cos45° = -\frac{\sqrt{2}}{2}g$$

法向加速度为

$$a_n = \frac{v^2}{\rho} = g\cos45° = \frac{\sqrt{2}}{2}g$$

所以轨道的曲率半径为

$$\rho = \frac{v^2}{a_n} = \frac{\sqrt{2}v^2}{g}$$

1.4　相对运动和伽利略变换

1. 坐标变换

设 S' 系以速度 $\boldsymbol{u}$ 相对 S 系沿 x 轴方向运动，如图 1.8 所示，则有

$$\boldsymbol{r} = \boldsymbol{r}' + \boldsymbol{r}_{OO'}, \quad t = t'$$

分量式

$$\begin{cases} x' = x - ut \\ y' = y \\ z' = z \\ t' = t \end{cases}$$

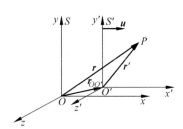

图 1.8　伽利略坐标变换

$\boldsymbol{r}$ 称绝对位置矢量，$\boldsymbol{r}'$ 称相对位置矢量，$\boldsymbol{r}_{OO'}$ 称牵连位置矢量。

2. 速度变换

$$\boldsymbol{v} = \boldsymbol{v}' + \boldsymbol{v}_{OO'}, \quad \Delta t = \Delta t'$$

分量式

$$\begin{cases} v'_x = v_x - u \\ v'_y = v_y \\ v'_z = v_z \end{cases}$$

3. 加速度变换

$$a = a'$$

注意：

（1）经典力学中，绝对矢量＝相对矢量＋牵连矢量；

（2）经典力学对时间和空间的测量与相对运动无关，伽利略变换体现了牛顿经典时空观。

例 1.8　一位汽车司机试图往正北方向行驶，而风以 15m/s 的速度向西刮来，如果汽车的速率（在静止空气中的速率）为 25m/s，试问司机应沿什么方向行驶？汽车相对于地面的速率为多少？试用矢量图说明。

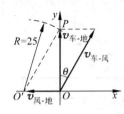

图 1.9　例 1.8 用图

提示： 建立如图 1.9 所示坐标系，由已知条件，有 $v_{风\text{-}地} = -15i\,\text{m/s}$，$|v_{车\text{-}风}| = 25\text{m/s}$，方向未知，$v_{车\text{-}地}$ 大小未知，方向正北。由相对速度公式，$v_{车\text{-}地} = v_{车\text{-}风} + v_{风\text{-}地}$，以 $v_{风\text{-}地}$ 矢量末端 O' 为原点，以 $R = |v_{车\text{-}风}|$ 为半径画弧，交 Oy 轴于 P 点，矢量三角形 OPO' 为直角三角形，如图 1.9 所示。

汽车驾驶员应沿北偏东，$\theta = \arcsin \dfrac{15}{25} = 36.87°$ 方向行驶。

第2章　质点动力学

【教学目标】

1.重点

（1）力和力的分析计算，牛顿定律及其应用。隔离物体法的使用。

（2）冲量、动量的计算，动量定理及动量守恒定律的应用。

（3）掌握功的一般概念、势能概念及其计算，其次是功能的基本规律（动能定理、功能原理、机械能守恒定律）以及应用它们解决力学问题的思路和方法。

2.难点

（1）力的分析计算，惯性力的理解。

（2）动量的计算及守恒过程的准确判断。

（3）变力功的计算，势能概念的正确理解；应用功原理解题时，物体系统的划分、相应规律的正确选用及守恒过程的准确判断。

3.基本要求

（1）掌握应用牛顿定律解题以及初步掌握非惯性系问题的求解。

（2）理解牛顿运动定律，常见的几种力，惯性系与非惯性系，惯性力概念。

（3）掌握用动量定理、动量守恒定律、质心运动定理求解力学问题的基本方法。

（4）掌握功、功率的概念，会用积分法计算简单的变力做功问题。

（5）掌握动能定理、功能原理。

（6）掌握保守力与非保守力的区别，掌握势能的概念，会计算重力、弹力、万有引力的功及重力势能、弹力势能和万有引力势能。

（7）掌握机械能守恒定律的内容及其适用条件，掌握运用守恒定律解决问题的思路和方法，要求能够分析简单系统平面运动的力学问题。

【内容概要】

2.1　牛顿运动定律

1.牛顿第一定律

（1）牛顿第一定律的内容：任何物体都将保持静止或沿一条直线作匀速运动状态，除非作用在它上面的力迫使它改变这种状态。

（2）牛顿第一定律阐明了物体运动的如下本质规律。

① 涉及了惯性和力两个基本概念。

② 由牛顿第一定律可知，物体之所以静止或作匀速直线运动是由于物体的本性造成的，这种本性叫做物体运动的惯性。牛顿第一定律也称为惯性定律。

③ 阐明了力是改变运动状态的原因，而不是维持物体运动状态的因素。

④ 定义了一种特殊的参照系——惯性参照系。

2. 牛顿第二定律

（1）牛顿第二定律的内容：运动的变化与所加的合动力成正比，并且发生在这合力所沿的直线方向上。

牛顿第二定律是牛顿第一定律逻辑上的延伸，它进一步定量地阐明了物体受到外力作用时运动状态是如何变化的（使物体产生一个加速度）。牛顿第二定律定量的数学表达式为

$$\boldsymbol{F} = \frac{\mathrm{d}\boldsymbol{p}}{\mathrm{d}t}, \quad \boldsymbol{p} = m\boldsymbol{v}$$

当 m 为常量时

$$\boldsymbol{F} = m\boldsymbol{a}$$

上式是矢量形式的，也叫做牛顿运动方程。在固定直角坐标系和自然坐标系中牛顿运动方程的分量式分别表示如下：

$$\text{直角坐标：}\begin{cases} F_x = ma_x = m\dfrac{\mathrm{d}^2 x}{\mathrm{d}t^2} \\[2mm] F_y = ma_y = m\dfrac{\mathrm{d}^2 y}{\mathrm{d}t^2} \\[2mm] F_z = ma_z = m\dfrac{\mathrm{d}^2 z}{\mathrm{d}t^2} \end{cases} \qquad \text{自然坐标：}\begin{cases} F_n = ma_n = m\dfrac{v^2}{R} \\[2mm] F_t = ma_t = m\dfrac{\mathrm{d}v}{\mathrm{d}t} \end{cases}$$

（2）牛顿第二定律阐明了物体运动的如下本质规律：

① 质量是物体惯性大小的量度。物体质量越大，惯性越大，保持原有运动状态的本领越强。

② 力的作用具有独立性。几个力同时作用在一个物体上所产生的效果，等于各个力单独作用时的矢量和，即力的叠加原理（实验定律）与运动独立性或叠加原理是一致的。

（3）应用牛顿第二运动定律应注意的几个问题：

① 牛顿第二定律 $\boldsymbol{F} = m\boldsymbol{a}$ 表示的是瞬时关系，力与加速度同生同灭。

② $\boldsymbol{F} = m\boldsymbol{a}$ 是矢量式，具体运用时采用分量式。

③ $\boldsymbol{F}$ 是合外力，$\boldsymbol{F} = \boldsymbol{F}_1 + \boldsymbol{F}_2 + \cdots$。

3. 牛顿第三定律

（1）牛顿第三定律的内容：对于每一个作用，总有一个相等的反作用；或者说，两个物体对各自的对方的作用总是相等的，而且指向相反的方向。

牛顿第三定律定量的数学表达式为：

$$\boldsymbol{F}_{12} = -\boldsymbol{F}_{21}$$

（2）牛顿第三定律的内涵：

① 牛顿第三定律在逻辑上是牛顿第一、第二定律的延伸。在第一、第二定律中都使用了力的概念，但什么是力、力有什么特点都没有具体介绍。牛顿第三定律就是来补充力的特点和规律的定律。

② 根据牛顿第三定律，将力定义为：力就是物体间的相互作用。这种相互作用分别叫做作用力与反作用力。

（3）从牛顿第三定律我们知道作用力与反作用力之间有如下的特点：

① 作用力与反作用力大小相等，方向相反。力线是在同一直线上的。

② 作用力与反作用力不能抵消,因为它们是作用在不同的物体上的。并且产生不同的效果。

③ 作用力与反作用力是同时出现、同时消失的;作用力与反作用力的性质相同的。

2.2　非惯性系与惯性力

1. 非惯性系

通常我们把牛顿运动定律成立的参照系叫做惯性系,而牛顿运动定律不成立的参照系叫非惯性系。以地球表面为参照系,牛顿运动定律较好地与实验一致,所以近似地认为固着在地球表面上的地面参照系是惯性参照系。由相对运动的知识可知,凡是相对于地面作匀速直线运动的参照系都是惯性参照系。而相对于惯性系作加速度运动的参照系称非惯性系。

2. 惯性力(虚拟力)

为了在非惯性参照系中使用牛顿第二定律通常引入一个假想的力,叫做惯性力,记作 F^*。这个力的大小等于物体的质量 m 与非惯性参照系的加速度 a_0 的乘积,方向与非惯性参照系的加速度方向相反,即:

在平动加速参考系中

$$F^* = F_i = -ma_0$$

匀速转动参照系的惯性离心力

$$F^* = F_i = -m\omega^2 r$$

在非惯性参照系 S' 中物体所受的真实力(合外力)为 F,惯性力为 F^*,物体相对非惯性参照系 S' 的加速度以 a' 表示,则:$F+F^* = ma'$,牛顿第二定律在形式上仍然保持不变。所有牛顿定律应用的方法和技巧都仍然有效。

惯性力是假想力,或者叫做虚拟力,它与真实力最大的区别在于它不是因物体之间相互作用而产生,它没有施力体,也不存在反作用力,牛顿第三定律对于惯性力并不适用。人们常说的离心力就是典型的惯性力。

3. 应用牛顿定律解题

1) 应用牛顿定律解题的一般步骤

(1) 确定研究对象:取一个整体或分别取多个物体,并确定它们的质量。

(2) 选参照系:分清是惯性系还是非惯性系。

(3) 在参照系上建立坐标系。

(4) 分析物体的运动状态:如它们的轨迹、速度和加速度,确定各个量之间的关系。

(5) 隔离物体分析力并画出受力图。

(6) 运用牛顿第二定律列方程。

(7) 解方程组求未知量。

(8) 讨论结果。

2) 牛顿运动定律应用举例

两类力学问题:

第一类:已知运动求力,即已知 $r(t)$,求 f。

第二类：已知力求运动，即已知 f、v_0、r_0，求 $r(t)$ 或 v_t。

例 2.1　如图 2.1 所示，系统置于以加速度 $a=\dfrac{1}{3}g$ 上升的升降机内，A、B 两物体质量相

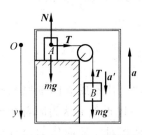

图 2.1　例 2.1 用图

同，均为 m。A 所在的桌面是水平的，绳子和定滑轮质量均不计。若忽略一切摩擦，求绳中张力大小 T 及 A 物体受桌面的支持力 N。

解：对 A、B 进行受力分析如图 2.1 所示，设 A、B 相对于升降机加速度大小为 a'，方向向下，向下为坐标轴正向。

方法①：以地为参考系，应用牛顿运动定律列方程。

对物体 A 沿水平方向：

$$T = ma' \tag{1}$$

沿竖直方向：

$$mg - N = -ma \tag{2}$$

对物体 B 沿竖直方向：

$$mg - T = m(a' - a) \tag{3}$$

$$a = \frac{1}{3}g \tag{4}$$

联立以上四式，可得绳中张力

$$T = \frac{1}{2}m(g + a) = \frac{2}{3}mg$$

A 物体受桌面的支持力

$$N = (mg + ma) = \frac{4}{3}mg$$

方法②：以升降机为参考系。

A、B 物体受惯性力大小皆为 $F_i = ma$，方向向下，应用牛顿运动定律列方程。

对物体 A 沿水平方向：

$$T = ma' \tag{1}$$

沿竖直方向：

$$mg - N + ma = 0 \tag{2}$$

对物体 B 沿竖直方向：

$$mg - T + ma = ma' \tag{3}$$

$$a = \frac{1}{3}g \tag{4}$$

四式联立求解，可得

$$T = \frac{2}{3}mg, \quad N = (mg + ma) = \frac{4}{3}mg$$

例 2.2　如图 2.2(a)所示，一升降机内有一个光滑斜面，斜面固定在机器的底板上，斜面倾角为 θ。当机器以加速度 a_1 上升时，质量为 m 的物体沿斜面下滑。

求：(1) 物体相对于斜面的加速度 a'；

(2) 斜面对物体的支持力 N；

(3) 物体相对于地面的加速度 a。

解：方法①：（选惯性参考系）

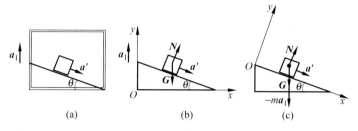

图 2.2　例 2.2 用图

① 确定研究对象：物体 m。

② 选参照系——地面（惯性系）。

③ 在参照系上建立直角坐标系如图 2.2(b)所示。

④ 确定加速度 $\boldsymbol{a}$ 与 $\boldsymbol{a}'$、$\boldsymbol{a}_1$ 的关系：

$$\boldsymbol{a} = \boldsymbol{a}' + \boldsymbol{a}_1$$

$$\begin{cases} a_x = a_x' = a'\cos\theta \\ a_y = a_1 - a'\sin\theta \end{cases} \tag{1}$$

⑤ 隔离物体分析力：重力 $\boldsymbol{G}$、支持力 $\boldsymbol{N}$。

⑥ 运用牛顿第二定律列方程

x 方向：

$$F_x = N\sin\theta = ma_x = ma'\cos\theta \tag{2}$$

y 方向：

$$F_y = N\cos\theta - mg = ma_y = ma_1 - ma'\sin\theta \tag{3}$$

⑦ 联立并求解式(1)、(2)、(3)得到

$$\begin{cases} a' = (g + a_1)\sin\theta \\ N = m(g + a_1)\cos\theta \end{cases}, \quad \begin{cases} a_x = (g + a_1)\sin\theta\cos\theta \\ a_y = a_1 - a'\sin\theta = a_1\cos^2\theta - g\sin^2\theta \end{cases}$$

(1) 物体相对于斜面的加速度 $\boldsymbol{a}'$

大小 $a' = (g + a_1)\sin\theta$，方向沿斜面向下。

(2) 斜面对物体的支持力 $\boldsymbol{N}$

大小 $N = m(g + a_1)\cos\theta$，方向垂直斜面向上。

(3) 物体相对于地面的加速度 $\boldsymbol{a}$

大小：

$$a = \sqrt{a_x^2 + a_y^2} = \sqrt{a_1^2\cos^2\theta + g^2\sin^2\theta}$$

方向与 x 轴夹角：

$$\beta(\boldsymbol{a}, \boldsymbol{i}) = \arctan\frac{a_y}{a_x} = \arctan\frac{a_1\cos^2\theta - g\sin^2\theta}{(g + a_1)\sin\theta\cos\theta}$$

方法②：（选非惯性参考系——升降机）

在参照系上建立直角坐标系如图 2.2(c)所示

隔离物体受力分析：

重力 $\boldsymbol{G}$、支持力 $\boldsymbol{N}$、惯性力

$$\boldsymbol{F}_i = -m\boldsymbol{a}_1 \tag{1}$$

运用牛顿定律列方程：

x 方向：
$$F_x = (mg + ma_1)\sin\theta = ma' \tag{2}$$

y 方向：
$$F_y = N - (mg + ma_1)\cos\theta = 0 \tag{3}$$

解方程组得到
$$\begin{cases} a' = (g + a_1)\sin\theta \\ N = m(g + a_1)\cos\theta \end{cases}$$

对地加速度求法与方法①相同。

例 2.3　设质量为 m 的小球，在水中受的浮力为 **B**，受阻力与速度成正比且反向，比例系数为 k，试计算小球在水中的沉降速率。

解：设小球受重力 **G**、浮力 **B**、阻力 $f_d = -kv$，受力分析如图 2.3 所示，

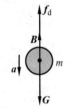

图 2.3　例 2.3 用图

应用牛顿运动定律列方程：
$$mg - B - f_d = ma \tag{1}$$
$$mg - B - kv = m\frac{\mathrm{d}v}{\mathrm{d}t} \tag{2}$$
$$a = \frac{\mathrm{d}v}{\mathrm{d}t} = \frac{mg - B - kv}{m} \tag{3}$$

设
$$t = 0, v = v_0 = 0 \tag{4}$$

当加速率为零时，物体达到终极速率
$$v_f = \frac{mg - B}{k} \tag{5}$$

将式（5）代入式（3）得
$$\frac{\mathrm{d}v}{\mathrm{d}t} = \frac{k(v_f - v)}{m} \tag{6}$$

将式（6）分离变量得
$$\frac{\mathrm{d}v}{v_f - v} = \frac{k}{m}\mathrm{d}t$$

再积分得
$$\int_0^v \frac{\mathrm{d}v}{v_f - v} = \int_0^t \frac{k}{m}\mathrm{d}t$$

所以小球在水中的沉降速率为
$$v = \frac{mg - B}{k}\left(1 - \mathrm{e}^{-\frac{K}{m}t}\right)$$

讨论：当 $t \to \infty$ 时，$v \to v_f$。

例 2.4　如图 2.4 所示，一漏斗绕竖直轴匀速转动，漏斗壁上有一小物体，物体与漏斗壁间的静摩擦系数为 μ_s，小物体与转动轴的距离为 r。求物体相对漏斗静止时，漏斗角速度应满足的极值条件。

提示：设漏斗转动角速度为 ω。

（1）确定研究对象：小物体。

（2）选参照系——地面（惯性系）。

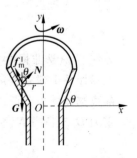

图 2.4　例 2.4 用图

（3）在参照系上建立直角坐标系，如图 2.4 所示。

（4）隔离物体分析力：重力 $\boldsymbol{G}$、支持力 $\boldsymbol{N}$、最大静摩擦力 $\boldsymbol{f}_{\mathrm{m}}$。

（5）运用牛顿第二定律列方程。

当物体转动速度较小时，摩擦力方向向上。

x 方向：

$$F_x = N\sin\theta - f_{\mathrm{m}}\cos\theta = m\omega_{\min}^2 r \tag{1}$$

y 方向：

$$F_y = N\cos\theta + f_{\mathrm{m}}\sin\theta - mg = 0 \tag{2}$$

$$f_{\mathrm{m}} = \mu_{\mathrm{s}}N \tag{3}$$

联立式（1）、（2）、（3）解得

$$\omega_{\min} = \sqrt{\frac{(\sin\theta - \mu_{\mathrm{s}}\cos\theta)g}{(\cos\theta + \mu_{\mathrm{s}}\sin\theta)r}} \tag{4}$$

当物体转动速度较大时，摩擦力方向向下。

x 方向：

$$F_x = N\sin\theta + f_{\mathrm{m}}\cos\theta = m\omega_{\max}^2 r \tag{5}$$

y 方向：

$$F_y = N\cos\theta - f_{\mathrm{m}}\sin\theta - mg = 0 \tag{6}$$

$$f_{\mathrm{m}} = \mu_{\mathrm{s}}N \tag{7}$$

联立式（5）、式（6）和式（7）解得

$$\omega_{\max} = \sqrt{\frac{(\sin\theta + \mu_{\mathrm{s}}\cos\theta)g}{(\cos\theta - \mu_{\mathrm{s}}\sin\theta)r}}$$

所以漏斗角速度应满足的极值条件为

$$\sqrt{\frac{(\sin\theta - \mu_{\mathrm{s}}\cos\theta)g}{(\cos\theta + \mu_{\mathrm{s}}\sin\theta)r}} \leqslant \omega \leqslant \sqrt{\frac{(\sin\theta + \mu_{\mathrm{s}}\cos\theta)g}{(\cos\theta - \mu_{\mathrm{s}}\sin\theta)r}}$$

2.3 冲量 动量与动量定理 质心运动定理

1. 冲量

（1）冲量定义：冲量为力的时间积累。$\boldsymbol{I} = \int_{t_1}^{t_2} \boldsymbol{F}\mathrm{d}t$。恒力的冲量：$\boldsymbol{I} = \boldsymbol{F}\Delta t$。

（2）冲量的性质：冲量是过程矢量，其方向和大小取决于力的大小和方向及其作用时间。

（3）冲力：冲力是一种作用时间极短、变化范围很大的力，在工业应用中，常用到平均冲力的概念，其定义为：$\overline{\boldsymbol{F}} = \dfrac{\boldsymbol{I}}{t_2 - t_1} = \dfrac{\int_{t_1}^{t_2} \boldsymbol{F}\mathrm{d}t}{t_2 - t_1}$，即平均冲力与时间的乘积和真实冲力对时间的积分是相等的。

2. 动量

（1）动量定义：动量是一个表达物体运动状态的物理量，其表达式为 $\boldsymbol{P} = m\boldsymbol{v}$。

（2）动量的性质：

① 动量是描述物体运动状态的物理量。

② 动量与参照系的选择有关。

③ 对高速运动物体运动状态的描述仍然有效。

注意：高速运动物体的动量将采用相对论动量形式

$$P = mv = \frac{m_0 v}{\sqrt{1 - \left(\dfrac{v}{c}\right)^2}}$$

当物体低速运动时可以近似写为 $P = m_0 v$。m_0 是物体静质量。

3. 质点动量定理及其应用

1）动量定理的微分形式

$$F = \frac{dP}{dt} = m\frac{dv}{dt} + v\frac{dm}{dt}$$

当物体低速运动时可以近似写为 $F = ma$。

2）动量定理的积分形式

$$I = \int_{t_1}^{t_2} F dt = \int_{P_1}^{P_2} dP = P_2 - P_1$$

在矢量关系图 2.5 中这三个矢量应当构成一个闭合的三角形。

3）直角坐标系下动量定理的积分形式

$$I_x = \int_{t_1}^{t_2} F_x dt = P_{2x} - P_{1x} = \overline{F}_x(t_2 - t_1)$$

$$I_y = \int_{t_1}^{t_2} F_y dt = P_{2y} - P_{1y} = \overline{F}_y(t_2 - t_1)$$

$$I_z = \int_{t_1}^{t_2} F_z dt = P_{2z} - P_{1z} = \overline{F}_z(t_2 - t_1)$$

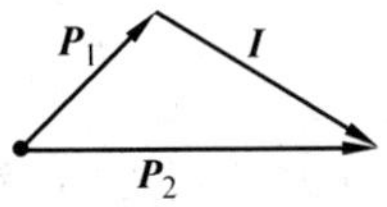

图 2.5　动量定理

上述式子表明：力在哪一个坐标轴方向上产生冲量，动量在该方向上的分量就发生变化，动量分量的增量等于同方向上冲量的分量。

4）应用动量定理解题的一般步骤

（1）确定研究对象；

（2）分析对象受力；

（3）选参照系建坐标系；

（4）计算过程中合力的冲量及始末态的动量；

（5）由动量定理列方程求解。

例 2.5　一小球在距离地面为 h_1 处静止下落，与地面发生碰撞后反弹，碰撞过程所用极短时间为 t，上升到距离地面高为 h_2 的地方，求地面对小球的平均弹力 N。

解：以小球为研究对象，向上为坐标正向，由运动学可知小球与地面碰撞前后的速度分别为

$$v_1 = -\sqrt{2gh_1}\,j, \quad v_2 = \sqrt{2gh_2}\,j$$

由动量定理可得碰撞过程中合力的冲量为

$$I = (N - mg\,j)t = m(v_2 - v_1) = m(\sqrt{2gh_2} + \sqrt{2gh_1})j$$

由上式可得地面对小球的平均弹力为

$$N = \frac{m(\sqrt{2gh_2} + \sqrt{2gh_1})}{t}j + mg\,j$$

例 2.6　一质量为 m 的物体,先向北运动,速率为 $v_1 = v_0$,在突然受到外力的打击后,变为向东运动,速率为 $v_2 = \sqrt{3}\, v_0$。求:打击过程外力的冲量大小和方向(碰撞过程中忽略重力的冲量)。

解:建立直角坐标系,并画出动量定理矢量图(如图 2.6 所示)。

初动量

$$\boldsymbol{p}_1 = m\boldsymbol{v}_1 = mv_0\boldsymbol{j}$$

末动量

$$\boldsymbol{p}_2 = m\boldsymbol{v}_2 = \sqrt{3}\, mv_0\boldsymbol{i}$$

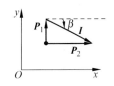

图 2.6　例 2.6 用图

由动量定理可得外力的冲量为

$$\boldsymbol{I} = \Delta\boldsymbol{p} = \boldsymbol{p}_2 - \boldsymbol{p}_1 = \sqrt{3}\, mv_0\boldsymbol{i} - mv_0\boldsymbol{j}$$

冲量的大小

$$|\boldsymbol{I}| = \sqrt{(\sqrt{3}\, mv_0)^2 + (mv_0)^2} = 2mv_0$$

冲量方向与水平方向的夹角为

$$\tan\beta = \tan\frac{I_y}{I_x} = -\frac{1}{\sqrt{3}}, \quad \beta = -30°$$

即:东偏南 $30°$。

4. 质点系的动量定理与动量守恒定律

1)质点系的动量定理

(1)内力和外力的概念

① 内力:系统内物体间的相互作用力。

② 外力:外界对系统内物体的作用力。

(2)动量定理;

设质点系内有 n 个物体,第 i 个物体受合外力用 $\boldsymbol{F}_i$ 表示,$\boldsymbol{P}_i$ 表示第 i 个物体的动量,有

$$\boldsymbol{P}_2 - \boldsymbol{P}_1 = \sum_i \boldsymbol{P}_{2i} - \sum_i \boldsymbol{P}_{1i} = \int_{t_1}^{t_2} \left(\sum_i \boldsymbol{F}_i\right) \mathrm{d}t$$

上式称为系统的动量定理,即系统动量的改变量等于合外力对系统的总冲量。

注意:

① 内力不改变系统的总动量,但内力使得动量在系统各个物体间相互传递,重新分配。

② 牛顿第二定律主要体现力的瞬时性;而动量定理主要体现力对时间的积累效果,多用于质点系的问题。

③ 动量定理只适用于惯性系,对于非惯性系必须引入惯性力。

④ 对于碰撞、爆炸、变质量等问题,使用动量定理较为方便。

2)质点系的动量守恒定律

对于质点系应用质点系的动量定理

$$\boldsymbol{P}_2 - \boldsymbol{P}_1 = \int_{t_1}^{t_2} \left(\sum_i \boldsymbol{F}_i\right) \mathrm{d}t$$

若 $\sum_i \boldsymbol{F}_i = \boldsymbol{0}$,即合外力为 0,或内力远远大于外力,作用时间很短,则 $\boldsymbol{P}_2 = \boldsymbol{P}_1 = \boldsymbol{P}$,即质点系动量 $\boldsymbol{P}$ 为恒矢量,系统动量守恒。

分量式

$$
若\begin{cases} \sum F_{ix} = 0 \\ \sum F_{iy} = 0, \\ \sum F_{iz} = 0 \end{cases} \quad 则\begin{cases} P_x = 常量 \\ P_y = 常量 \\ P_z = 常量 \end{cases}
$$

注意：

(1) 动量守恒是对于系统而言的，是指动量总量不变而在系统的各个物体间重新分配。

(2) 守恒条件为合外力为零，各个分量的合外力为零也满足守恒条件。

(3) 某些如爆炸、碰撞等特殊过程，虽然体系合外力不为零，但与内力的冲量相比可以忽略不计，可用动量守恒定律来研究系统内各部分之间的动量再分配问题。

(4) 动量守恒是自然界中最基本的守恒定律之一，是空间平移对称性的体现。

5. 质心与质心运动定理

1) 质心

(1) 定义：系统质量的中心，能够代表系统的运动状态。

(2) 数学表达式：

① 质心的位矢 $\boldsymbol{r}_C$（如图 2.7 所示）

$$
\boldsymbol{r}_C = \frac{\sum_i m_i \boldsymbol{r}_i}{\sum_i m_i} \quad （质量离散分布的物体）
$$

或

$$
\boldsymbol{r}_C = \frac{\int \boldsymbol{r}\,\mathrm{d}m}{\int \mathrm{d}m} \quad （质量连续分布的物体）
$$

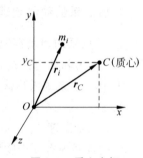

图 2.7　质心坐标

分量式：

$$
\begin{cases} x_C = \dfrac{\sum_i m_i x_i}{\sum_i m_i} \\[2mm] y_C = \dfrac{\sum_i m_i y_i}{\sum_i m_i}, \\[2mm] z_C = \dfrac{\sum_i m_i z_i}{\sum_i m_i} \end{cases} \quad 或\begin{cases} x_C = \dfrac{\int x\,\mathrm{d}m}{\int \mathrm{d}m} \\[2mm] y_C = \dfrac{\int y\,\mathrm{d}m}{\int \mathrm{d}m} \\[2mm] z_C = \dfrac{\int z\,\mathrm{d}m}{\int \mathrm{d}m} \end{cases}
$$

② 质心的速度 $\boldsymbol{v}_C$：

$$
\boldsymbol{v}_C = \frac{\sum_i m_i \boldsymbol{v}_i}{\sum_i m_i} \quad （分量式略）
$$

③ 质心的加速度 $\boldsymbol{a}_C$：

$$\boldsymbol{a}_C = \frac{\sum_i m_i \boldsymbol{a}_i}{\sum_i m_i} \quad （分量式略）$$

注意：

① 质心的位置与物体的大小、形状、质量分布有关。

② 质心的位置也与坐标系的选取有关。

例 2.7　一段均匀细铁丝弯成半圆形，其半径为 R。求此半圆形铁丝的质心坐标。

解：设以铁丝的圆心为原点，建立直角坐标系如图 2.8 所示，由对称性可知 $x_C = 0$；在铁丝上取质量元 $dm = \lambda R d\theta$ 且有质量线密度 $\lambda = \dfrac{m}{\pi R}$，则该质量元与 O 点连线与 x 轴正向夹角为 θ，由质心定义可知 $y_C = \dfrac{1}{m}\displaystyle\int y dm$，而 $y = R\sin\theta$，则

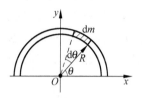

图 2.8　例 2.7 用图

$$y_C = \frac{1}{m}\int_0^\pi R\sin\theta \lambda R d\theta = \frac{2R}{\pi}$$

例 2.8　如图 2.9(a) 所示，求一质量为 m、半径为 R 的半圆形均匀薄板的质心。

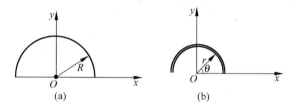

图 2.9　例 2.8 用图

解：方法①

由对称性可知 $x_C = 0$；由质心定义知 $y_C = \dfrac{1}{m}\displaystyle\int y dm$，且有质量面密度 $\sigma = \dfrac{2m}{\pi R^2}$。

如图 2.9(b) 所示，在极坐标系下，$dm = \sigma r dr d\theta$，$y = r\sin\theta$，则

$$y_C = \frac{1}{m}\int_0^\pi \int_0^R r\sin\theta \sigma r dr d\theta = \frac{4R}{3\pi}$$

方法②：将半圆盘分割成许多半圆环，再利用例 2.7 的结果求解。

2）质心运动定理

对于系统的质心运动定理为

$$\sum \boldsymbol{F}_i = \left(\sum m_i\right) \boldsymbol{a}_C = \left(\sum m_i\right) \frac{d \boldsymbol{v}_C}{dt} = \left(\sum m_i\right) \frac{d^2 \boldsymbol{r}_C}{dt^2}$$

其中，$\displaystyle\sum \boldsymbol{F}_i$ 为外力矢量和；$\displaystyle\sum m_i$ 为系统的总质量。

注意：

（1）质心的位矢并不是各个质点的位矢的几何平均值，而是它们的加权平均值，质心的性质只有在系统的运动与外力的关系中才体现出来，故质心并不是一个几何学或运动学概念，而是动力学的概念。

（2）系统质心的坐标与坐标原点的选取有关，但质心与体系内各个质点的相对位置与原点的选取无关。

（3）作用在系统上的所有外力一般作用在不同的质点上，就其对系统的作用效果而言，不能等效为一个合力。故在质心运动定理中，只提外力矢量和，不提合外力，但对质心而言，这些外力犹如都集中作用在质心上。

（4）将坐标原点取在质心上，坐标轴与某惯性系平行的平动参照系称为质心坐标系或质心系。对于外力的矢量和为零或不受外力作用的体系，其质心系为惯性系，否则为非惯性系。

例 2.9　一质量 $m_1 = 60\text{kg}$ 的人站在一条质量 $m_2 = 180\text{kg}$、长度 $l = 4\text{m}$ 的船头上。开始时船静止，求当人从船头走到船尾时船移动的距离 $d = ?$（忽略水对船的阻力）

解：取人和船为系统，该系统在水平方向不受外力，因而水平方向的质心速度不变，即质心始终静止不动。如图 2.10 所示，建立一维直角坐标向右为 x 轴正向，设人和船对地初始坐标为 x_1、x_2，末态坐标为 x_1'、x_2'，当人在船头时，系统的质心坐标为

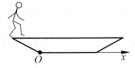

$$x_C = \frac{m_1 x_1 + m_2 x_2}{m_1 + m_2} \tag{1}$$

图 2.10　例 2.9 用图

当人在船尾时，系统的质心坐标为

$$x_C' = \frac{m_1 x_1' + m_2 x_2'}{m_1 + m_2} \tag{2}$$

由于系统水平方向受合力为零，则质心位置不动：

$$x_C = \frac{m_1 x_1 + m_2 x_2}{m_1 + m_2} = x_C' = \frac{m_1 x_1' + m_2 x_2'}{m_1 + m_2} \tag{3}$$

由式（3）得

$$m_1 x_1 + m_2 x_2 = m_1 x_1' + m_2 x_2' \tag{4}$$

式（4）移项整理得

$$m_2(x_2' - x_2) = -m_1(x_1' - x_1) \tag{5}$$

由于人对地的位移等于人对船的位移与船对地的位移的矢量和，即

$$x_1' - x_1 = l + (x_2' - x_2) \tag{6}$$

将式（6）代入式（5）得

$$(m_1 + m_2)(x_2' - x_2) = -m_1 l \tag{7}$$

$$(x_2' - x_2) = -\frac{m_1}{(m_1 + m_2)} l = -d \tag{8}$$

所以当人从船头走到船尾时船移动的距离

$$d = \frac{m_1}{m_1 + m_2} l = \frac{60}{60 + 180} \times 4 = 1(\text{m})$$

2.4　功　功率　动能定理　一对力的功势能　功能原理　机械能守恒定律

1. 功

1）功的定义

功是力的空间累积。

（1）元功的定义

$$dA = \boldsymbol{F} \cdot d\boldsymbol{r} = |\boldsymbol{F}| \cos\theta |d\boldsymbol{r}|$$

（2）总功

$$A_{ab} = \int_a^b \mathrm{d}A = \int_a^b \boldsymbol{F} \cdot \mathrm{d}\boldsymbol{r} = \int_a^b |\boldsymbol{F}| \cos\theta |\mathrm{d}\boldsymbol{r}|$$

2）合力的功

$$A_{ab} = \int_a^b \boldsymbol{F} \cdot \mathrm{d}\boldsymbol{r} = \int_a^b \sum \boldsymbol{F}_i \cdot \mathrm{d}\boldsymbol{r}_i = \sum \int_a^b \boldsymbol{F}_i \cdot \mathrm{d}\boldsymbol{r}_i = \sum A_i$$

合外力所做的总功等于各个分力所做的功之代数和。

3）坐标系下的功

（1）直角坐标系下的功

$$A = \int_a^b F_x \mathrm{d}x + \int_a^b F_y \mathrm{d}y + \int_a^b F_z \mathrm{d}z$$

意义：直角坐标系下的功等于沿各方向分力功的代数和。

例 2.10　已知保守力 $\boldsymbol{F} = 4x\boldsymbol{i} + 3y\boldsymbol{j}$，质点从原点移动到 $x=8, y=6$ 处该力做功多少？

解：由功的定义得

$$A = \int_{r_1}^{r_2} \boldsymbol{F} \cdot \mathrm{d}\boldsymbol{r} = \int_0^8 4x\mathrm{d}x + \int_0^6 3y\mathrm{d}y = 2x^2 \Big|_0^8 + \frac{3}{2}y^2 \Big|_0^6 = 128 + 54 = 182(\mathrm{J})$$

（2）自然坐标系下的功

$$A_{ab} = \int_a^b \boldsymbol{F} \cdot \mathrm{d}\boldsymbol{r} = \int_a^b F_\tau |\mathrm{d}\boldsymbol{r}| = \int_a^b F_\tau \mathrm{d}s$$

例 2.11　固定在弹簧一端质量为 m 的小球，在外力 $\boldsymbol{F}$ 作用下，缓慢沿半径为 R 的半圆柱作无摩擦运动（如图 2.11 所示），$\overline{PQ}$ 为弹簧原长。

求：在小球由 Q 点移到 C 点的过程中拉力 $\boldsymbol{F}$ 做的功。（弹簧劲度系数为 k）

解：设小球在任意点与 O 点连线与水平方向夹角为 θ。

小球受力分析：拉力 $\boldsymbol{F}$，弹力 $\boldsymbol{f} = -kR\theta\boldsymbol{\tau}$，支持力 $\boldsymbol{N}$，重力 $m\boldsymbol{g}$。

由于运动缓慢，受拉力为

$$\boldsymbol{F} = (mg\cos\theta + kR\theta)\boldsymbol{\tau}$$

图 2.11　例 2.11 用图

方向沿运动方向。该力做元功：

$$\mathrm{d}A = F\mathrm{d}s = FR\mathrm{d}\theta = (mg\cos\theta + kR\theta)R\mathrm{d}\theta$$

小球由 Q 点移到 C 点的过程中拉力 $\boldsymbol{F}$ 做功

$$A = \int \mathrm{d}A = \int_0^{\frac{\pi}{2}} (mg\cos\theta + kR\theta)R\mathrm{d}\theta = mgR + \frac{1}{2}kR^2\left(\frac{\pi}{2}\right)^2$$

2. 功率

$$P = \frac{\mathrm{d}A}{\mathrm{d}t} = \boldsymbol{F} \cdot \frac{\mathrm{d}\boldsymbol{r}}{\mathrm{d}t} = \boldsymbol{F} \cdot \boldsymbol{v}$$

即功率为力与质点速度的点积。

例 2.12　一质量为 m 的物体，在力 $\boldsymbol{F} = (at\boldsymbol{i} + bt^2\boldsymbol{j})$ 的作用下，由静止开始运动，求在任一时刻 t 此力所做功的功率。

解：由 $P = \boldsymbol{F} \cdot \boldsymbol{v}$，要求功率就必须知道力和速度的情况，由题意可知

$$\boldsymbol{v} = \int_0^t \frac{\boldsymbol{F}}{m}\mathrm{d}t = \frac{1}{m}\int_0^t (at\boldsymbol{i} + bt^2\boldsymbol{j})\mathrm{d}t = \frac{1}{m}\left(\frac{1}{2}at^2\boldsymbol{i} + \frac{1}{3}bt^3\boldsymbol{j}\right)$$

所以功率为

$$P = \boldsymbol{F} \cdot \boldsymbol{v} = (at\boldsymbol{i} + bt^2\boldsymbol{j}) \cdot \frac{1}{m}\left(\frac{1}{2}at^2\boldsymbol{i} + \frac{1}{3}bt^3\boldsymbol{j}\right) = \frac{1}{m}\left(\frac{1}{2}a^2t^3 + \frac{1}{3}b^2t^5\right)$$

3. 动能定理

1) 质点动能定理

设质点在变力 $\boldsymbol{F}$ 的作用下,作曲线运动从 a 到 b,由自然坐标形式的牛顿第二定律可得

$$F_\tau = ma_\tau = m\frac{\mathrm{d}v}{\mathrm{d}t}$$

由元功的定义可得

$$\mathrm{d}A = \boldsymbol{F} \cdot \mathrm{d}\boldsymbol{r} = F_\tau \mid \mathrm{d}\boldsymbol{r} \mid = m\frac{\mathrm{d}v}{\mathrm{d}t}v\mathrm{d}t = mv\mathrm{d}v$$

两边积分得

$$A = \int_a^b \mathrm{d}A = \int_{v_a}^{v_b} mv\mathrm{d}v = \frac{1}{2}mv_b^2 - \frac{1}{2}mv_a^2 = E_{kb} - E_{ka}$$

动能定理:合外力对质点所做的功等于物体的动能增量。

注意:

(1)动能是物体运动状态的单值函数,而功是物体能量变化的一种量度;动能是状态量、状态函数。功是过程标量。

(2)动能定理不是经典力学新的、独立的定律,而是在定义了功和动能之后,直接由牛顿第二定律导出了它们之间的关系,功与动能虽然都与坐标系的选择有关,但只要是惯性系,动能定理均成立。

下面按动能定理求解例 2.11。

解:因为物体极缓慢地运动,所以动能不改变,由动能定理得

$$A_{\boldsymbol{F}} + A_{mg} + A_f + A_{\boldsymbol{N}} = \Delta E_k = 0$$

$$A_{\boldsymbol{F}} = -(A_{mg} + A_f + A_{\boldsymbol{N}}) = \int_0^{\frac{\pi}{2}} mg\cos\theta \cdot R\mathrm{d}\theta + \int_0^{\frac{\pi}{2}} kR\theta \cdot R\mathrm{d}\theta + 0 = mgR + \frac{1}{8}k(R\pi)^2$$

2) 质点系动能定理

所有外力对质点系做的功与内力做功之和等于质点系动能的增量。即

$$A_{外} + A_{内} = E_{k2} - E_{k1}$$

这个结论称为质点系的动能定理。

质点系的动能定理指出,系统的动能既可以因为外力做功而改变,又可以因为内力做功而改变,这与质点系的动量定理和质点系的角动量定理不同,一对内力由于作用时间相同,其冲量之和必为零,又由于对同一参考点的力臂相同,其冲量矩之和也必为零,因此内力不改变系统的总的动量和角动量。但是一对内力做的功并不一定为零(取决于二质点的相对位移),一般来讲,内力做的功可以改变系统的总动能。

4. 一对力的功

一对力特指两个物体之间的作用力和反作用力。一对力的功是指在一个过程中作用力与反作用力做功之和(代数和),即总功。如果将彼此作用的两个物体视为一个系统,作用力与反作用力就是系统的内力,因此一对力的功也常常是指内力的总功。

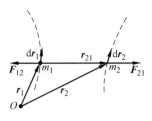

图 2.12 一对力的功

系统内两个质点 m_1 和 m_2，某时刻它们相对于坐标原点的位矢分别为 $\boldsymbol{r}_1$ 和 $\boldsymbol{r}_2$（见图 2.12），$\boldsymbol{F}_{12}$ 和 $\boldsymbol{F}_{21}$ 为它们之间的相互作用力。设质点 m_1 在 $\boldsymbol{F}_{12}$ 的作用下发生了一段位移 $\mathrm{d}\boldsymbol{r}_1$，质点 m_2 则在 $\boldsymbol{F}_{21}$ 的作用下发生了一段位移 $\mathrm{d}\boldsymbol{r}_2$，这一对力做的元功之和

$$\mathrm{d}A = \boldsymbol{F}_{12} \cdot \mathrm{d}\boldsymbol{r}_1 + \boldsymbol{F}_{21} \cdot \mathrm{d}\boldsymbol{r}_2 = \boldsymbol{F}_{21} \cdot \mathrm{d}(\boldsymbol{r}_2 - \boldsymbol{r}_1) = \boldsymbol{F}_{21} \cdot \mathrm{d}\boldsymbol{r}_{21}$$

上式说明：一对力的元功，等于其中一个质点受的力与该质点对另一质点相对位移的点积，即取决于力和相对位移。

如果在一对力的作用下，系统中的两质点由初态时的相对位置 a 变化到末态时的相对位置 b，一对力做的总功

$$A = \int_a^b \mathrm{d}A = \int_a^b \boldsymbol{F}_{21} \cdot \mathrm{d}(\boldsymbol{r}_2 - \boldsymbol{r}_1) = \int_a^b \boldsymbol{F}_{21} \cdot \mathrm{d}\boldsymbol{r}_{21}$$

积分路径由相对位移决定。上式表现了一对力做功的重要特点，即一对力做的总功，只由力和二质点的相对位移决定，由于相对位移与参照系的选择没有关系，因此，一对力做的总功与参照系的选择无关。根据这一特点，计算一对力做功的时候，可以先假定其中的一个质点不动，另一个质点受力并沿着相对位移的路径运动，计算后一个质点相对移动时力做的功就行了。

5. 保守力的功

1）重力的功：

如图 2.13(a)所示，建立直角坐标系，则重力的功为

$$A_{a \to b} = \int_a^b \mathrm{d}A = \int_{y_a}^{y_b} - mg\,\mathrm{d}y = -(mgy_b - mgy_a)$$

重力做功满足

$$A_{abcda} = \oint_L \boldsymbol{G} \cdot \mathrm{d}\boldsymbol{r} = 0,$$

如图 2.13(b)所示。

2）弹力的功

按图 2.14 建坐标系，设弹簧原长处为原点，则弹力 $F = -kx$，因此有

$$A_{a \to b} = \int_a^b \mathrm{d}A = \int_{x_a}^{x_b} - kx\,\mathrm{d}x = -\left(\frac{1}{2}kx_b^2 - \frac{1}{2}kx_a^2\right)$$

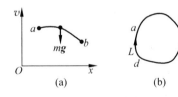

图 2.13 重力的功

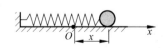

图 2.14 弹力的功

3）万有引力的功

万有引力 $\boldsymbol{F} = -G\dfrac{mM}{r^3}\boldsymbol{r}$ 的功为

$$A_{a \to b} = \int_a^b \mathrm{d}A = \int_{r_a}^{r_b} - G\frac{Mm\boldsymbol{r}}{r^3} \cdot \mathrm{d}\boldsymbol{r} = -\left[\left(-G\frac{Mm}{r_b}\right) - \left(-G\frac{Mm}{r_a}\right)\right]$$

上式利用了 $\boldsymbol{r} \cdot \boldsymbol{r} = r^2$，两边同时微分得 $\boldsymbol{r} \cdot \mathrm{d}\boldsymbol{r} = r\mathrm{d}r$。

4）保守力

做功只与始末位置有关,而与路径无关的力称为保守力。

5）保守力的环流

任意保守力的环流均为零,即

$$A = \oint_L \boldsymbol{F}_保 \cdot \mathrm{d}\boldsymbol{r} = 0$$

6. 系统的势能

1）系统势能 E_p 的定义

保守力做的功改变的是与系统相对位置有关的一种能量。我们把这种与系统相对位置有关的能量定义为系统的势(位)能或势函数,用 E_p 表示。

定义:系统中的物体势能为将该物体由某一位置移动到零势能面的过程中保守力所做的功。

2）常见的几种势能

（1）重力势能(以物体在地面为势能零点):mgh

（2）弹力势能(以弹簧的自然长度为势能零点):$\dfrac{1}{2}kx^2$

（3）万有引力势能(以两质点距离无穷远时为势能零点):$-G\dfrac{Mm}{r}$

注意:当选任意点(面)为零势点(面)时,可在相应的上述势能表达式中加上常量 c,再将零势点坐标代入,来确定 c。例如:

$$E = \frac{1}{2}kx^2 + c$$

当取 $x = x_0$ 时为零势点时,

$$E = \frac{1}{2}kx^2 - \frac{1}{2}kx_0^2$$

3）保守力所做的功与势能变化的关系

$$A_{保守力} = -(E_{p2} - E_{p1}) = -\Delta E_p$$

即保守力做功等于势能增量的负值。或

若定义 r_0 处为零势能,即 $E_p(r_0) = 0$,则任意一点 r 处的势能为

$$E_p(r) = \int_r^{r_0} \boldsymbol{F}_保 \cdot \mathrm{d}\boldsymbol{r}$$

4）势能的性质

（1）势能是系统的状态函数,势能的大小与零势能面的选择有关。

（2）由于保守力的功实际上指的是系统的一对(或多对)内力做功,故势能应该是系统共有的能量,是一种相互作用能。

（3）势能的绝对值没有物理意义,只有势能差才有物理意义。

7. 功能原理

将保守力的施力体化为系统内物体,系统内力分为:保守内力和非保守内力,由质点系的动能定理可得

$$A_{外力} + A_{保守内力} + A_{非保守内力} = E_{k2} - E_{k1} = \Delta E_k$$

由保守力做功的特点可得

$$\Delta E_p = - A_{保守力}$$

移项可得

$$A_{非保守内力} + A_{外力} = \Delta E_p + \Delta E_k = \Delta(E_p + E_k) = \Delta E$$

意义：系统受到的外力和非保守内力所做的总功,等于系统的机械能增量。

下面按功能原理求解例 2.11。

解：选小球、弹簧、地球为系统,因为重力、弹力都是保守力,支持力不做功,由功能原理可得小球从 Q 点至 C 点过程拉力做功为

$$A_F = \Delta E = \Delta E_p = mgR + \frac{1}{2}k(R\pi/2)^2 = mgR + \frac{1}{8}k(R\pi)^2$$

运用功能原理解题的步骤如下：

(1) 确定研究对象——"系统"(保守力的施力体包括在系统内)；

(2) 分析系统所受的力及力所做的功；

(3) 选择惯性系建坐标系；

(4) 选择零势能点；

(5) 计算始末态的机械能及各力所做的功；

(6) 应用功能原理列方程和解方程。

例 2.13　一根长为 L、质量为 m 的匀质链条,放在摩擦系数为 μ 的水平桌面上,其一端下垂长度为 a,如图 2.15(a)所示,设链条由静止开始运动,求：链条离开桌面过程中摩擦力所做的功及链条刚刚离开桌面时的速率。

解：(1) 确定研究对象——"系统"＝链条＋桌面＋地球。

(2) 分析系统所受的力及力所做的功。

保守力：重力 mg；非保守力：摩擦力 f。

图 2.15　例 2.13 用图

(3) 选择地球为惯性系建立坐标系。

以桌面为坐标原点,竖直向下为 x 轴正方向。在某一时刻,竖直下垂的长度为 x,桌面对链条的摩擦力为

$$f = -(L - x)\frac{m}{L}g\mu$$

(4) 选择零势能点：原点所在桌面水平位置如图 2.15(b)所示。

(5) 链条离开桌面过程中摩擦力所做的功为

$$A = \int dA = \int_a^L f \, dx$$

$$= \int_a^L -(L - x)\frac{m}{L}g\mu \, dx = -\frac{1}{2} \cdot \frac{mg\mu(L - a)^2}{L}$$

(6) 计算始末态的机械能：

$$E_1 = -a\frac{mg}{L} \cdot \frac{1}{2}a, \quad E_2 = \frac{1}{2}mv^2 + \left(-\frac{1}{2}mgL\right)$$

（7）应用功能原理列方程和解方程

$$A = -\frac{1}{2}\frac{mg\mu(L-a)^2}{L} = \frac{1}{2}mv^2 + \left(-\frac{1}{2}mgL\right) - \left(-\frac{1}{2}a^2\frac{mg}{L}\right)$$

（8）链条刚刚离开桌面时的速率为

$$v = \sqrt{\frac{g}{L}\left[(L^2 - a^2) - \mu(L-a)^2\right]}$$

8. 机械能守恒定律、能量转化与守恒定律

1）机械能守恒定律

由功能原理可得

$$dA_{非保守内力} + dA_{外力} = dE$$

若 $dA_{非保守内力} + dA_{外力} = 0$，则 $dE = 0$，即，只有保守力做功的系统或外力和非保守内力做功之和始终等于零的系统，其机械能守恒。

2）能量转化与守恒定律

一个与外界没有能量交换的系统称为孤立系统。孤立系统没有外力做功，孤立系统内可以有非保守内力做功，根据功能原理，有

$$A_{非保守内力} = \Delta E$$

这时系统的机械能不守恒。概括地说：一个孤立系统经历任何变化过程时，系统所有能量的总和保持不变。能量既不能产生也不能消灭，只能从一种形式转化为另一种形式，或者从一个物体转移到另一个物体，这就是能量守恒定律。它是自然界具有最大普遍性的定律之一，机械能守恒定律仅仅是它的一个特例。

注意：

（1）能量是系统状态的单值函数；

（2）能量转化是指物质运动的转化；

（3）功仅是能量转化的一种量度。

第3章 刚体力学基础

【教学目标】

1.重点

转动的基本概念：力矩、转动惯量、转动动能，角动量（动量矩）。
转动的基本规律：转动定律、角动量（动量矩）定理、角动量守恒定律。

2.难点

角动量的概念及转动定律、角动量定理、角动量守恒定律在综合性力学问题中的应用。

3.基本要求

(1) 了解从质点模型到建立刚体模型的思想方法，理解物理学中从简单到复杂、从特殊到一般的研究方法。
(2) 掌握平动、转动、定轴转动的概念，理解刚体在平动、转动和定轴转动时描述各质点运动状态的物理量之间的异同点，掌握刚体定轴转动中角量与线量的关系。
(3) 掌握力矩的概念。力矩是改变刚体转动状态的外因，它取决于力和力臂两个因素。当力与转轴平行时，或力的作用线通过转轴时，对轴的力矩为零。
(4) 掌握转动惯量的物理意义及决定转动惯量的因素。
(5) 掌握刚体对转轴角动量（动量矩）的概念，了解冲量矩概念，理解刚体定轴转动时对轴的角动量和角动量守恒定律。
(6) 掌握刚体定轴转动时的动能定理和功能关系。
(7) 会应用转动定律分析刚体的运动及计算有关的物理量。

【内容概要】

3.1 刚体 刚体的定轴转动

1.刚体

刚体是一个理想化的力学模型，它是指各部分的相对位置在运动中（无论有无外力作用）均保持不变的物体，即运动过程中没有形变的物体。刚体运动研究的基础：刚体是由无数个连续分布的质点组成的质点系，每个质点称为刚体的一个质量元。每个质点都服从质点力学规律。

2.刚体的运动形式

1）平动
刚体上任一给定直线（或任意二质点间的连线）在运动中空间方向始终不变而保持平行。
2）转动
如果刚体上所有质点都绕同一直线作圆周运动，这种运动称为刚体的**转动**，这条直线称**转轴**。

（1）定轴转动：转轴相对参照系静止。

（2）定点转动：转轴上只有一点相对参考系静止，转动方向不断变动。

（3）刚体的一般运动可以看作是平动和转动的叠加。

3. 刚体转动的角速度和角加速度

1）角位置　角位移　角速度（标量）

（1）角位置 θ：位矢 r 与 Ox 轴的夹角（见图 3.1）。

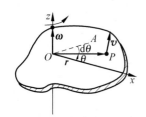

（2）角位移 $d\theta$：dt 时间内角位置的增量。定轴转动只有两个转动方向，对 $d\theta$，可以规定：位矢从 Ox 轴逆时针方向转动时角位置为正；反之，为负。

（3）角速度（标量）ω：$\omega = \dfrac{d\theta}{dt}$。

2）角速度和角加速度

（1）角速度矢量

图 3.1　刚体定轴转动角量描述

$$\boldsymbol{\omega} = d\boldsymbol{\theta} / dt$$

其方向与刚体的转动方向满足右手螺旋关系。

质量元的速度

$$\boldsymbol{v} = \boldsymbol{\omega} \times \boldsymbol{r}$$

（2）角加速度矢量

$$\boldsymbol{\alpha} = \frac{d\boldsymbol{\omega}}{dt}$$

大小

$$\alpha = d\omega / dt$$

方向：当 $d\omega > 0$ 时为加速转动，$\boldsymbol{\alpha}$ 与 $\boldsymbol{\omega}$ 同向；当 $d\omega < 0$ 时为减速转动，$\boldsymbol{\alpha}$ 与 $\boldsymbol{\omega}$ 反向。

3.2　力矩　刚体定轴转动的转动定律转动惯量　转动定律的应用

1. 力矩

如图 3.2 所示，刚体的横截平面可绕通过点 O 且垂直于该平面的转轴 Oz 旋转。作用在刚体内点 P 上的力 F 亦在此平面内。从转轴与截面的交点 O 到力 F 的作用线的垂直距离 d 叫做力对转轴的力臂，力的大小 F 和力臂 d 的乘积就叫做力 F 对转轴的力矩 M：$M = Fd$。

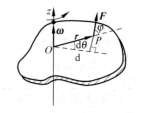

r 为由点 O 到力 F 的作用点 P 的矢径，φ 为径矢 r 与力 F 之间的夹角。上述力矩大小为 $M = Fr\sin\varphi$。

1）力矩的矢量式

（1）力在垂直于转轴的平面内 $\boldsymbol{M} = \boldsymbol{r} \times \boldsymbol{F}$；大小：$M = Fr\sin\varphi$；

图 3.2　刚体定轴转动力矩

方向：满足右手螺旋关系，垂直于 r 与 F 所构成的平面。

（2）一般情况下 $\boldsymbol{F} = \boldsymbol{F}_{/\!/} + \boldsymbol{F}_\perp$，其中 $\boldsymbol{F}_{/\!/}$ 为平行转轴的分力，$\boldsymbol{F}_\perp$ 为垂直转轴的分力，这时只有 $\boldsymbol{F}_\perp$ 能改变刚体的定轴转动状态，因此有 $\boldsymbol{M} = \boldsymbol{r} \times \boldsymbol{F}_\perp$。

（3）单位：米·牛顿（m·N）。

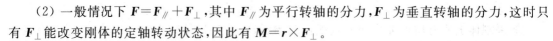

2）合力矩

$$M = \sum_i M_i$$

注意：

（1）与转轴垂直但通过转轴的力对该转轴的力矩为零；

（2）与转轴平行的力对该转轴的力矩为零；

（3）刚体内各质点间内力对同一转轴合力矩为零。

2. 转动定律

1）刚体定轴转动定律的表述

$$M = J\alpha$$

刚体所受的对于某定轴的合外力矩等于刚体对此定轴的转动惯量与刚体在该合外力矩作用下所获得的角加速度的乘积。

2）注意

（1）转动定律与牛顿第二定律相比较，地位相当。

（2）具有瞬时性。同一时刻对同一刚体、同一转轴而言。

3. 转动惯量

（1）定义：刚体绕给定轴的转动惯量 J 等于刚体中每个质量元的质量与该质量元到转轴距离的平方的乘积之总和。它与刚体的形状、质量分布以及转轴的位置有关，即，它只与绕定轴转动的刚体本身的性质和转轴的位置有关。

（2）物理意义：转动惯量是描述刚体在转动中的惯性大小的物理量。

（3）单位：$kg \cdot m^2$。

（4）转动惯量的计算。

① 分立体：$J_z = \sum r_i^2 \Delta m_i$。

② 连续体：$J_z = \int_m r^2 dm$，如果刚体上的质点是连续分布的，则其转动惯量可以用积分进行计算。

③ 几何形状不规则刚体的 J，由实验测定。

（5）几种常见刚体的转动惯量。

① 如图 3.3(a)所示，质量为 m、半径为 R 的匀质薄圆环，通过垂直圆平面中心轴 z：

$$J_z = mR^2$$

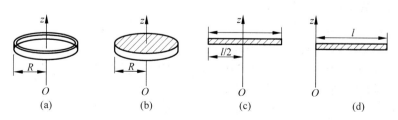

图 3.3　常见刚体转动惯量

② 如图 3.3(b)所示，质量为 m、半径为 R 的匀质圆盘，通过垂直圆平面中心轴 z：

$$J_z = \frac{1}{2}mR^2$$

③ 如图 3.3(c)所示,质量为 m、长度为 l 的匀质细杆,通过垂直中心轴 z:

$$J_z = \frac{1}{12}ml^2$$

④ 如图 3.3(d)所示,质量为 m、长度为 l 的匀质细杆,通过杆端轴 z:

$$J_z = \frac{1}{3}ml^2$$

(6) 平行轴定理。如图 3.4 所示,刚体绕任何一轴的转动惯量 J 与绕通过其质心平行轴的转动惯量 J_C 的关系为

$$J = J_C + md^2$$

式中,J_C 为刚体绕通过质心轴的转动惯量;d 为两平行轴间距离。

(7) 垂直轴定理。薄板对一与它垂直的坐标轴(选为 z 轴)的转动惯量,等于薄板对板面内另两个直角坐标轴的转动惯量之和,如图 3.4 所示,即

$$J_z = J_x + J_y$$

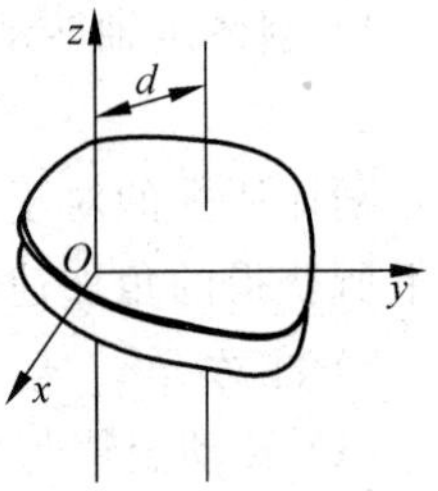

图 3.4 平行轴定理

4. 转动定律的应用

例 3.1 如图 3.5(a)所示,固定在一起的两个同轴均匀圆柱体可绕其光滑的水平对称轴 OO' 转动,设大、小圆柱体的半径分别为 R 和 r,质量分别为 M 和 m,绕在两柱体上的细绳分别与物体 m_1 和 m_2 相连,而 m_1 和 m_2 则挂在物体的两侧。已知 $R=0.2\text{m}$,$r=0.1\text{m}$,$m=4\text{kg}$,$M=10\text{kg}$,$m_1=m_2=2\text{kg}$,且开始时 m_1 及 m_2 离地面均为 2m。

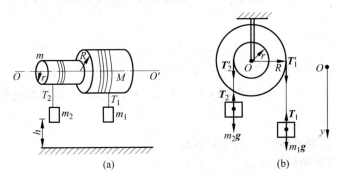

(a)   (b)

图 3.5 例 3.1 用图

求:(1) 柱体转动的角加速度 α;
(2) 两细绳的张力 T_1 和 T_2;
(3) m_1、m_2 中哪一个先着地?经多长时间?

解:图 3.5(a)的左视图及受力分析如图 3.5(b)所示。
对于第一个物体由牛顿第二定律可得

$$m_1g - T_1 = m_1a_1$$

对于第二个物体列方程

$$T_2 - m_2g = m_2a_2$$

对于刚体,由刚体转动定律可得

$$T'_1 R - T'_2 r = J\alpha, \quad J = \frac{1}{2}MR^2 + \frac{1}{2}mr^2$$

又由牛顿第三定律可知

$$\boldsymbol{T}'_2 = -\boldsymbol{T}_2, \quad \boldsymbol{T}'_1 = -\boldsymbol{T}_1$$

由角量和线量关系可知

$$a_1 = R\alpha, \quad a_2 = r\alpha, \quad h = \frac{1}{2}a_1 t^2$$

综合上述各式,代入已知值,可解得

$$\alpha = \frac{m_1 gR - m_2 gr}{\dfrac{MR^2 + mr^2}{2} + m_2 r^2 + m_1 R^2} = 6.13(\text{rad/s}^2) \quad T_2 = m_2(g + r\alpha) = 20.83(\text{N})$$

$$T_1 = m_1(g - R\alpha) = 17.15(\text{N})$$

m_1 先着地,时间为 $t = 1.81(\text{s})$。

例 3.2　如图 3.6(a)所示,一长为 l、质量为 m 的匀质细杆竖直放置,其下端与一固定铰链 O 相接,并可绕其转动。由于此竖直放置的细杆处于非稳定平衡状态,当其受到微小扰动时,细杆将在重力作用下由静止开始绕铰链 O 转动。试计算细杆转动到与竖直线成 θ 角时的角加速度和角速度。

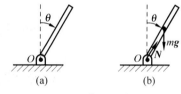

图 3.6　例 3.2 用图

解：细杆受重力 $m\boldsymbol{g}$ 和铰链对细杆的约束力 $\boldsymbol{N}$ 作用,该力通过转轴,对转动不起作用。如图 3.6(b)所示,由转动定律得

$$\frac{1}{2}mgl\sin\theta = J\alpha \tag{1}$$

$$J = \frac{1}{3}ml^2 \tag{2}$$

所以角加速度

$$\alpha = \frac{3g}{2l}\sin\theta \tag{3}$$

由角加速度的定义得

$$\alpha = \frac{\mathrm{d}\omega}{\mathrm{d}t} = \frac{\mathrm{d}\omega}{\mathrm{d}\theta}\frac{\mathrm{d}\theta}{\mathrm{d}t} = \omega\frac{\mathrm{d}\omega}{\mathrm{d}\theta} \tag{4}$$

将式(3)代入式(4)并整理得

$$\omega\mathrm{d}\omega = \alpha\mathrm{d}\theta = \frac{3g}{2l}\sin\theta\mathrm{d}\theta \tag{5}$$

代入初始条件积分：

$$\int_0^\omega \omega\mathrm{d}\omega = \int_0^\theta \frac{3g}{2l}\sin\theta\mathrm{d}\theta$$

得角速度

$$\omega = \sqrt{\frac{3g}{l}(1 - \cos\theta)}$$

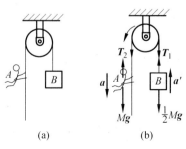

图 3.7　例 3.3 用图

例 3.3　如图 3.7(a)所示,一轻绳绕过一匀质定滑轮,滑轮轴光滑,滑轮的半径为 R,质量为 $\frac{1}{4}M$,均匀分布在其边缘上。绳子的 A 端有一质量为 M 的人抓住了绳端,而

在绳的另一端 B 系了一质量为 $\frac{1}{2}M$ 的重物。设人从静止开始相对绳以加速度 a_0 向上爬时，绳与滑轮间无相对滑动，求人相对地的加速度 a。（已知滑轮对过滑轮中心且垂直于轮面转动的轴的转动惯量 $J=MR^2/4$）

解：受力分析如图 3.7(b)所示，设物体相对地的加速度为 a'，对人和物体应用牛顿第二定律得

$$Mg - T_2 = Ma \tag{1}$$

$$T_1 - \frac{1}{2}Mg = \frac{1}{2}Ma' \tag{2}$$

$$a = -a_0 + a' \tag{3}$$

对滑轮应用转动定律：

$$T_2 R - T_1 R = J\alpha = \frac{1}{4}MR^2\alpha \tag{4}$$

根据角量和线量的关系得

$$a' = R\alpha \tag{5}$$

联解以上各式，可得人相对地的加速度

$$a = (2g - 3a_0)/7$$

3.3 力矩的功 转动动能 刚体定轴转动的动能定理及功能原理

1. 力矩的功

$$A = \int_{\theta_1}^{\theta_2} M_z \mathrm{d}\theta$$

功率

$$P = \mathrm{d}A/\mathrm{d}t = M_z\omega$$

2. 转动动能

$$E_k = J_z\omega^2/2$$

注意：当刚体既有转动又有平动时，其动能＝转动动能＋质心平动动能，即

$$E_k = \frac{1}{2}J_z\omega^2 + \frac{1}{2}mv_C^2$$

3. 刚体定轴转动的动能定理

$$A_{合力矩} = E_{k2} - E_{k1} = J_z\omega_2^2/2 - J_z\omega_1^2/2$$

即合力矩的功等于刚体转动动能的增量。

例 3.4 有一质量为 m、半径为 R 的匀质圆形平板放在水平桌面上，平板与水平桌面的摩擦系数为 μ，若平板绕通过其中心且垂直板面的固定轴以角速度 ω_0 开始旋转，如图 3.8(a)所示，它将在旋转几圈后停止？

解：设转轴正向指上，圆板质量面密度为 $\sigma\left(\sigma=\dfrac{m}{\pi R^2}\right)$，转动时受到的摩擦阻力 (f_μ) 矩为（见图 3.8(b)，即图 3.8(a)的俯视图）

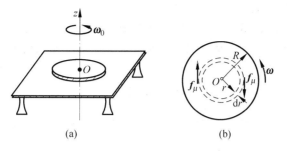

图 3.8　例 3.4 用图

$$M_\mu = \int \mathrm{d}M_\mu = \int_0^R -\mu\varpi g \cdot 2\pi r\mathrm{d}r \cdot r = -\frac{2}{3}\pi\mu\varpi gR^3 = -\frac{2}{3}\mu gmR \qquad (1)$$

方法①：由转动动能定理，当 $\omega=0$ 时，摩擦阻力（f_μ）矩的功

$$A = \int_0^\theta M_\mu \mathrm{d}\theta = \frac{1}{2}J\omega^2 - \frac{1}{2}J\omega_0^2 = 0 - \frac{1}{2}J\omega_0^2 \qquad (2)$$

其中

$$J = \frac{1}{2}mR^2 \qquad (3)$$

将式（1）、式（3）代入式（2）得

$$-\frac{2}{3}\mu mgR\theta = 0 - \frac{1}{2}\left(\frac{1}{2}mR^2\right)\omega_0^2 \qquad (4)$$

平板转动角度：

$$\theta = \frac{3R\omega_0^2}{8\mu g} \qquad (5)$$

转动圈数：

$$N = \frac{\theta}{2\pi} = \frac{3R\omega_0^2}{16\pi\mu g}$$

方法②：由转动定律得

$$M = J\alpha, \quad J = \frac{1}{2}mR^2, \quad a = \frac{M_\mu}{J} = -\frac{4\mu g}{3R}$$

由运动学公式得

$$\omega^2 - \omega_0^2 = 2\alpha\theta$$

当 $\omega=0$ 时可得

$$\theta = \frac{3R\omega_0^2}{8\mu g}, \quad N = \frac{\theta}{2\pi} = \frac{3R\omega_0^2}{16\pi\mu g}$$

4. 刚体势能

一个不太大的刚体的重力势能和它的全部质量集中在质心时所具有的势能一样（条件：刚体上各质量元的重力加速度相同）：

$$E_p = mgy_C$$

即刚体的势能集中在质心上。

5. 刚体系统的功能原理

$$A_{外力} + A_{非保守内力} = (E_{k2} + E_{p2}) - (E_{k1} + E_{p1})$$

注意：当包括刚体在内的系统在运动过程中只有保守内力做功时，系统机械能守恒。

例 3.5 一根均匀米尺，在 60cm 刻度处被钉到墙上，且可以在竖直平面内自由转动。先用手使米尺保持水平，然后释放，则刚释放时米尺的角加速度和米尺到竖直位置时的角速度分别是多少？

解：设米尺的总质量为 m，则米尺对悬点的转动惯量为

$$J = \frac{1}{3}m_1 l_1^2 + \frac{1}{3}m_2 l_2^2 = \frac{1}{3} \times \frac{2}{5}m \times \left(\frac{2}{5}\right)^2 + \frac{1}{3} \times \frac{3}{5}m \times \left(\frac{3}{5}\right)^2 = \frac{8+27}{375}m = \frac{7}{75}m$$

对米尺，手刚释放时，由转动定律

$$mg \times (0.6 - 0.5) = J\alpha$$

加速度

$$\alpha = \frac{0.1mg}{J} = 0.1mg \times \frac{75}{7m} = \frac{75}{70}g = \frac{15}{14}g$$

米尺到竖直位置时，由机械能守恒得

$$mg \times (0.6 - 0.5) = \frac{1}{2}J\omega^2$$

$$\omega = \sqrt{0.2mg/J} = \sqrt{15g/7}$$

3.4 冲量矩 角动量 刚体定轴转动 的角动量定理 角动量守恒定律

1. 冲量矩

$$\int_0^t \boldsymbol{M}\mathrm{d}t$$

2. 角动量(动量矩)

1）质点的角动量

$$\boldsymbol{L} = \boldsymbol{r} \times \boldsymbol{p}$$

质点 m 对 O 点的角动量：

$$\boldsymbol{L} = \boldsymbol{r} \times \boldsymbol{p} = \boldsymbol{r} \times m\boldsymbol{v}$$

角动量的大小为 $L = rmv\sin\theta$，见图 3.9。

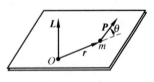

图 3.9 质点角动量

角动量的方向：右手拇指与四指垂直，四指沿矢量 $\boldsymbol{r}$ 的方向，然后四指由 θ 角（小于 $180°$）转向矢量 $\boldsymbol{p}(m\boldsymbol{v})$ 的方向，此时右手拇指的指向即为角动量 $\boldsymbol{L}$ 的方向。

在多个质点构成的系统中，各个质点都有自己的角动量。若每个质点角动量的参考点选择是相同的，则它们的角动量可以求矢量和，从而得到系统的总角动量。

质点系的角动量：

$$\boldsymbol{L} = \sum_i \boldsymbol{L}_i = \sum_i \boldsymbol{r}_i \times \boldsymbol{p}_i$$

2）刚体的角动量

$$\boldsymbol{L} = J\boldsymbol{\omega}（对点），\quad L_z = J_z\omega_z（对轴）$$

3. 角动量定理

$$\int_0^t \boldsymbol{M}_{合力矩}\mathrm{d}t = \boldsymbol{L} - \boldsymbol{L}_0（对点），\qquad \int_0^t M_z\mathrm{d}t = L_{tz} - L_{0z}（对轴）$$

4. 角动量守恒定律

当系统受合力矩 $\boldsymbol{M} = \sum_i \boldsymbol{M}_i = \boldsymbol{0}$，则系统角动量 $\boldsymbol{L} =$ 恒量；若 $M_z = 0$，则 $L_z =$ 恒量。

例 3.6　如图 3.10 所示，一长为 l、质量为 m 的刚性杆可绕支点 O 自由转动。一质量为 m'、速度为 v 的子弹从距支点 O 为 a 处射入杆内并和杆一起运动，使杆的偏转角为 $30°$，问子弹的初速率为多少？

解：把子弹和杆看作一个系统，转轴正向垂直纸面指外，由于子弹射入杆的过程中系统受重力及支点的约束力均通过转轴，故系统角动量守恒，其数学式为

$$m'va = \left(\frac{1}{3}ml^2 + m'a^2\right)\omega \tag{1}$$

$$\omega = \frac{3m'va}{ml^2 + 3m'a^2} \tag{2}$$

了弹射入杆后，以子弹、细杆和地球为系统，机械能守恒，则有

$$\frac{1}{2}\left(\frac{1}{3}ml^2 + m'a^2\right)\omega^2 = m'ga(1 - \cos 30°) + mg\,\frac{l}{2}(1 - \cos 30°) \tag{3}$$

联立求解式(1)、(2)、(3)得

$$v = \sqrt{g(2 - \sqrt{3})(ml + 2m'a)(ml^2 + 3m'a^2)/6}/(m'a)$$

例 3.7　质量为 m、长为 l 的均匀细杆，静止平放在滑动摩擦系数为 μ 的水平桌面上，它可以绕过其中心点 O 且与桌面垂直的固定光滑轴转动，另有一水平运动的质量为 m' 的小球，从侧面垂直与杆的另一端 A 与杆相碰撞，设碰撞时间极短。已知小球在碰撞前的速度为 $\boldsymbol{v}_0$，碰撞后被杆反弹回的速度为 $\boldsymbol{v}$（与 $\boldsymbol{v}_0$ 反向），如图 3.11 所示，求碰撞后从细杆开始转动到停止转动过程所需时间。

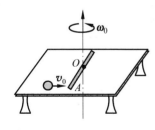

图 3.11　例 3.7 用图

解：以小球和杆为系统，由于碰撞时间极短，系统碰撞前后瞬间角动量守恒。设通过 O 点的转轴正向指上，碰撞后，杆获得的角速度是 ω_0，由小球及杆组成的系统对 O 点角动量守恒：

$$m'v_0\frac{l}{2} = \left(\frac{1}{12}ml^2\right)\omega_0 - m'v\frac{l}{2} \tag{1}$$

则

$$\omega_0 = \frac{6m'(v_0 + v)}{ml} \tag{2}$$

碰后杆受桌面的摩擦力矩为

$$M_\mu = \int \mathrm{d}M_\mu = -2\int_0^{l/2} \mu\,\frac{m}{l}gx\,\mathrm{d}x = -\frac{1}{4}\mu mgl \tag{3}$$

由角动量定理得

$$\int_0^t M_\mu \mathrm{d}t = J\omega - J\omega_0 \qquad (4)$$

当 $\omega = 0$ 时将式(3)代入式(4)得

$$-\frac{1}{4}\mu m g l t = 0 - \left(\frac{1}{12}ml^2\right)\omega_0 \qquad (5)$$

则细杆从开始转动到停止转动过程所需时间

$$t = \frac{2m'(v_0 + v)}{\mu m g}$$

讨论：上题中当转轴为垂直通过杆的另一端时结果如何？

第4章 相对论基础

【教学目标】

1. 重点

狭义相对论中同时的相对性,以及长度收缩和时间延缓的概念。

2. 难点

狭义相对论中同时的相对性,以及长度收缩和时间延缓的概念。

3. 基本要求

(1) 理解:牛顿力学中的时空观和狭义相对论中的时空观以及二者的差异;爱因斯坦狭义相对论的两个基本假设。

(2) 掌握:狭义相对论中同时的相对性,以及长度收缩和时间延缓的概念;相对论动力学的主要理论。

(3) 熟练掌握:分析、计算有关狭义相对论的简单问题。

【内容概要】

4.1 伽利略相对性原理 经典力学的时空观

1. 伽利略(牛顿力学)相对性原理

对力学规律而言,所有的惯性系都是等价的或在一个惯性系中,所做的任何力学实验都不能够确定这一惯性系本身是静止状态,还是匀速直线运动状态。

力学中不存在绝对静止的概念,不存在一个绝对静止的惯性系。

2. 伽利略坐标变换式 经典力学时空观

如图 4.1 所示,设两个作匀速直线运动的惯性参照系 S 和 S' 上的两坐标系各对应轴相互平行,在两个惯性系中考察同一物理事件,将观察结果进行比较。

设当 O 与 O' 重合时,$t = t' = 0$ 作为记时的起点。

同一事件 P,在 S 系中坐标为 (x, y, z, t),在 S' 系中坐标为 (x', y', z', t')。

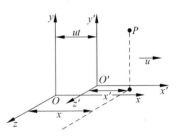

图 4.1 伽利略坐标变换

伽利略坐标变换式为

$$x' = x - ut, \quad y' = y, \quad z' = z, \quad t' = t$$

伽利略速度变换式为

$$v'_x = v_x - u_x, \quad v'_y = v_y, \quad v'_z = v_z$$

牛顿绝对时空观:长度和时间的测量与参照系无关。如果各个惯性参照系中用来测量时间的钟相同,那么任何事件所经历的时间就有绝对不变的量值,与参照系的相对运动无关。如果各个惯性参照系中用来测量长度的标准相同,那么空间任何两点间的距离就有绝对不变的量值,与参照系的相对运动无关。这就是绝对时空观。

4.2　狭义相对论的基本原理　洛伦兹变换式

1. 狭义相对论基本假设

1) 爱因斯坦相对论原理

物理定律在一切惯性参照系中都具有相同的数学表达形式。

描述物理现象的物理定律对所有惯性参照系都应取相同的数学形式。不论在哪一个惯性系中做实验,都不能确定该惯性系的绝对运动。即对运动的描述只有相对意义,绝对静止的参照系是不存在的。这条原理是力学相对性原理的推广。关键概念就是相对性和不变性。

2) 光速不变原理

在彼此相对作匀速直线运动的任一惯性参照系中,所测得的光在真空中的传播速度都是相等的。光速与参照系无关,与光源、观察者的运动状态也无关。

例 4.1　宇宙飞船相对于地面以速度 v 作匀速直线飞行,在某一时刻,飞船头部的宇航员向飞船尾部发出一光信号,经 Δt(飞船上的钟)时间后,被尾部的接收器收到,由此可知飞船相对宇航员长度为多少?

解:以飞船为参照系,Δt 是飞船上的钟测出的时间,属于同一惯性系下测量物体的长度。飞船相对宇航员长度直接用速度乘以时间,即:$l = c\Delta t$。

2. 洛伦兹变换

1) 洛伦兹变换应满足的条件

(1) 物理定律保持数学表达形式不变(协变性);

(2) 真空中光的速率保持不变;

(3) 这种变换在适当的条件下(即在低速情况下)转化为伽利略变换。

2) 坐标变换式

$$x' = \frac{x - ut}{\sqrt{1 - \dfrac{u^2}{c^2}}}, \quad y' = y, \quad z' = z, \quad t' = \frac{t - \dfrac{u}{c^2}x}{\sqrt{1 - \dfrac{u^2}{c^2}}}$$

3) 速度变换式

$$v_x' = \frac{v_x - u}{1 - \dfrac{uv_x}{c^2}}, \quad v_y' = \frac{v_y}{1 - \dfrac{uv_x}{c^2}}\sqrt{1 - \frac{u^2}{c^2}}, \quad v_z' = \frac{v_z}{1 - \dfrac{uv_x}{c^2}}\sqrt{1 - \frac{u^2}{c^2}}$$

4) 讨论

从以上公式可以得到如下结论:

(1) 当 $u \ll c$ 时,洛伦兹变换转化为伽利略变换。

(2) 时间和空间的测量互不分离。

(3) 当 $u \geq c$ 时,公式无物理意义。所以两参照系的相对速率不可能等于或大于光速。任何物体的速度也不可能等于或大于真空中的光速,即真空中的光速 c 是一切实际物体的极限速率。

（4）洛伦兹变换的意义：基本的物理定律应该在洛伦兹变换下保持不变,这种不变显示出物理定律对匀速直线运动的对称性即相对论对称性。

例 4.2　甲和乙两地直线距离相距 1000km,在某一时刻从两地同时各开出一列火车。现有一艘飞船沿从甲往乙的方向在高空掠过,速率恒为 $u=9$km/s。求宇航员测得的两列火车开出的时间差,哪一列先开出?

解：取地面为 S 系,飞船为 S' 系,坐标原点在甲,从甲指向乙为 x 轴正方向,甲和乙的位置坐标分别为 x_1 和 x_2。

在 S 系中,

$$\Delta x = x_2 - x_1 = 10^6 \text{(m)}, \quad \Delta t = t_2 - t_1 = 0 \text{(s)}$$

在 S' 系中,由洛伦兹变换,解得

$$\Delta t' = t_2' - t_1' = \frac{\Delta t - \dfrac{u \Delta x}{c^2}}{\sqrt{1 - \dfrac{u^2}{c^2}}} \approx -10^{-7} \text{(s)}$$

即乙先开出。

例 4.3　观测者甲和乙分别静止于两个惯性参照系 S 和 S' 中,甲测得在同一地点发生的两个事件的时间间隔为 4s,而乙测得这两个事件的时间间隔为 5s,求：

（1）S' 相对于 S 的运动速度;

（2）乙测得这两个事件发生的地点的距离。

解：（1）在 S 系中,

$$\Delta x = x_2 - x_1 = 0, \Delta t = t_2 - t_1 = 4 \text{(s)}$$

在 S' 系中,$\Delta t' = t_2' - t_1' = 5$s,由洛伦兹变换,得

$$\Delta t' = \frac{\Delta t - \dfrac{u}{c^2} \Delta x}{\sqrt{1 - \dfrac{u^2}{c^2}}}$$

代入解得 S' 相对于 S 的运动速度

$$u = 0.6c$$

（2）$\Delta x' = x_2' - x_1' = \dfrac{\Delta x - u \Delta t}{\sqrt{1 - \dfrac{u^2}{c^2}}} = -9 \times 10^8 \text{(m)}$

即乙测得这两个事件发生的地点的距离为 9×10^8m。

例 4.4　有一静止的电子枪向相反方向发射甲、乙两个电子。实验室测得甲电子的速率为 $0.6c$,乙电子速率为 $0.7c$,求一个电子相对于另一个电子的速率。

解：设实验室为 S 系,甲电子为 S' 系,在 S 系中,乙电子的速率为

$$v_x = -0.7c$$

S' 系相对于 S 系的运动速度

$$u = +0.6c$$

由洛伦兹速度变换公式得

$$v_x' = \frac{v_x - u}{1 - u v_x / c^2} = \frac{-0.7c - 0.6c}{1 - (0.6c) \times (-0.7c)/c^2} = \frac{-1.3c}{1.42} \approx -0.92c < c$$

即甲、乙两个电子的相对速率为 $0.92c$。

4.3 狭义相对论的时空观

1. 同时的相对性

经过校对的钟称为同步钟。

狭义相对论的时空观认为：同时是相对的。即在一个惯性系中不同地点同时发生的两个事件,在另一个惯性系中不一定是同时的。

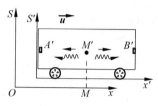

图 4.2 同时的相对性

如图 4.2 所示,在 S' 系中,从车厢中点 M' 发出的光同时到达车厢尾部 A' 和首部 B';

在 S 系中观测,由于光速不变,A' 与 M' 之间的传播距离变短,所以光先到达 A' 而后到达 B'。

同理,在 S' 系中,从 A' 和 B' 同时发光,同时到达 M' 点;而在 S 系中观测,来自 B' 的光先到达 M,A' 的光后到达 M。

在一惯性系中异地对准的时钟,在另一个惯性系中观察会变得不准了,这就是同时的相对性的意义。

2. 时间延缓

如图 4.3 所示,设想在一列以速度 u 匀速运动的车箱底部有一台光信号钟,车箱顶部放置一面反射镜 M,可使光脉冲反射,设车箱高度为 d。在 S' 系测量,光信号从底部发射经顶部反射再到底部接收两事件的时空坐标分别为 (x', t_1'),(x', t_2'),在 S' 系测量,发射与接收光信号两件事所用的时间为

$$\Delta t' = t_2' - t_1' = 2d/c = \tau$$

τ 称为固有时,即同一地点发生的两件事的时间间隔。

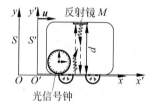

图 4.3 固有时

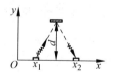

图 4.4 时间延缓

如图 4.4 所示,在 S 系中观测信号从发射 P_1 到接收 P_2 两事件的时空坐标分别为 (x_1, t_1),(x_2, t_2);从发射到接收这两事件所用的时间

$$\Delta t = t_2 - t_1$$

由光速不变原理和勾股定理得

$$\left(c\frac{\Delta t}{2}\right)^2 = \left(u\frac{\Delta t}{2}\right)^2 + d^2$$

所以

$$\Delta t = \frac{2d/c}{\sqrt{1 - \dfrac{u^2}{c^2}}} = \frac{\Delta t'}{\sqrt{1 - \dfrac{u^2}{c^2}}}, \quad \Delta t = \frac{\Delta t'}{\sqrt{1 - u^2/c^2}} = \frac{\tau}{\sqrt{1 - \beta^2}} = \gamma\tau$$

令 $\beta = u/c$，$\gamma = 1/\sqrt{1-\beta^2}$ 称膨胀因子。

1) 固有时间(原时)的概念

在某一惯性系 S' 中同一地点先后发生的两事件之间的时间间隔叫固有时间(原时)，用 τ 表示。

2) 时间延缓

在 S 系看来：$\Delta t \geqslant \tau$，称为时间延缓。且

$$\Delta t = \frac{\tau}{\sqrt{1-u^2/c^2}} \quad (\tau \text{ 为固有时间})$$

3) 讨论

(1) 时间延缓效应具有相对性。

若在 S 系中同一地点先后发生两事件的时间间隔为 $\Delta t = \tau$(固有时间)，则同理有

$$\Delta t' = \frac{\tau}{\sqrt{1-u^2/c^2}}$$

就好像时钟变慢了，即运动着的钟的时间间隔变大了。

(2) 当 $u \ll c$ 时，有 $\Delta t \approx \Delta t'$。

(3) 实验已证实 μ 介子、π 介子等基本粒子的衰变，当它们相对实验室静止和高速运动时，其寿命完全不同。

例 4.5 设有许多已经校准的静止的同步钟，它们的指针走一个格所用的时间都是 1s。

如果让其中的一个钟以 $u = 0.8c$ 的速度相对观察者运动，那么在观察者看来这个运动的钟的指针走一个格所用的时间为多少？

解：

$$\Delta t' = \frac{\Delta t(\text{固有时})}{\sqrt{1-(u/c)^2}} = \frac{1}{\sqrt{1-0.64}} = \frac{5}{3}(s)$$

例 4.6 牛郎星距离地球约 16 光年，宇宙飞船以多大速率匀速飞行时，将用 4 年的时间(宇宙飞船上的钟指示的时间)抵达牛郎星？

解： 飞船上的钟测出的是固有时间 $\Delta t' = 4$ 年，地球上的钟测出的是测量时间 $\Delta t = 16$ 年。

由钟慢效应，$\Delta t' = \frac{1}{\gamma}\Delta t$，$4 = \frac{1}{\gamma} \times 16$，得

$$\frac{1}{\gamma} = \sqrt{1-\left(\frac{u}{c}\right)^2} = \frac{1}{4}, \quad u = \sqrt{\frac{15}{16}}c = 2.91 \times 10^8 (\text{m/s})$$

3. 长度收缩

如图 4.5 所示，设刚性尺子 AB 相对于地面以速度 u 向右运动，设地面为 S 系，尺子为 S' 系，尺子两端 A、B 分别通过地面同一地点的时间为 $\Delta t = t_A - t_B$(t_B、t_A 是 S 系中同一地点用同一只钟分别测量的尺 B、A 两端通过该点的时刻)，则在 S 系测量尺子的长度为：

$$l = u\Delta t = u\tau (\tau \text{ 为固有时间}) \quad\quad (1)$$

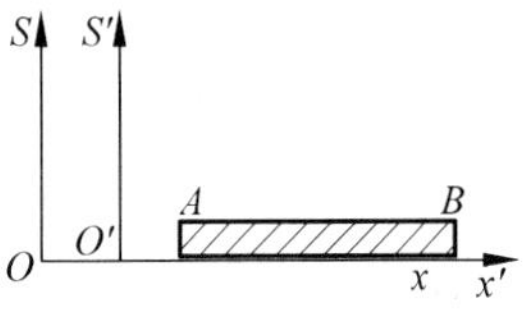

在 S' 系观测地面上 A、B 之间右侧任意一点以速率 u 向左分别通过尺的两端 B、A 的时间为

图 4.5 长度收缩

$$t'_A - t'_B = \Delta t'(t'_B 、 t'_A \text{是} S' \text{系中不同地点用两只同步钟测量的时刻})$$

S' 系中测量尺子的长度

$$l_0 = u\Delta t' \quad (\text{此长度相对观测者静止,称固有长度}) \tag{2}$$

利用

$$\Delta t' = \frac{\tau}{\sqrt{1 - u^2/c^2}} \tag{3}$$

联立求解式(1)、(2)、(3)得到

$$l = l_0 \sqrt{1 - u^2/c^2} \quad (l_0 \text{ 为固有长度}, l \text{ 为运动长度})$$

1) 固有长度

观察者与被测物体相对静止时,长度的测量值最大,称为该物体的固有长度(或原长),用 l_0 表示。

2) 洛伦兹收缩(长度缩短)

观察者与被测物体有相对运动时,长度的测量值

$$l = l_0 \sqrt{1 - u^2/c^2}$$

等于其原长的 $\sqrt{1 - u^2/c^2}$ 倍,即物体沿运动方向缩短了,这就是洛伦兹收缩(长度缩短)。

3) 讨论

(1) 长度缩短效应具有相对性。

若在 S 系中有一静止物体长 l_0,那么在 S' 系中观察者将同时测量得该物体的长度沿运动方向缩短,同理有 $l' = l \sqrt{1 - u^2/c^2} = l_0 \sqrt{1 - u^2/c^2}$,即运动着的尺子变短了。

(2) 当 $u \ll c$ 时,有 $l \approx l_0$。

(3) 长度缩短效应只发生在有相对运动的方向上。

例 4.7 S 系与 S' 系是坐标轴相互平行的两个惯性系,S' 系相对于 S 系沿 Ox 轴正方向匀速运动。一根刚性尺静止在 S' 系中,与 $O'x'$ 轴成 $30°$ 角,如图 4.6 所示。今在 S 系中观察得该尺与 Ox 轴成 $45°$ 角,则 S' 系相对于 S 系的速度 u 是多少?

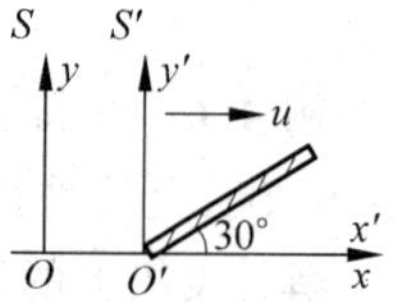

解:尺在 S' 系中静止,是固有长度。它在 x'、y' 轴上投影分别为 $\Delta x'$ 和 $\Delta y'$;在 S 系,尺的投影分别为 Δx 和 Δy,由题设条件

图 4.6 例 4.7 用图

$$\frac{\Delta y'}{\Delta x'} = \tan 30°, \qquad \frac{\Delta y}{\Delta x} = \tan 45°$$

又由 $\Delta y = \Delta y'$,$\Delta x = \Delta x' \sqrt{1 - \left(\dfrac{u}{c}\right)^2}$,可得

$$\sqrt{1 - \left(\frac{u}{c}\right)^2} = \frac{\tan 30°}{\tan 45°} = \frac{1}{\sqrt{3}}, \quad u = \sqrt{\frac{2}{3}}c$$

例 4.8 已知 μ 介子的固有寿命为 2×10^{-6} s,测得在距地面 1×10^5 m 左右的高空中产生的 μ 介子的运动速率为 $u = 0.998c$,这样按照经典理论 μ 介子在其寿命期内走过的距离只有 600m 左右。显然,这样是不可能达到海平面的,那么,如何解释在海平面附近观察到 μ 介子这种现象呢?

解:设以 μ 介子为参照系所建的坐标系为 S',地球为参照系所建的坐标系为 S,则在 S 系测得 μ 介子的寿命为

$$\tau = \gamma \tau_0 = \frac{2 \times 10^{-6}}{\sqrt{1 - 0.998^2}} = 31.7 \times 10^{-6} (\text{s})$$

故在 S 系看来，μ 介子下落的距离为
$$l_0 = u\tau = 0.998 \times 3 \times 10^8 \times 31.7 \times 10^{-6} = 9500(\mathrm{m})$$
而在 S' 系看来，地面上升的距离为
$$l' = 2 \times 10^{-6} \times 0.998 \times 3 \times 10^8 = 600(\mathrm{m})，\quad 即\quad l' = \sqrt{1 - 0.998^2}\, l_0 = 600(\mathrm{m})$$

例 4.9　地面（S 系）上 A、B 两点相距 100m，一短跑选手由 A 到 B 历时 10s，试问在与运动员同方向运动飞行速度为 $0.6c$ 的飞船上（S' 系）观测，这名选手由 A 到 B 跑的距离是多少？经历的时间是多少？速度的大小和方向如何？

解：按图 4.7 建立直角坐标系，则已知条件转化为在地面 S 系观测，有

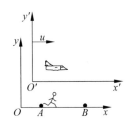

$$\Delta x = x_B - x_A = 100(\mathrm{m})；\quad \Delta t = t_B - t_A = 10(\mathrm{s})；\quad u = 0.6c$$

求在飞船上 S' 系观测：

(1) $\Delta x' = x'_B - x'_A = ?$

(2) $\Delta t' = t'_B - t'_A = ?$

图 4.7　例 4.9 用图

(3) $v' = \dfrac{x'_B - x'_A}{t'_B - t'_A} = ?$　根据洛伦兹坐标变换得

$$x'_A = \frac{x_A - ut_A}{\sqrt{1 - u^2/c^2}}，\quad t'_A = \frac{t_A - \dfrac{u}{c^2}x_A}{\sqrt{1 - u^2/c^2}}$$

$$x'_B = \frac{x_B - ut_B}{\sqrt{1 - u^2/c^2}}，\quad t'_B = \frac{t_B - \dfrac{u}{c^2}x_B}{\sqrt{1 - u^2/c}}$$

$$\Delta x' = \frac{\Delta x - u\Delta t}{\sqrt{1 - u^2/c^2}} = \frac{100 - 0.6 \times 3 \times 10^8 \times 10}{\sqrt{1 - 0.6^2}} = -2.25 \times 10^9 (\mathrm{m})$$

$$\Delta t' = \frac{\Delta t - \dfrac{u}{c^2}\Delta x}{\sqrt{1 - u^2/c^2}} = \frac{10 - \dfrac{0.6}{(3 \times 10^8)} \times 100}{\sqrt{1 - 0.6^2}} = 12.5(\mathrm{s})$$

$$v' = \frac{\Delta x'}{\Delta t'} = \frac{-2.25 \times 10^9}{12.5} = -0.6c$$

答：在飞船上观测，这名选手由 A 到 B 跑的距离 2.25×10^9m，时间为 12.5s，速度大小为 $0.6c$，方向沿 x 轴负方向。即在飞船中的观察者看来，选手用 12.5s 时间反向跑了 2.25×10^9m。

注意：本题中地面测得短跑选手跑的距离 100m 可以认为是固有长度，但在飞船上测量运动的距离不是运动长度（即测量长度），因为在飞船上测量起跑与冲刺两点之间的距离不是同时发生的。地面测得短跑选手跑 100m 所用时间 10s 不是固有时间，因为从起跑到冲刺这两件事不是发生在同一地点。

例 4.10　一宇宙飞船相对于地面以 $0.8c$ 的速度飞行。一光脉冲从船尾传到船头，飞船上的观察者测得飞船长度为 90m，地球上的观察者测得光脉冲从船尾发出和到达船头接收两事件的空间间隔为多少？

解：设地球参照系为 S 系，飞船参照系为 S' 系，S' 系相对于 S 系沿 x 轴正方向以 $u = 0.8c$ 的速度飞行。由洛伦兹变换 $x = \gamma(x' + ut')$ 得地球上的观察者测量两事件的空间间隔为

$$\Delta x = \gamma(\Delta x' + u\Delta t') = \frac{1}{\sqrt{1 - 0.8^2}}\left(90 + 0.8 \times 3 \times 10^8 \times \frac{90}{3 \times 10^8}\right) = 270(\mathrm{m})$$

4.4　狭义相对论动力学

1. 将经典力学改造为相对论动力学满足三条原则

（1）狭义相对性原则（对称性思想的体现）：改造后的力学定律必须满足洛伦兹变换的不变式。

（2）对应原则：新理论应该包容那些在一定范围内已被证明是正确的旧理论，并在极限条件下过渡到旧理论。

（3）守恒原则：重新定义质量、动量、能量，使相应的守恒定律在相对论力学中仍然成立。

2. 相对论质量

设物体运动速率为 u，静止时质量为 m_0，则运动质量为

$$m = \frac{m_0}{\sqrt{1 - u^2/c^2}}$$

注意：

（1）在物体的速度不大时，动质量和静质量差不多，质量基本上可以看作常量。只有当速率接近光速时，物体的质量才明显的增大。

（2）当速度愈接近光速，物体的质量就愈大，因而就愈难加速。

（3）当物体的速率趋于光速时，质量和动量一起趋于无穷大。所以光速是一切物体速率的上限。

（4）如果速度超过光速，质速公式给出虚质量，这在物理上是没有意义的，也是不可能的。

3. 相对论动量

$$\boldsymbol{p} = m\boldsymbol{v} = \frac{m_0 \boldsymbol{v}}{\sqrt{1 - v^2/c^2}}$$

4. 狭义相对论力学的基本方程

相对论动力学基本方程为

$$\boldsymbol{F} = \frac{\mathrm{d}\boldsymbol{P}}{\mathrm{d}t} = \frac{\mathrm{d}}{\mathrm{d}t}\left(\frac{m_0 \boldsymbol{v}}{\sqrt{1 - \beta^2}}\right), \quad \beta = v/c$$

（1）当 $v \ll c$ 时，$m \to m_0$，$\boldsymbol{F} = m_0 \dfrac{\mathrm{d}\boldsymbol{v}}{\mathrm{d}t} = m_0 \boldsymbol{a}$，相对论动力学方程回到牛顿运动定律。

（2）$\boldsymbol{F} = \dfrac{\mathrm{d}(m\boldsymbol{v})}{\mathrm{d}t} = m \dfrac{\mathrm{d}\boldsymbol{v}}{\mathrm{d}t} + \boldsymbol{v} \dfrac{\mathrm{d}m}{\mathrm{d}t}$，因此外力不仅改变物体的速度，还改变物体的质量。

（3）当 $v \to c$ 时，$\dfrac{\mathrm{d}\boldsymbol{v}}{\mathrm{d}t} \to 0$，物体速度不再改变，因此光速为物体的极限速度。

（4）由 $m = \dfrac{m_0}{\sqrt{1 - \beta^2}}$ 可知，当 $v \to c$ 时，必须设 $\boldsymbol{m}_0 = 0$，否则表达式无物理意义。

5. 相对论能量

1）相对论动能

（1）定义：

$$E_k = E - E_0 = mc^2 - m_0 c^2$$

（2）相对论动能推导：

$$E_k = \frac{m_0 c^2}{\sqrt{1 - v^2/c^2}} - m_0 c^2 = (m - m_0)c^2$$

这就是相对论的质点动能公式,它等于因运动而引起质量的增量乘以光速的平方。

当 $v^2/c^2 \ll 1$ 时,利用二项式定理得

$$E_k = m_0 c^2 \left[(1 - v^2/c^2)^{-\frac{1}{2}} - 1 \right] \approx m_0 c^2 \left[\left(1 + \frac{v^2}{2c^2} \right) + o\left(\frac{v^4}{c^4} \right) - 1 \right] = \frac{1}{2} m_0 v^2 \left[1 + o\left(\frac{v^2}{c^2} \right) \right]$$

忽略高阶无穷小项,就是我们所熟悉的牛顿力学动能公式即相对论力学与经典力学满足对应原则。

2）静质能

$$E_0 = m_0 c^2$$

物体的静质能实际上是物体内能的总和。包括分子运动的动能,分子间相互作用的势能,分子内部各原子的动能和原子间的相互作用势能,以及原子内部、原子核内部,质子、中质等各组成粒子的动能及相互作用势能。

3）运动能量（质能关系）

$$E = mc^2 = \frac{m_0 c^2}{\sqrt{1 - v^2/c^2}} = \gamma m_0 c^2$$

对于一个以速率 v 运动的物体,其总能量 E 为动能与静质能之和。质能关系把"质量"和"能量"两个概念紧密地联系在一起。

4）能量亏损

$$\Delta E = \Delta m c^2$$

5）相对论动量能量关系式（如图 4.8 所示）

$$E^2 = p^2 c^2 + m_0^2 c^4$$

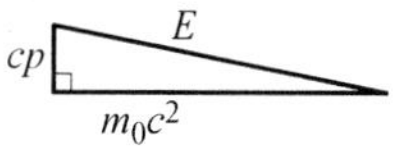

图 4.8　相对论动量能量关系

该式可用如图 4.8 所示动质能直角三角形表示。

例 4.11　将一个静止质量为 m_0 千克的粒子,由静止加速到 $v = 0.6c$（c 为真空中光速）需做的功多少?

解：根据动能定理,合力的功等于动能增量,即

$$A = mc^2 - m_0 c^2 = \left(\frac{1}{\sqrt{1 - (v/c)^2}} - 1 \right) m_0 c^2 = \left(\frac{1}{\sqrt{1 - (0.6c/c)^2}} - 1 \right) m_0 c^2 = \frac{1}{4} m_0 c^2$$

例 4.12　在参照系 S 中,有两个静止质量都是 m_0 的粒子 A 和 B,分别以速度 v 沿同一直线相向运动,相碰后合在一起成为一个粒子,则其静止质量 M_0 为多少?

解：由动量守恒定律可知,在 S 系中两粒子碰后生成的粒子静止不动,由能量守恒定律

$$M_0 c^2 = 2mc^2$$

可得

$$M_0 = 2m = 2\gamma m_0 = \frac{2m_0}{\sqrt{1 - (v/c)^2}}$$

6. 光子的能量和动量

（1）静止质量：由 $m = \dfrac{m_0}{\sqrt{1 - \dfrac{u^2}{c^2}}}$,当 $u = c$ 时,只有 $m_0 = 0$,m 才有意义。一切以光速运动的

微观粒子,其静止质量必为零。即光子在任何参照系中均以光速运动,找不到与光子相对应的静止的参照系。

（2）能量：

$$E = h\nu \quad (\nu \text{ 为光的频率})$$

（3）运动质量：

$$m = \frac{h\nu}{c^2} = \frac{h}{c\lambda}$$

（4）能量-动量关系：

$$E = cp = mc^2$$

（5）动量：

$$p = mc = \frac{E}{c} = \frac{h}{\lambda}$$

第 5 章 机 械 振 动

【教学目标】

1. 重点

(1) 简谐振动本身的特征和规律(动力学函数、运动学函数以及其中各量的意义与计算);
(2) 同方向、同频率简谐振动合成的规律;
(3) 描述简谐振动的解析法和旋转矢量法。

2. 难点

位相(周相)的概念及有关的计算。

3. 基本要求

(1) 掌握简谐振动的运动学特征和动力学特征。
(2) 掌握简谐振动的频率、圆频率、周期、振幅和位相(周相)等概念的物理意义,并能由给定的运动条件计算以上各物理量。
(3) 会用相量图(旋转矢量)法描述简谐振动,进行同方向、同频率简谐振动的合成以及计算相关物理量。
(4) 掌握简谐振动中动能与势能的相互关系。

【内容概要】

5.1 简谐振动描述

1. 振动的一般概念

广义的振动: 描述物体状态的某个物理量在某一值附近反复变化,该物理量称作振动。
注意: 各种振动的物理本质往往不同,但数学表述都是相同的。

2. 简谐振动

它是最简单、最常见的周期性一维振动。振动曲线呈余弦或正弦的振动称为简谐振动。任何复杂的周期性振动都可以看成若干个(或无限多个)简谐振动的叠加(傅里叶分解),因而讨论简谐振动也是讨论所有振动的基础。

弹簧振子的无阻尼振动就是简谐振动。如图 5.1(a)所示,一个强度系数为 k 的轻质弹簧的一端固定,另一端拴一个可以在水平光滑面上自由运动的物体,其质量为 m,若所有的摩擦都可以忽略,这就是一个无阻尼的弹簧振子。在弹簧处于自然长度时,物体处于平衡位置 O,以 O 为原点建立 Ox 坐标轴。如果移动物体到 $x=A$ 处然后释放,则物体会在 x 坐标轴上 O 点两侧作往复运动。把物体当作质点来讨论,可以证明物体对于平衡位置的位移(如果选取平衡点为坐标轴的原点)x 将按余弦函数的规律随时间 t 变化,因此,物体的这种振动就是简谐振动。

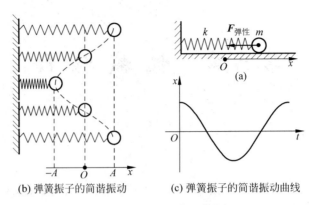

(b) 弹簧振子的简谐振动   (c) 弹簧振子的简谐振动曲线

图 5.1　弹簧振子的运动分析

1）简谐振动定义

当物体运动时,物体离开平衡位置的位移（或角位移）是时间的正弦或余弦函数,物体的这种运动称为简谐振动。

2）简谐振动的振动函数（振动表达式）

$$x = A\cos(\omega t + \varphi)$$

式中,A、φ 是与初始条件和振动系统有关的待定常量,ω 取决于振动系统。因此,这三个量叫做描述简谐振动的特征量。

3）简谐振动的动力学特征

根据牛顿第二定律,质量为 m 的质点在 x 方向作简谐振动,它所受的合外力应该是

$$F = m\frac{\mathrm{d}^2 x}{\mathrm{d}t^2} = -m\omega^2 x$$

由于简谐振动的 m、ω 都是常量,因此,作简谐振动的物体所受的沿位移方向的合外力与其对于平衡位置的位移成正比反向关系,这样的力称为回（恢）复力,这是简谐振动的一个重要特征,也称**动力学特征**。

4）简谐振动的特征方程

如光滑水平面上弹簧振子的振动,它受到的合外力为回（恢）复力,即 $F = -kx$。

则由牛顿第二定律,可得

$$F = m\frac{\mathrm{d}^2 x}{\mathrm{d}t^2} = -kx, \quad \text{或} \quad \frac{\mathrm{d}^2 x}{\mathrm{d}t^2} + \omega^2 x = 0, \quad \text{其中} \quad \omega^2 = k/m$$

这正是谐振微分方程,表示 x 是一个谐振量,即

$$x = A\cos(\omega t + \varphi)$$

简谐振动的 ω 由 k、m 决定,意味着 ω 是由振动系统本身的力学性质（包括物体的质量和力的性质）所决定的,所以把 ω 称为振动系统的固有圆频率。

5）简谐振动中的速度

$$v = \frac{\mathrm{d}x}{\mathrm{d}t} = -\omega A\sin(\omega t + \varphi) = \omega A\cos\left(\omega t + \varphi + \frac{\pi}{2}\right)$$

其中 ωA 代表物体振动的速度幅度。

6）简谐振动中的加速度

$$a = \frac{\mathrm{d}^2 x}{\mathrm{d}t^2} = \omega^2 A\cos(\omega t + \varphi + \pi) = -\omega^2 A x$$

其中 $\omega^2 A$ 代表物体振动的加速度幅度。

x、v、a 的关系如图 5.2 所示。

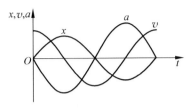

图 5.2　简谐振动的 x、v、a 曲线

5.2　简谐振动中的特征物理量

1. A——振幅

振幅表示质点离开平衡点的最大距离,它给出了质点运动的范围。设质点初始时刻($t=0$)位移为 x_0,速度为 v_0,则由

$$x_0 = A\cos\varphi, \quad v_0 = -\omega A\sin\varphi$$

消去参数 φ 得振幅

$$A = |x_{\max}| = \sqrt{x_0^2 + v_0^2/\omega^2}$$

2. ω——圆角频率(角频率)

它代表 2π 个时间单位内物体完成全振动的次数:

$$\omega = \frac{2\pi}{T} = 2\pi\nu$$

对弹簧振子:$\omega = \sqrt{k/m}$。圆频率 ω 是振动系统固有的特征量,由振动系统决定。

3. $\omega t + \varphi$——位相(周相)

简谐振动的状态仅随位相的变化而变化,因而位相是描述简谐振动的状态的物理量,它与 $\{x, v\}$ 具有等价性,能够反映物体运动的周期性。

注意:

(1) 位相与时间一一对应,位相不同是指时间先后不同。

(2) 位相对时间的导数即圆频率 ω,它表示位相变化的速率,是描述简谐振动状态变化快慢的物理量。ω 是一个常量,表示位相是匀速变化的。

4. φ——初位相(初周相)或初相

位相的一般表达式中的 φ 即 $t=0$ 时的位相称初相,初相描述简谐振动的初始状态。它与 $\{x_0、v_0\}$ 具有等价性。

由 $x_0 = A\cos\varphi, v_0 = -\omega A\sin\varphi$,消去参数 A 得

$$\varphi = \arctan\left(-\frac{v_0}{\omega x_0}\right)$$

规定:$-\pi \leqslant \varphi \leqslant \pi$ 或 $0 \leqslant \varphi \leqslant 2\pi$。

例 5.1　一简谐振动的表达式为 $x = A\cos(3t + \varphi)\,\mathrm{m}$,已知 $t=0$ 时的初位移为 $0.04\mathrm{m}$,初

速度为 0.09m/s,求振幅 A 和初位相 φ。

解:已知初始条件,$x_0=0.04$m,$v_0=0.09$m/s,$\omega=3$,则振幅为

$$A=\sqrt{x_0^2+\left(-\frac{v_0}{\omega}\right)^2}=\sqrt{0.04^2+\left(-\frac{0.09}{3}\right)^2}=0.05(\text{m})$$

初相

$$\varphi=\arctan\left(-\frac{v_0}{\omega x_0}\right)=\arctan\left(-\frac{0.09}{3\times0.04}\right)=\arctan\left(-\frac{3}{4}\right)$$

或由 $x_0=A\cos\varphi=0.05\cos\varphi=0.04$,得 $\cos\varphi=0.8$。

因为 $v_0>0$,所以 $\varphi=-36.9°\approx-\frac{1}{5}\pi$。

例 5.2 已知一质点沿 x 轴作简谐振动,其振动曲线见图 5.3,求其振动函数。

解:由振动曲线可见,当 $t=0$ 时,初始位移

$$x_0=A\cos\varphi=-\frac{\sqrt{2}}{2}A$$

由此得初位相

$$\varphi=\pm\frac{3}{4}\pi$$

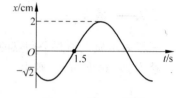

图 5.3　例 5.2 用图

因为速度

$$v=\frac{\mathrm{d}x}{\mathrm{d}t}=-A\omega\sin(\omega t+\varphi)$$

$t=0$ 时,初始速度 $v_0=-A\omega\sin\varphi<0$,因此取 $\varphi=\frac{3}{4}\pi$。

由振动曲线可知,当 $t=1.5$s 时,质点运动的位相为 $3\pi/2$,即

$$1.5\omega+\varphi=3\pi/2,$$

所以

$$1.5\omega=3\pi/2-3\pi/4=3\pi/4,\quad\omega=\pi/2$$

其振动函数为

$$x=A\cos(\omega t+\varphi)=2\cos\left(\frac{\pi}{2}t+\frac{3}{4}\pi\right)(\text{cm})$$

5.3　旋转矢量与振动的相量

简谐振动可以用一种直观、方便的方法来描述,称为旋转矢量表示法。如图 5.4 所示,在一个平面上建一个 Ox 坐标轴,以原点 O 为起点作一个长度为 A 的矢量 $\overrightarrow{OM}=A$,A 绕原点 O 以匀角速度 ω 沿逆时针方向旋转,称为旋转矢量,矢量端点在平面上将画出一个圆,称为参考圆。

1. 简谐振动中的特征量与旋转矢量(相量)

图中各物理量的关系见图 5.4(a)。

(1) 振幅 A:旋转矢量 $\overrightarrow{OM}$ 的模。

(2) 角频率 ω:旋转矢量的角速度。

(3) 初相 φ:初始时刻旋转矢量 $\overrightarrow{OM}$ 与 x 轴正向的夹角。

(4) 位相 $(\omega t+\varphi)$:t 时刻旋转矢量 $\overrightarrow{OM}$ 与 x 轴正向的夹角。

(5) 周期 T:旋转矢量转一周所需的时间。

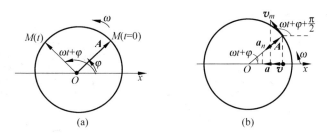

图 5.4　旋转矢量参考圆

（6）矢量端点在 x 坐标轴上的投影为

$$x = A\cos(\omega t + \varphi)$$

即简谐振动。

（7）速度、加速度在旋转矢量图中的表示如图 5.4(b)所示，有

$$v = A\omega\cos\left(\omega t + \varphi + \frac{\pi}{2}\right), \quad a = A\omega^2\cos(\omega t + \varphi + \pi)$$

2. 相量(旋转矢量)图法的优点

（1）初位相直观明确。

初位相为 $t=0$ 时刻旋转矢量 $\overrightarrow{OM}$ 与 x 轴正向的夹角，如图 5.4 所示。

（2）比较两个简谐振动的位相差直观明确。

设有下列两个同频率的简谐振动：

$$x_1 = A_1\cos(\omega t + \varphi_1), \quad x_2 = A_2\cos(\omega t + \varphi_2)$$

它们的位相差（简称相差）为

$$(\omega t + \varphi_2) - (\omega t + \varphi_1) = \varphi_2 - \varphi_1 = \Delta\varphi$$

两个旋转矢量的夹角见图 5.5。

相差描述同一时刻两个振动的状态差。从上式可以看出，两个连续进行的同频率的简谐振动在任意时刻的相差都等于其初相差而与时间无关。由这个相差的值可以分析它们的步调是否相同。

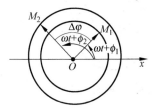

图 5.5　两个不同振动在同一时刻的旋转矢量关系

讨论：

① 如果 $\Delta\varphi=0$（或 2π 的整数倍），两振动质点将同时到达各自的极大值，并且同时越过原点并同时到达极小值，它们的步调始终相同，这种情况称二者同相。

② 如果 $\Delta\varphi=\pi$（或者 π 的奇数倍），两振动质点中的一个到达极大值时，另一个将同时到达极小值，并且将同时越过原点并同时到达各自的另一个极值，它们的步调正好相反，这种情况称二者反相。

③ 当 $\Delta\varphi$ 为其他值时，称二者不同相。为了表述的一致性，约定 $|\Delta\varphi|\leqslant\pi$。

例如对于下面两个简谐振动：

$$x_1 = A_1\cos(\omega t + \varphi_1), \quad x_2 = A_2\cos\left(\omega t + \varphi_2 + \frac{\pi}{4}\right)$$

它们的相差为 $\Delta\varphi=\pi/4$，则称 x_2 振动的位相比 x_1 振动的位相超前 $\pi/4$，或称 x_1 振动的位相比

x_2 振动的位相落后 $\pi/4$，如图 5.6(a)所示。

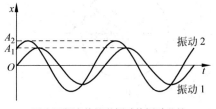

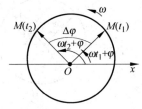

(a) 两个同频率的简谐振动的振动曲线　　　(b) 同一振动在两个不同时刻的旋转矢量

图 5.6　振动曲线及相量图

（3）计算同一简谐振动状态变化所经历的时间容易。

当时间从 t_1 到 t_2 的过程中，位相从 $(\omega t_1 + \varphi)$ 变化到 $(\omega t_2 + \varphi)$，位相变化

$$(\omega t_2 + \varphi) - (\omega t_1 + \varphi) = \Delta\varphi$$

$\Delta\varphi$ 即位相差，见图 5.6(b)。

与之相应的时间变化关系为

$$\Delta\varphi = \omega(t_2 - t_1)$$

其物理意义是：位相变化等于位相变化的速率与变化的时间之积。

状态变化所经历的时间

$$(t_2 - t_1) = \Delta t = \frac{\Delta\varphi}{\omega} = \frac{\Delta\varphi}{2\pi}T$$

此式表明，位相每变化 2π，则时间增加一个周期 T。

例 5.3　一质点在 x 轴上作简谐振动，振幅 $A = 6\,\mathrm{cm}$，周期 $T = 3\,\mathrm{s}$，其平衡位置取作坐标原点。若 $t = 0$ 时刻质点第一次通过 $x = -3\,\mathrm{cm}$ 处，且向 x 轴负方向运动，求质点第二次通过 $x = -3\,\mathrm{cm}$ 处时是什么时刻。

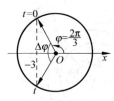

图 5.7　例 5.3 用图

解：由旋转矢量图 5.7 可知，两次通过 $x = -3\,\mathrm{cm}$ 所经历的位相差为 $\Delta\varphi = \dfrac{2}{3}\pi$，所用时间为

$$\Delta t = \frac{\Delta\varphi}{2\pi}T = \frac{T}{3}$$

所以第二次通过 $x = -3\,\mathrm{cm}$ 处的时刻为

$$t = \frac{1}{3} \times 3 = 1(\mathrm{s})$$

例 5.4　一轻弹簧下挂一质量为 $m = 0.1\,\mathrm{kg}$ 的砝码时，弹簧伸长 $l_0 = 0.08\,\mathrm{cm}$，现在弹簧下挂一质量为 $M = 0.25\,\mathrm{kg}$ 的物体构成弹簧振子，使物体在其平衡位置向下拉 $x_0 = 4\,\mathrm{cm}$，并给它向上的初速率 $v_0 = 0.21\,\mathrm{m/s}$，取竖直向下为 x 轴正向，求振动函数（方程）。

解：弹簧的劲度系数为

$$k = mg/l_0 = 12.25(\mathrm{N/m})$$

挂上 M 后弹簧伸长

$$l_0' = Mg/k = 0.2(\mathrm{m})$$

选平衡位置为原点，x 轴正向指向下方（如图 5.8 所示），角频率

$$\omega = \sqrt{k/M} = 7(\mathrm{rad/s})$$

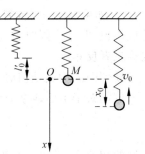

图 5.8　例 5.4 用图

振幅

$$A = |x_{max}| = \sqrt{x_0^2 + v_0^2/\omega^2} = 0.05(m)$$

$t=0$ 时,位移 $x_0=0.04$m,速度 $v_0=-0.21$m/s$<$0,初相 φ 为

$$\varphi = \arctan\left(-\frac{v_0}{\omega x_0}\right) = 0.64(rad)$$

振动函数为

$$x = A\cos(\omega t + \varphi) = 0.05\cos(7t + 0.64)$$

例 5.5 一轻弹簧的劲度系数为 $k=200$N/m,现将质量为 $m=4$kg 的物体悬挂在该弹簧的下端,使其在平衡位置下方 0.1m 处由静止开始运动,若由此时刻开始计时,求:

(1) 物体的振动表达式;

(2) 物体在平衡位置上方 5cm 时弹簧对物体的拉力;

(3) 物体从第一次越过平衡位置时刻起到它运动到上方 0.5m 处所需要的最短时间。

解: (1) 设挂上物体后的平衡位置为原点,x 轴指向下方,如图 5.9(a)所示,$t=0$ 时,$x_0=0.1$m$=A\cos\varphi$,$v_0=0=-A\omega\sin\varphi$,由振幅公式 $A=\sqrt{x_0^2+\left(-\dfrac{v_0}{\omega}\right)^2}$,可得 $A=0.1$m,所以 $\varphi=0$,而

$$\omega = \sqrt{k/m} \approx 7.07(rad/s)$$

则振动表达式为

$$x = 0.1\cos(7.07t)$$

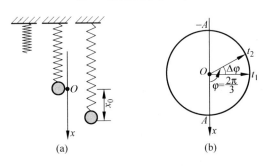

图 5.9 例 5.5 用图

(2) 物体在平衡位置上方 0.5m 时,设弹簧对物体的拉力为 f 由牛顿定律 $f+mg=ma$,得

$$f = m(a-g)$$

而加速度 $a=-\omega^2 x=2.5(m \cdot s^2)$,代入上式得

$$f = 4 \times (2.5-9.8) = -29.2(N)$$

(3) 设 t_1 时刻物体在平衡位置,由旋转矢量图 5.9(b)可知,其位相为 $\omega t_1=\pi/2$,再设 t_2 时刻物体在平衡位置上方 0.5m 处,由 $-0.5=0.1\cos\omega t_2$,得 $\omega t_2=2\pi/3$,因此,由 t_1 时刻到 t_2 时刻位相差为

$$\Delta\varphi = \omega t_2 - \omega t_1 = 2\pi/3 - \pi/2 = \pi/6$$

物体从第一次越过平衡位置时刻起到它运动到上方 0.5m 处所需要的最短时间

$$\Delta t = t_2 - t_1 == \pi/(6\omega) = 0.074(s)$$

5.4　简谐振动的能量

以弹簧振子为例,简谐振动函数 $x=A\cos(\omega t+\varphi)$,简谐振动中的速度:

$$v=\frac{\mathrm{d}x}{\mathrm{d}t}=-\omega A\sin(\omega t+\varphi),\quad \omega=\sqrt{k/m}$$

1. 动能

$$E_k=\frac{1}{2}mv^2=\frac{1}{2}kA^2\sin^2(\omega t+\varphi)=\frac{1}{4}kA^2[1-\cos2(\omega t+\varphi)]$$

平均动能

$$\overline{E_k}=\frac{1}{T}\int_0^T\frac{1}{4}kA^2[1-\cos2(\omega t+\varphi)]\mathrm{d}t=\frac{1}{4}kA^2$$

2. 势能

$$E_p=\frac{1}{2}kx^2=\frac{1}{2}kA^2\cos^2(\omega t+\varphi)=\frac{1}{4}kA^2[1+\cos2(\omega t+\varphi)]$$

平均势能

$$\overline{E_p}=\frac{1}{T}\int_0^T\frac{1}{4}kA^2[1+\cos2(\omega t+\varphi)]\mathrm{d}t=\frac{1}{4}kA^2$$

3. 机械能

$$E=E_k+E_p=\frac{1}{2}kA^2$$

例 5.6　一质点作简谐振动,其振动函数为

$$x=6.0\times10^{-2}\cos(\pi t/3-\pi/4)\quad(\text{SI 制})$$

问:(1) 振幅、周期、频率及初位相各为多少?

(2) 当 x 值为多大时,系统的势能为总能量的一半?

(3) 质点从平衡位置运动到此位置所需最短时间为多少?

解:(1) $A=6\times10^{-2}$ m, $\omega=\pi/3$, $\nu=\frac{\omega}{2\pi}=\frac{1}{6}$ (Hz), $\varphi=-\pi/4$。

(2) 势能 $E_p=kx^2/2$,总能 $E=kA^2/2$,由题意,$kx^2/2=kA^2/4$, $x=\pm4.24\times10^{-2}$ m 时势能为总能量的一半。

(3) 从平衡位置运动到 $x=\pm A/\sqrt{2}$,由旋转矢量图可得最小位相差为 $\Delta\varphi=\pi/4$,所需最短时间为

$$\Delta t=\frac{\Delta\varphi}{2\pi}\cdot T=T/8=6/8=0.75(\text{s})$$

5.5　同一直线上同频率简谐振动的合成

1. 两个同方向简谐振动的合成

设两个同方向简谐振动函数分别为

$$x_1=A_1\cos(\omega t+\varphi_1),\quad x_2=A_2\cos(\omega t+\varphi_2)$$

合振动函数为
$$x = x_1 + x_2 = A\cos(\omega t + \varphi)$$

由旋转矢量图 5.10 可知
$$A = \left[A_1^2 + A_2^2 + 2A_1A_2\cos(\varphi_2 - \varphi_1)\right]^{\frac{1}{2}}$$
$$\tan\varphi = \frac{A_1\sin\varphi_1 + A_2\sin\varphi_2}{A_1\cos\varphi_1 + A_2\cos\varphi_2}$$

两个同方向、同频率简谐振动合成后仍为简谐振动。

讨论：

（1）当 $\varphi_2 - \varphi_1 = 2k\pi, k = 0, \pm 1, \pm 2, \cdots$ 时，
$$A = A_{\max} = A_1 + A_2,$$
振幅最大。

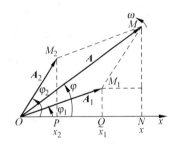

图 5.10　x 轴上两个同方向、同频率
简谐振动合成的矢量图

（2）当 $\varphi_2 - \varphi_1 = (2k+1)\pi, k = 0, \pm 1, \pm 2, \cdots$ 时，
$$A = A_{\min} = |A_1 - A_2|$$
振幅最小。

（3）当 $\varphi_2 - \varphi_1$ 为其他值时，
$$|A_1 - A_2| \leqslant A \leqslant |A_1 + A_2|$$

例 5.7　图 5.11(a) 中所画的是两个同方向、同频率简谐振动的振动曲线，求这两个简谐振动叠加合成的合振动函数。

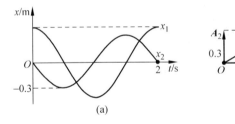

图 5.11　例 5.7 用图

解：由图 5.11(a) 可知，两个简谐振动 x_2 比 x_1 位相超前 $\frac{1}{2}\pi$，且 $A_1 = 0.4$m，$A_2 = 0.3$m，由矢量图 5.11(b) 可知合振动振幅为
$$A = \sqrt{A_1^2 + A_2^2} = 0.5\,(\text{m})$$

合振动初相
$$\varphi = \arctan\frac{A_1\sin\varphi_1 + A_2\sin\varphi_2}{A_1\cos\varphi_1 + A_2\cos\varphi_2} = \arctan\frac{0.3}{0.4} \approx 37°，即\ \varphi = 0.64\text{rad}$$

周期为 2s，振动函数为
$$x = A\cos(\omega t + \varphi) = 0.5\cos(\pi t + 0.64)\,(\text{m})$$

2. n 个同方向、同频率简谐振动的合振动函数

设 n 个简谐振动函数分别为
$$x_1 = a\cos\omega t, \quad x_2 = a\cos(\omega t + \delta),$$

$$x_3 = a\cos(\omega t + 2\delta)，\quad \cdots，\quad x_n = a\cos[\omega t + (n-1)\delta]$$

它们的振幅矢量均在圆心为 C、半径为 R 的同一个外接
圆上，见图 5.12。δ 为相邻两个振动的初相差。

由 $\triangle COM$ 可求得合振动振幅

$$A = 2R\sin\frac{n\delta}{2}$$

由 $\triangle COP$ 可求得第 n 个振动的振幅

$$a = 2R\sin\frac{\delta}{2}$$

因此，合振动振幅

$$A = a\,\frac{\sin(n\delta/2)}{\sin(\delta/2)}$$

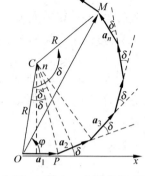

图 5.12　x 轴上 n 个同方向、同频率
简谐振动合成的矢量图

由图 5.12 可知

$$\angle COM = \frac{1}{2}(\pi - n\delta)，\quad \angle COP = \frac{1}{2}(\pi - \delta)，\quad \varphi = \angle COP - \angle COM = \frac{n-1}{2}\delta$$

合振动函数为

$$x = x_1 + x_2 + x_3 + \cdots + x_n$$
$$x = A\cos(\omega t + \varphi)$$
$$x = a\,\frac{\sin(n\delta/2)}{\sin(\delta/2)}\cos\left(\omega t + \frac{n-1}{2}\delta\right)$$

讨论：

当 $\delta = 2k\pi, k = 0, \pm 1, \pm 2, \cdots$ 时，

$$A = \lim_{\delta \to 0} a\,\frac{\sin(n\delta/2)}{\sin(\delta/2)} = na$$

此时合振幅最大。

当 $\delta = 2k'\pi/n, k' = \pm 1, \pm 2, \cdots \neq nk$ 的整数时，

$$A = a\,\frac{\sin k'\pi}{\sin(k'\pi/n)} = 0$$

即此时合振幅为最小。

第6章 波 动

【教学目标】

1. 重点

波函数中各物理量的意义及波函数的建立。

2. 难点

波的干涉现象及驻波形成的理解。

3. 基本要求

(1) 能够根据已知条件建立波函数,掌握平面简谐波的物理意义,掌握振幅、波长、波速、波数、位相(周期)等概念,分清波速与振动速度的区别。

(2) 理解波动能量变化时弹性势能与动能的相互关系,分清波动能量与振动能量的区别,了解声强单位的定义。

(3) 掌握相干波的条件和波的干涉现象中计算振幅最大值与最小值的方法。

理解驻波的概念、形成条件、振动的特点、能量转换关系和半波损失现象。

(4) 理解惠更斯原理,了解波的衍射现象。

(5) 了解机械波的多普勒效应及其产生的原因,在波源或观察者沿二者连线运动的情况下,能计算多普勒频移。

【内容概要】

6.1 行 波

行波:扰动的传播。

描述波动的特征量

(1) 波长 λ:同一波线位相差为 2π 的两点间的距离。

注意:沿波的传播方向上,每隔一个波长的距离,就出现位相相同的点。因此可以说,**波长描述了波在空间上的周期性**。

(2) 周期 T:波沿波线上传播一个波长距离所需的时间。或者说一个完整波形通过波线上某点所需的时间。

(3) 频率 ν:单位时间内,通过介质中某点传出的完整波形个数。

注意:在一个周期内,质元完成一次全振动,其位相传播的距离为一个波长,我们说通过某点传出了一个完整的波形。所以,每一质元的振动频率即为波的频率,每一质元的振动周期即为波的周期。因此可以说,**频率反映了波在时间上的周期性**。

(4) 波速 u:一定的振动位相在空间的传播速度。它在数值上等于一定位相在单位时间内传播的距离,一般又称为相速。

(5) 波数(波矢)$k = 2\pi/\lambda$:2π 长度内含有的完整波形个数。

注意：波数是矢量，其方向沿波的传播方向。

6.2　简　谐　波

1. 波函数

在波动中，每一个质点都在进行振动，对一个波的完整的描述，应该是给出波动中任一质点的振动表达式，这种表达式称为波函数。由于简谐波（余弦波或正弦波）是最基本的波，特别是平面简谐波，它的规律更为简单，其他复杂波可以分解为不同频率的平面简谐波，因此，仅讨论平面简谐波在理想的无吸收的均匀无限大介质中传播时的波函数。波函数 $y = f(x, t)$ 见图 6.1。

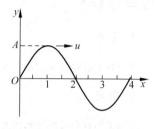

图 6.1　波动曲线

2. 平面简谐波的特点

平面简谐波传播时，介质中各质点的振动频率相同。对于在无吸收的均匀介质中传播的平面波，各质点的振幅也相等。因而介质中各质点的振动仅相位不同，表现为相位沿波的传播方向依次落后。根据波阵面的定义知道，在任一时刻处在同一波阵面上的各点有相同的相位，因而有相同的位移。因此，只要知道了任意一条波线上波的传播规律，就可以知道整个平面波的传播规律。

3. 平面简谐波的波函数

以横波为例讨论。若波形是余（正）弦曲线，则媒质中各质元依次作谐振动。设 $x = 0$ 点，振动表达式为 $y_0 = A\cos(\omega t + \varphi)$，$A$ 称做波的振幅，设波的传播速度为 u，波长为 λ。

（1）当波沿 x 轴正向传播时，

$$y_+ = A\cos\left[\omega\left(t - \frac{x}{u}\right) + \varphi\right] = A\cos\left[2\pi\left(\frac{t}{T} - \frac{x}{\lambda}\right) + \varphi\right]$$

（2）当波沿 x 轴负向传播时，

$$y_- = A\cos\left[\omega\left(t + \frac{x}{u}\right) + \varphi\right] = A\cos\left[2\pi\left(\frac{t}{T} + \frac{x}{\lambda}\right) + \varphi\right]$$

4. 波函数的意义

（1）在波动函数中含有 x 和 t 两个自变量，如果 x 给定（即考察该处的质点），那么位移 y 就只是 t 的周期函数，这时这个函数表示 x 处质点在各不同时刻的位移，也就是该质点的振动函数，函数的曲线就是该质点的振动曲线，见图 6.2。

当 x 一定时，如 p 点 $x = x_p$，$y_p = A\cos[\omega(t - x_p/u) + \varphi]$ 表示距波源 x_p 处质元的振动规律。

（2）波动中某一时刻不同质点的位移曲线称为该时刻波的波形曲线，因而 t 给定时，函数就是该时刻的波形函数。

当 t 一定时，如 $t = t_0$，$y = A\cos\left[\omega\left(t_0 - \frac{x}{u}\right) + \varphi\right]$ 表示 t_0 时刻的波形图，见图 6.3。

（3）当 x 和 t 都变时

在一般情况下，波动函数中 x 和 t 都是变量。这时波动函数具有它最完整的含义，表示波

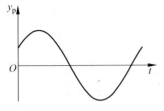

图 6.2　x_p 点振动曲线

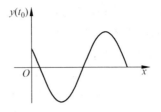

图 6.3　t_0 时刻的波形图

动中任一质点的振动规律：波动中任一质点的相位随时间变化，每过一个周期 T 相位增加 2π，任一时刻各质点的相位随空间变化，波线上每相隔一个波长 λ 的距离，相位落后一个 2π。

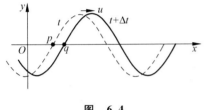

图　6.4

例如，比较 t 时刻 x 处 p 点的运动与 $t+\Delta t$ 时刻 $(x+u\Delta t)$ 处 q 点的运动（见图 6.4）：

$$y_q = A\cos\{\omega[t+\Delta t-(x_p+u\Delta t)/u]+\varphi\}$$
$$= A\cos(\omega(t-x_p/u)+\varphi) = y_p$$

上式说明：t 时刻 p 点的运动状态经 Δt 时间传到了 q 点，所以波函数表示波形的传播过程。当 t 连续变化时，波形连续不断前进，故波动过程可以表示为波形随时间不断向前移动的过程。波形不断前进的波称行波。

5. 位相差与波程差的关系

如图 6.5 所示，波线上坐标分别为 x_1、x_2 的 M 点和 N 点 t 时刻的位相差为

$$\left(\omega t+\varphi-2\pi\frac{x_1}{\lambda}\right)-\left(\omega t+\varphi-2\pi\frac{x_2}{\lambda}\right)=2\pi\frac{x_2-x_1}{\lambda}$$

$\Delta x=x_2-x_1$ 称波程差，即波线上两点的几何距离之差。由此可得

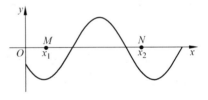

$$位相差 = 波程差\times 2\pi/\lambda$$

图　6.5

6. 振动曲线与波形曲线

图 6.6(a)中描出的即一列简谐波在 $x=0$ 处质点的振动曲线。如果波动函数中的 t 给定，那么位移 y 将只是 x 的周期函数，这时函数给出的是 t 时刻波线上各个不同质点的位移。波动中某一时刻不同质点的位移曲线称为该时刻波的波形曲线，当 t 给定时，函数就是该时刻的波形函数。6.6(b)中描出的即是 $t=0$ 时一列沿 x 正方向传播的简谐波的波形曲线。无论是横波还是纵波，它们的波形曲线在形式上没有区别，不过横波的位移指的是横向位移，表现的是峰谷相间的图形；纵波的位移指的是纵向位移，表现的是疏密相间的图形。

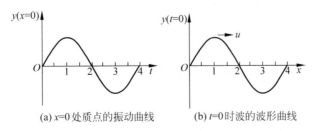

(a) $x=0$ 处质点的振动曲线　　　　(b) $t=0$ 时波的波形曲线

图 6.6　振动曲线和波形曲线

还应该注意波动函数、振动函数和波形函数在形式上的明显区别,以免引起概念上的混淆。波动函数描述波动中任一质点的振动规律,它有两个自变量,其函数形式表现为 $y=f(x,t)$;振动函数描述某一点的运动,只有一个自变量 t,函数表现为 $y=f(t)$ 形式;波形函数表示的是某一时刻各质点的位移,也只有一个自变量,表现为 $y=f(x)$ 形式。反映在曲线表示上,要注意振动曲线和波形曲线的区别。振动曲线是 y-t 曲线而波形曲线是 y-x 曲线。振动曲线的(时间)周期是 T,波形曲线的(空间)周期是波长 λ。在振动曲线中质点的相位随时间逐步增加,而在波形曲线中质点的相位是沿波的传播方向逐点减少。

例 6.1　一简谐波沿 x 轴正方向传播。已知 $x=0$ 点的振动曲线如图 6.7(a)所示,画出 $t=T$ 时的波形曲线。

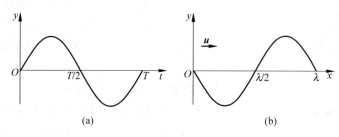

(a)　　　　　　　　　　(b)

图 6.7　例 6.1 用图

解：由 O 点的振动曲线得振动函数

$$y_O = A\cos\left(2\pi\frac{t}{T} - \frac{\pi}{2}\right)$$

因为波沿 x 轴正向传播,因此波函数为

$$y = A\cos\left(2\pi\frac{t}{T} - 2\pi\frac{x}{\lambda} - \frac{\pi}{2}\right)$$

$t=T$ 时与 $t=0$ 时波形曲线相同,波形曲线如图 6.7(b)所示。

例 6.2　一平面简谐波以波速 0.08m/s 沿 Ox 轴正方向传播,$t=0$ 时刻的波形图如图 6.8所示,求：

(1) 该波的波动表达式；

(2) P 处质点的振动表达式。

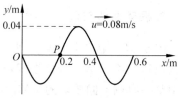

提示：(1) O 处质点,$t=0$ 时

$$y_0 = A\cos\varphi = 0, \quad v_0 = -A\omega\sin\varphi > 0$$

所以

图　6.8

$$\varphi = -\frac{1}{2}\pi$$

又

$$T = \lambda/u = 0.40/0.08 = 5(\text{s})$$

故波动表达式为

$$y = 0.04\cos\left[2\pi\left(\frac{t}{5} - \frac{x}{0.4}\right) - \frac{\pi}{2}\right] \quad (\text{SI})$$

(2) P 处质点的振动方程为

$$y_P = 0.04\cos\left[2\pi\left(\frac{t}{5} - \frac{0.2}{0.4}\right) - \frac{\pi}{2}\right] = 0.04\cos\left(0.4\pi t - \frac{3\pi}{2}\right) \quad (\text{SI})$$

例 6.3 一沿 x 轴负方向传播的平面简谐波在 $t=2s$ 时刻的波形曲线如图 6.9(a)所示，设波速 $u=0.5m/s$。求：原点 O 的振动函数。

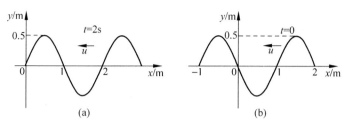

图 6.9

提示： 由图 6.9(a)可知，波长 $\lambda=2m$，由于 $u=0.5m/s$，频率 $\nu=0.25Hz$，周期 $T=4s$，图 6.9(a)中 $t=2\,s=\dfrac{1}{2}T$，所以 $t=0$ 时，波形比图 6.9(a)中的波形倒退 $\dfrac{1}{2}\lambda$，见图 6.9(b)。

此时 O 点位移 $y_0=0$(过平衡位置)且沿 y 轴负方向运动，所以初相 $\varphi=\pi/2$，因此，原点 O 的振动函数为

$$y=0.5\cos\left(\frac{1}{2}\pi t+\frac{1}{2}\pi\right) \quad (\text{SI})$$

例 6.4 一平面简谐波以速度 $u=0.8m/s$ 沿 x 轴负方向传播。已知原点的振动曲线如图 6.10(a)所示，求：

(1) 原点的振动表达式；

(2) 波动表达式；

(3) 同一时刻相距 1m 的两点之间的位相差。

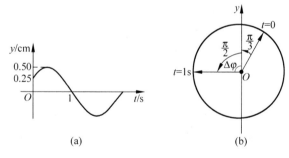

图 6.10

解： 这是一幅振动图像！

由图可知振幅 $A=0.5cm$，当 $t=0$ 时，初始位移 $y_O|_{t=0}=0.25cm=A/2$，初始速度 $\dfrac{dy_O}{dt}\Big|_{t=0}$ >0，所以初位相 $\varphi_0=-\dfrac{\pi}{3}$，见图 6.10(b)。

当 $t=1s$ 时，位移 $y_O|_{t=1}=0$，速度 $\dfrac{dy_O}{dt}|_{t=1}<0$，位相为 $\dfrac{\pi}{2}$，从 $t=0\sim1s$ 位相差

$$\Delta\varphi=\omega(1-0)=\frac{\pi}{2}-\left(-\frac{\pi}{3}\right)=\frac{5\pi}{6}$$

见旋转矢量图 6.10(b)所示，所以波动圆频率 $\omega=\dfrac{5\pi}{6}$，因此可得：

（1）原点的振动表达式为

$$y_O = 5 \times 10^{-3} \cos\left(\frac{5\pi}{6}t - \frac{\pi}{3}\right)$$

（2）沿 x 轴负方向传播，设波动表达式为

$$y = 5 \times 10^{-3} \cos\left(\frac{5\pi}{6}t + kx - \frac{\pi}{3}\right)$$

而

$$k = \frac{2\pi}{\lambda} = \frac{\omega}{u} = \frac{5\pi}{6} \times \frac{1}{0.8} = \frac{25\pi}{24}$$

所以波动表达式为

$$y = 5 \times 10^{-3} \cos\left(\frac{5\pi}{6}t + \frac{25\pi}{24}x - \frac{\pi}{3}\right)$$

（3）位相差：

$$\Delta\varphi = 2\pi\frac{\Delta x}{\lambda} = k\Delta x = \frac{25}{24}\pi = 3.27\,(\text{rad})$$

6.3 波动方程与波速

设平面简谐波的波函数为

$$y = A\cos\omega\left(t - \frac{x}{u}\right)$$

将该式分别对 t、x 求一阶、二阶偏导得

$$\frac{\partial y}{\partial t} = -\omega A\sin\omega\left(t - \frac{x}{u}\right), \qquad \frac{\partial y}{\partial x} = \frac{\omega}{u}A\sin\omega\left(t - \frac{x}{u}\right)$$

$$\frac{\partial^2 y}{\partial t^2} = -\omega^2 A\cos\omega\left(t - \frac{x}{u}\right), \qquad \frac{\partial^2 y}{\partial x^2} = -\frac{\omega^2}{u^2}A\cos\omega\left(t - \frac{x}{u}\right)$$

比较上面二式可得

$$\frac{\partial^2 y}{\partial x^2} = \frac{1}{u^2}\frac{\partial^2 y}{\partial t^2}$$

此即为**波动方程**。

注意：任何物理量 y，只要它与时间和坐标的关系满足上式，则这一物理量就按波的形式传播，且 y 对时间的二阶偏导的系数的倒数的平方根就是这种波的传播速度。

6.4 波 的 能 量

当弹性波在介质中传播时，介质中的质元在平衡位置附近振动，因而具有动能，同时该处的介质也将产生形变，因而也具有势能。波动传播时，介质由近及远地开始振动，能量也源源不断地向外传播出去。波在传播中携带着能量，能量随同波一起传播，这是波动的重要特征。

（1）介质质元 Δm（介质密度为 ρ，体积元为 ΔV）的动能

$$\Delta E_k = \frac{1}{2}\rho\Delta V\omega^2 A^2\sin^2\omega\left(t - \frac{x}{u}\right)$$

（2）介质质元 Δm 的势能

$$\Delta E_p = \frac{1}{2}\rho\Delta V\omega^2 A^2\sin^2\omega\left(t - \frac{x}{u}\right)$$

（3）介质质元 Δm 的总机械能

$$\Delta E = \rho \Delta V \omega^2 A^2 \sin^2 \omega \left(t - \frac{x}{u} \right)$$

（4）波的能量密度

$$w = \frac{\Delta E}{\Delta V} = \rho \omega^2 A^2 \sin^2 \omega \left(t - \frac{x}{u} \right)$$

（5）平均能量密度

$$\bar{w} = \frac{1}{2} \rho \omega^2 A^2$$

（6）波的平均能流

$$P = \bar{w} \boldsymbol{u} \cdot \boldsymbol{s} = \frac{1}{2} \rho A^2 \omega^2 \boldsymbol{u} \cdot \boldsymbol{s}$$

即单位时间内垂直通过介质中某面积的平均能量称为通过该面积的能流。

（7）平均能流密度（波的强度或称波强）

$$I = \bar{w} u = \frac{1}{2} \rho A^2 \omega^2 u$$

通过与波动传播方向垂直的单位面积的能流，称为能流密度。即单位时间内垂直通过单位面积的平均能量。

注意：

（1）能流密度等于能量密度乘以能量的传播速度，这种关系是具有普遍意义的。如在电流的知识点中我们学过的电流密度等于电荷密度乘以电荷运动速度。

（2）ρu 是实际应用中经常遇到的一个表征介质特性的常量，称为介质的特性阻抗。上式表明，弹性介质中简谐波的强度与介质的特性阻抗成正比，还正比于振幅的二次方，正比于频率的二次方。

（3）在国际单位制中，波强的单位为 W/m^2。

例 6.5 一平面简谐波，波速为 340m/s，在横截面积为 $3.00 \times 10^{-2} m^2$ 的管内的空气中传播，若在 10 内通过截面的能量为 $2.70 \times 10^{-2} J$，则：

（1）通过截面的平均能流＿＿＿＿J/s；

（2）波的平均能流密度＿＿＿＿$J/(s \cdot m^2)$；

（3）波的平均能量密度＿＿＿＿J/m^3。

答案：（1）2.70×10^{-3}；（2）9.00×10^{-2}；（3）2.64×10^{-4}

6.5 波的叠加、波的干涉、驻波

1. 波的叠加

1）波的独立传播定律

当几列波同时在同一介质中传播时，每一列波都将独立地保持自己原有的特性（频率、波长、振动方向、传播方向），并不会因其他波的存在而改变，这称为波传播的独立性。

听交响乐时能分辨出每种乐器的声音，这是声波的独立性的例子。天空中同时有许多无线电波在传播，我们能接收到某一电台的广播，这是电磁波传播的独立性的例子。

2）波的叠加原理

当两列或多列强度较弱的波同时在同一介质中传播时，在它们相遇的区域内，每点的振动是各列波单独在该点产生的振动的合成，这一规律称为波的叠加原理。波的叠加原理实际上是运动叠加原理在波动中的表现。

注意：

(1) 叠加原理的重要性在于可以将任一复杂的波分解为简谐波的组合。

(2) 爆炸产生的冲击波不满足线性方程，所以不适用叠加原理。

2. 波的干涉

两列频率相同、振动方向相同、相位差恒定的波在空间相遇叠加，使某些点振动始终加强，使某些点振动始终减弱，在空间形成一个稳定的叠加图样，这就是波的干涉现象。如图 6.11 所示为水波干涉的条纹。

(1) 相干条件：频率相同，振动方向相同，位相差恒定。

这样两列能产生干涉现象的波叫相干波。干涉现象是波动所独具的特征之一。

(2) 相干加强与减弱的条件

如图 6.12 所示，设 S_1、S_2 两个相干波源的振动表达式分别为

$$y_1 = A_1 \cos(\omega t + \varphi_1), \quad y_2 = A_2 \cos(\omega t + \varphi_2)$$

图 6.11　水波干涉条纹

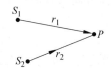

图 6.12　两相干波的叠加

它们在 P 点引起的振动分别为

$$y_{1P} = A_1 \cos\left(\omega t + \varphi_1 - 2\pi \frac{r_1}{\lambda}\right), \quad y_{2P} = A_2 \cos\left(\omega t + \varphi_2 - 2\pi \frac{r_2}{\lambda}\right)$$

在 P 点引起的合振动为

$$y_P = y_{1P} + y_{2P} = A\cos(\omega t + \varphi)$$

其中，$\varphi = \arctan \dfrac{A_1 \sin\left(\varphi_1 - \dfrac{2\pi r_1}{\lambda}\right) + A_2 \sin\left(\varphi_2 - \dfrac{2\pi r_2}{\lambda}\right)}{A_1 \cos\left(\varphi_1 - \dfrac{2\pi r_1}{\lambda}\right) + A_2 \cos\left(\varphi_2 - \dfrac{2\pi r_1}{\lambda}\right)}$ 为 P 点合振动的初位相；

$A = \sqrt{A_1^2 + A_2^2 + 2A_1 A_2 \cos\Delta\varphi}$ 为 P 点合振动振幅；

$\Delta\varphi = \varphi_2 - \varphi_1 - 2\pi \dfrac{r_2 - r_1}{\lambda}$ 为 S_1、S_2 在 P 点振动的位相差。

P 点振动加强或减弱的条件如下：

(1) 加强：$\Delta\varphi = 2k\pi$，当 $\varphi_2 - \varphi_1 = 0$ 时，$r_2 - r_1 = k\lambda, k = 0, \pm1, \pm2, \cdots$

(2) 减弱：$\Delta\varphi = (2k+1)\pi$，当 $\varphi_2 - \varphi_1 = 0$ 时，$r_2 - r_1 = (2k+1)\lambda/2, k = 0, \pm1, \pm2, \cdots$

例 6.6　两相干波源 S_1 与 S_2 相距为 1/4 波长，S_1 的位相比 S_2 的位相超前 $\pi/2$。若两波在 S_1、S_2 连线上强度相同，都为 I_0，且不随距离变化，则在 S_1、S_2 连线上 S_1 外侧各点的强度如何？S_2 外侧各点的强度如何？

解：设波源 S_1 激起波的波函数为

$$y_1 = A\cos 2\pi\left(\frac{t}{T} - \frac{r_1}{\lambda}\right)$$

由题意,波源 S_2 激起波的波函数为

$$y_2 = A\cos\left[2\pi\left(\frac{t}{T} - \frac{r_2}{\lambda}\right) - \frac{\pi}{2}\right]$$

当 P 为 S_1 外侧任一点时,两波源在 P 点振动的相位差

$$\Delta\varphi = 2\pi\frac{r_2 - r_1}{\lambda} + \frac{\pi}{2} = \pi\left(r_2 - r_1 = \frac{\lambda}{4}\right)$$

P 点合振幅

$$A = \sqrt{A_1^2 + A_2^2 + 2A_1A_2\cos\Delta\varphi} = 0$$

S_1 外侧各点不动。

当 P 为 S_2 外侧任一点时,P 点两振动的相位差

$$\Delta\varphi = 2\pi\frac{r_2 - r_1}{\lambda} + \frac{\pi}{2} = 0\left(r_2 - r_1 = -\frac{\lambda}{4}\right)$$

P 点合振幅

$$A = \sqrt{A_1^2 + A_2^2 + 2A_1A_2\cos\Delta\varphi} = 2A_1 = 2\sqrt{I_0}$$

S_2 外侧各点振动加强。

3. 驻波

1) 驻波的产生

驻波是指振幅、频率、传播速度都相同的两列相干波,在同一直线上沿相反方向传播时叠加而形成的一种特殊的干涉现象。图 6.13 所示为驻波实验示意图。

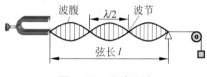

图 6.13　驻波实验

2) 驻波函数(设在原点反射且在反射点无半波损失情况)

$$y_1 = A\cos\left(\frac{2\pi}{T}t - \frac{2\pi}{\lambda}x\right), \quad y_2 = A\cos\left(\frac{2\pi}{T}t + \frac{2\pi}{\lambda}x\right)$$

$$y_1 + y_2 = 2A\cos\frac{2\pi x}{\lambda}\cos\frac{2\pi t}{T}$$

驻波波腹的位置:

$$x = k\frac{\lambda}{2}, \quad k = \pm 1, \pm 2, \cdots$$

波节位置:

$$x = (2k+1)\frac{\lambda}{4}, \quad k = \pm 1, \pm 2, \cdots$$

3) 驻波的特征

(1) 相邻波腹或波节之间的距离为 $\lambda/2$。

(2) 相邻波节之间各点具有相同的位相,波节两侧的振动位相相反。

(3) 驻波不是振动状态的传播,也没有能量的传播,而是媒质中各质点都作稳定的振动。

4) 半波损失产生的条件

在波从波疏媒质向波密媒质传播或波在固定端反射的情况下,在界面上反射时,反射波中产生半波损失,其实质是位相突变 π。

5）驻波的能量

驻波的能量在相邻的波腹和波节间往复变化,在相邻的波节间发生动能和势能间的转换,动能主要集中在波腹,势能主要集中在波节,但无长距离的能量传播。

6）振动的简正模式

两端固定的弦线形成驻波时,波长 λ_n 和弦线长 l 应满足

$$l = n\frac{\lambda_n}{2}$$

频率

$$\nu_n = n\frac{u}{2l}, \quad n = 1,2,\cdots$$

由此频率决定的各种振动方式称为弦线振动的简正模式。$n=1$ 称基频,$n=2$ 称一次谐频,$n=3$ 称二次谐频,……

例 6.7　在绳上传播的入射波波函数为

$$y_1 = A\cos(\omega t + 2\pi x/\lambda)$$

入射波在 $x=0$ 处反射,反射端为固定端。设反射波不衰减,求驻波函数及波腹和波节的位置。

解：入射波在 $x=0$ 处引起的振动函数为

$$y_{10} = A\cos\omega t$$

因为反射端为固定端,所以反射波在 $x=0$ 处有半波损失,反射波振动函数为

$$y_{20} = A\cos(\omega t \pm \pi)$$

反射波波函数为

$$y_2 = A\cos(\omega t - 2\pi x/\lambda \pm \pi)$$

驻波函数

$$y = y_1 + y_2 = A\cos(\omega t + 2\pi x/\lambda) + A\cos(\omega t - 2\pi x/\lambda \pm \pi)$$
$$= 2A\cos(2\pi x/\lambda \mp \pi/2)\cos(\omega t \pm \pi/2)$$

波腹处满足条件为 $|\cos(2\pi x/\lambda + \pi/2)| = 1$,即

$$2\pi x/\lambda \mp \pi/2 = k\pi, \quad k = 0, \pm1, \pm2, \cdots$$

波腹位置

$$x = (2k \pm 1)\lambda/4, \quad k = 0, \pm1, \pm2, \cdots$$

波节处满足条件为 $|\cos(2\pi x/\lambda \mp \pi/2)| = 0$,即

$$2\pi x/\lambda \mp \pi/2 = (2k+1)\pi/2, \quad k = 0, \pm1, \pm2, \cdots$$

波节位置

$$x = k\lambda/2, \quad k = 0, \pm1, \pm2, \cdots$$

例 6.8　如图 6.14 所示,同一介质中两相干波源位于 A、B 两点,其振幅相等,频率均为 100Hz,位相差为 π,若 A、B 两点相距 30m,且波的传播速度 $u=$ 400m/s,以 A 点为坐标原点,试求 AB 连线上因干涉而静止的各点的位置。

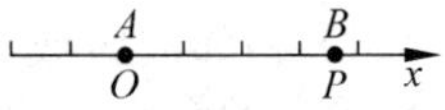

图　6.14

解：波长

$$\lambda = u/\nu = 4(\mathrm{m})$$

取 P 点为考察点,其坐标为 x;设 r_1、r_2 分别是位于 A、B 的两波源至 P 点的距离,两波在

P 点的振动位相差为 $\Delta\varphi = \varphi_2 - \varphi_1 - 2\pi(r_2 - r_1)/\lambda$；设 $\varphi_2 - \varphi_1 = \pi$。

（1）当 $x > \overline{AB} > 0$ 时，

$$r_1 = x, \quad r_2 = x - \overline{AB}$$

$$\Delta\varphi = \varphi_2 - \varphi_1 - 2\pi(r_2 - r_1)/\lambda = \pi - 2\pi[(x - \overline{AB}) - x]/\lambda = 16\pi$$

所以该区域无干涉静止点。

（2）当 $x < 0$ 时，

$$r_1 = -x, \quad r_2 = \overline{AB} - x$$

$$\Delta\varphi = \pi - 2\pi[(\overline{AB} - x) - (-x)]/\lambda = -14\pi$$

所以该区域也无干涉静止点。

（3）当 $0 < x < \overline{AB}$ 时，

$$r_1 = x, r_2 = \overline{AB} - x$$

$$\Delta\varphi = \pi - 2\pi[(\overline{AB} - x) - x]/\lambda = \pi x - 14\pi$$

满足干涉静止的条件是

$$\Delta\varphi = \pm(2k + 1)\pi$$

其中 $k = 0, 1, 2, \cdots$，即

$$x = 14 \pm (2k + 1)$$

因为 $0 < x < \overline{AB} = 30\text{m}$，因干涉而静止的各点之位置为

$$x = 1\text{m}, 3\text{m}, 5\text{m}, 7\text{m}, \cdots, 27\text{m}, 29\text{m}$$

$$x = \frac{1}{2}k\lambda, \quad k = \pm 1, \pm 2, \pm 3, \cdots$$

第2篇 气体动理论和热力学篇

第7章 气体动理论

【教学目标】

1. 重点

理想气体处于平衡态下的性质,主要包括压强公式、温度公式及两条统计规律——能量均分原理和麦克斯韦速率分布律。

2. 难点

理解分子物理学的研究方法(以压强公式的推导和运用为代表)以及各个统计规律和有关计算。

3. 基本要求

(1) 掌握理想气体分子模型,初步了解物理学中实验、抽象、假说等研究方法的特点和它们之间的关系。

(2) 掌握压强公式的推导过程,理解研究大量分子形成的物体系统性质所用的统计概念和方法,理解描述系统宏观性质的宏观量与描述粒子微观性质的微观量之间的关系。

(3) 理解温度的统计解释和理想气体内能的概念。

(4) 了解麦克斯韦速率分布律,掌握速率分布函数的物理意义。

(5) 掌握最概然速率、平均速率、方均根速率的物理意义及它们与温度和分子质量的关系。

(6) 掌握能量按自由度均分原理的内容以及该原理的适用条件。

【内容概要】

7.1 理想气体分子热运动的统计平均规律

在平衡状态下,忽略重力影响,每个分子的位置处在容器空间中任何一点的几率(或机会)均等(微观意义)。或者说分子按空间位置的分布是均匀的(宏观意义),即分子数密度 n 是常数。

在平衡状态下,由于分子无规则热运动及碰撞,每个分子的速度指向任何方向的几率(或机会)均等(微观意义),或者说分子速度按方向的分布是均匀的(宏观意义)。即

由统计假设

$$\begin{cases} \overline{v_x^2} = \overline{v_y^2} = \overline{v_z^2} \\ \overline{v^2} = \overline{v_x^2} + \overline{v_y^2} + \overline{v_z^2} \end{cases}$$

可得

$$\overline{v_x^2} = \overline{v_y^2} = \overline{v_z^2} = \frac{1}{3}\overline{v^2}$$

7.2　气体分子运动论的三个基本公式

1. 理想气体状态方程

$$pV = \frac{M}{M_{\text{mol}}}RT = \nu RT$$

式中 $R=8.31\text{J}/(\text{mol}\cdot\text{K})$ 为普适气体常数；M 为气体总质量；M_{mol} 为气体摩尔质量。

物理意义：它描述了一定量的理想气体在平衡状态下三个宏观量 p、V、T 之间的关系。**理想气体状态方程的另一形式为**

$$p = nkT$$

式中，n 为单位体积内的分子数；N_A 为阿伏伽德罗常数；$k = \dfrac{R}{N_A} = 1.38 \times 10^{-23}\text{J}/\text{K}$ 为波耳兹曼常数。

例 7.1　一个大热气球的容积为 $2.1\times10^{4}\text{m}^{3}$，气球本身和负载质量共 $4.5\times10^{3}\text{kg}$，若其外部空气温度为 20℃，要想使气球上升，其内部空气最低要加热到多少度？（标准状态下空气密度为 $\rho_0 = 1.29\text{kg}/\text{m}^{3}$，温度 $T_0 = 273\text{K}$）

解：将空气看作理想气体，则

$$T = \frac{pVM_{\text{mol}}}{MR} = \frac{pM_{\text{mol}}}{\rho R}$$

故密度

$$\rho = \frac{pM_{\text{mol}}}{TR}$$

加热后气球外内空气的密度分别为

$$\rho_1 = \frac{p_0 M_{\text{mol}}}{T_1 R} = \frac{\rho_0 T_0}{T_1}, \quad \rho_2 = \frac{p_0 M_{\text{mol}}}{T_2 R} = \frac{\rho_0 T_0}{T_2}$$

气球力学平衡方程为

$$F_{浮} = G_{球内空气} + m_{气球+负载}\,g$$

即

$$\rho_1 gV = \rho_2 gV + mg$$

将 ρ_1、ρ_2 代入解得使气球上升的气体内部空气最低气温为

$$T_2 = \frac{\rho_0 T_0 T_1 V}{\rho_0 T_0 V - mT_1} = \frac{1.29 \times 273 \times 293 \times 2.1 \times 10^{4}}{1.29 \times 273 \times 2.1 \times 10^{4} - 4.5 \times 10^{3} \times 293} = 357(\text{K}) = 84(\text{℃})$$

2. 理想气体压强公式

$$P = \frac{1}{3}nm\,\overline{v^2} = \frac{2}{3}n\bar{\varepsilon}_t$$

其中 n 为分子数密度，m 为分子质量，$\bar{\varepsilon}_t$（或 $\bar{\omega}_t$）$= \dfrac{1}{2}m\overline{v^2}$ 为分子的平均平动动能。

物理意义：理想气体在平衡状态下的压强公式，是分子热运动的统计平均结果。

3. 理想气体温度公式

由压强公式和理想气体状态方程

$$\begin{cases} p = \dfrac{2}{3}n\bar{\varepsilon}_t \\[2mm] p = nkT \end{cases}$$

可得分子的平均平动动能

$$\bar{\varepsilon}_t = \frac{3}{2}kT = \frac{1}{2}m\overline{v^2}$$

物理意义：平衡状态下理想气体的温度是大量理想气体分子无规则的热运动剧烈程度的量度(或气体分子平均平动动能的量度)。

在平衡状态下的平均平动动能公式说明：理想气体分子的平均平动动能只与温度有关，且与热力学温度成正比。

例 7.2　一瓶氦气和氧气单位体积质量(质量密度)相同,分子的平均平动动能相同,而且它们都处于平衡态,试比较它们的温度是否相同。它们的压强大小关系如何？

解：由分子的平均平动动能公式

$$\bar{\varepsilon}_t = \frac{3}{2}kT = \frac{1}{2}m\overline{v^2}$$

可知,氦气和氧气的温度相同。

质量密度 $\rho = nm$,由于氦气分子质量小于氧气分子质量,所以氦气分子数密度大于氧气分子数密度,由压强公式 $p = nkT$ 可知氦气的压强大于氧气的压强。

7.3　能量均分定理

1. 自由度 i

自由度指决定一个物体的位置所需要的独立坐标数。

1) 刚体自由度

(1) 自由运动的质点有 3 个自由度(平动,x、y、z);

(2) 自由运动的刚体有 6 个自由度(3 个平动,3 个转动);

(3) 当物体运动受到限制时,自由度数会减少。

2) 分子的自由度

(1) 单原子分子,3 个;

(2) 双原子分子,3 个平动,2 个转动,1 个振动,共 6 个(常温下 5 个);

(3) 多原子分子(3 个或 3 个以上原子组成的分子)：

一般情况下,n 个原子组成的分子最多有 $3n$ 个自由度。其中 3 个平动,3 个转动,其余 $3n-6$ 个为振动(运动受限制时,自由度减少)。

2. 能量均分定理

在温度为 T 的平衡态下,能量按自由度均分,每一个自由度的平均动能为 $\dfrac{1}{2}kT$。

如气体刚性分子有 i 个自由度：

$$i = t(\text{平动}) + r(\text{转动})$$

则每个刚性分子的平均总动能

$$\bar{\varepsilon} = \frac{i}{2}kT = \frac{1}{2}(t+r)kT$$

每摩尔刚性分子平均总动能(阿伏伽德罗常数为 N_A)

$$E_{mol} = N_A \bar{\varepsilon} = \frac{i}{2} RT$$

质量为 M、摩尔质量为 M_{mol} 的分子平均动能

$$E = \frac{M}{M_{mol}} E_{mol} = \frac{M}{M_{mol}} \frac{i}{2} RT$$

7.4　理想气体的内能

1. 内能的定义

(1) 内能＝分子热运动(平动、转动、振动)能量＋分子间势能＋原子核能
(2) 气体的内能＝分子热运动(平动、转动、振动)能量＋分子间势能
(3) 理想气体内能＝分子热运动(平动、转动、振动)能量
(4) 刚性理想气体内能＝分子热运动(平动、转动)能量

2. 理想气体的内能

由振动学可知,振动在一个周期内的平均动能等于平均势能,所以每个振动自由度除 $\frac{1}{2}kT$ 平均动能外,还有 $\frac{1}{2}kT$ 平均势能。设振动自由度为 s,则理想气体内能表示如下:

1 个分子:

$$\bar{E} = \frac{1}{2}(t + r + 2s)kT$$

1 摩尔分子:

$$E_{mol} = \frac{1}{2}(t + r + 2s)RT$$

质量为 M 的分子:

$$E = \frac{M}{M_{mol}} E_{mol} = \frac{M}{M_{mol}} \frac{1}{2}(t + r + 2s)RT$$

质量为 M 的刚性理想气体分子内能:

$$E = \frac{M}{M_{mol}} E_{mol} = \frac{M}{M_{mol}} \frac{1}{2}(t + r)RT$$

注意:内能仅与自由度和温度有关,所以将"**理想气体的内能只是温度的单值函数**"作为理想气体的定义。

例 7.3　当温度为 0℃时,分别求氦、氢、氧、氨、氯和二氧化碳等气体各 1mol 的内能。温度升高 1K 时,内能各增加多少?(双原子以上分子均视为刚性分子,即振动自由度 s 为零)

解:$E_{mol} = \frac{i}{2}RT = \frac{1}{2}(t + r + 2s)RT = \frac{1}{2}(t + r)RT$

可算出 0℃,即 273K 时,1mol 理想气体的内能分别如下:

单原子气体(氦自由度为 3):

$$E_{mol} = \frac{3}{2} \times 8.31 \times 273 = 3.41 \times 10^3 (J)$$

双原子气体(氢、氧和氯自由度为 5):

$$E_{mol} = \frac{5}{2} \times 8.31 \times 273 = 5.68 \times 10^3 (\text{J})$$

三原子以上的气体(氨和二氧化碳自由度为 6):

$$E_{mol} = \frac{6}{2} \times 8.31 \times 273 = 6.81 \times 10^3 (\text{J})$$

当温度从 T 增加到 $T + \Delta T$ 时,内能增加为

$$\Delta E_{mol} = \frac{i}{2} R \Delta T$$

所以温度每升高 1K 时,1mol 理想气体的内能增加 $\frac{1}{2}(t + r + 2s)R$。

单原子气体:

$$\Delta E_{mol} = \frac{3}{2} \times 8.31 \times 1 = 12.5 (\text{J})$$

双原子气体:

$$\Delta E_{mol} = \frac{5}{2} \times 8.31 \times 1 = 20.8 (\text{J})$$

三原子以上气体:

$$\Delta E_{mol} = \frac{6}{2} \times 8.31 \times 1 = 24.9 (\text{J})$$

7.5　麦克斯韦速率分布律

1. 气体分子速率分布函数

$$f(v) = \lim_{\Delta v \to 0} \frac{\Delta N}{\Delta v N} = \frac{dN}{N dv}$$

物理意义:气体分子速率分布函数给出了宏观上理想气体分子在平衡状态下,在速率 v 附近的单位速率区间内的分子数 dN 占总分子数 N 的比率(百分比)。

或者说是某一分子具有的速率取值在 $v \sim v + dv$ 区间内的几率(微观意义)。

注意:

(1) 它是一个统计规律,对大量偶然事件,按某一性质(属性)研究其发生的几率规律。

(2) 当 $f(v)$ 给定,$v_1 \sim v_2$ 区间内分子数占总分子数的比率

$$\frac{\Delta N}{N} = \int_{v_1}^{v_2} f(v) dv$$

(3) 当 $v_1 = 0, v_2 \to \infty$,在 $0 \sim \infty$ 间隔

$$\int_0^\infty f(v) dv = 1$$

即为归一化条件

2. 麦克斯韦速率分布函数

在平衡状态下,当气体分子间的相互作用可以忽略时,分布在任一速率区间 $v \sim v + dv$ 内的分子比率为

$$\frac{dN}{N} = 4\pi \left(\frac{m}{2\pi kT} \right)^{\frac{3}{2}} e^{\frac{-mv^2}{2kT}} v^2 dv$$

分布函数为

$$f(v) = 4\pi \left(\frac{m}{2\pi kT}\right)^{\frac{3}{2}} e^{-\frac{mv^2}{2kT}} v^2$$

1859 年这个分布首先由 Maxwell 提出，后由 Boltzmann 等人从理论上加以确定，以后被实验所证明。

7.6　三　种　速　率

1. 最概然速率(最可几速率)v_p

令

$$b = \frac{m}{2kT} \Rightarrow f(v) = 4\pi \left(\frac{b}{\pi}\right)^{\frac{3}{2}} v^2 e^{-bv^2}$$

由 $\left.\dfrac{\mathrm{d}f(v)}{\mathrm{d}v}\right|_{v=v_p} = 4\pi \left(\dfrac{b}{\pi}\right)^{\frac{3}{2}} \left[2v e^{-bv^2} - v^2 2bv e^{-bv^2}\right]_{v=v_p} = 8\pi \left(\dfrac{b}{\pi}\right)^{\frac{3}{2}} v_p e^{-bv^2}(1-bv_p^2) = 0$ 得

$$v_p = \sqrt{\frac{1}{b}} = \sqrt{\frac{2kT}{m}} = \sqrt{\frac{2RT}{M_{mol}}} \approx 1.41 \sqrt{\frac{RT}{M_{mol}}} \propto \sqrt{\frac{T}{M_{mol}}}$$

物理意义：v_p 为与麦克斯韦分布函数曲线顶点(最大值)对应的速率。其意义是在 v_p 附近单位速率区间内的分子数占总分子数的百分比最大(宏观意义)；或者，对于某一分子而言，在平衡状态下速率取值在 v_p 附近单位速率区间内的几率最大(微观意义)。

在平衡态下同一种气体分子在不同温度下的最概然速率与温度的关系见图 7.1(a)。

在平衡态下不同气体分子在同一温度下的最概然速率与温度的关系见图 7.1(b)。

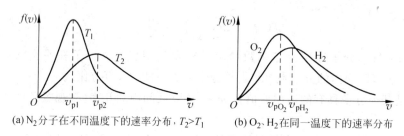

(a) N_2 分子在不同温度下的速率分布，$T_2 > T_1$　　　　(b) O_2、H_2 在同一温度下的速率分布

图 7.1　气体分子速率分布函数图

2. 算术平均速率 $\bar{v}$

平均速率为

$$\bar{v} = \frac{\int_0^\infty v \mathrm{d}N}{N} = \frac{\int_0^\infty v N f(v) \mathrm{d}v}{N} = \int_0^\infty v f(v) \mathrm{d}v$$

$$\bar{v} = 4\pi \left(\frac{b}{\pi}\right)^{\frac{3}{2}} \int_0^\infty v^3 e^{-bv^2} \mathrm{d}v = 4\pi \left(\frac{b}{\pi}\right)^{\frac{3}{2}} \frac{1}{2b^2} = 2\sqrt{\frac{1}{b\pi}}$$

$$\bar{v} = \sqrt{\frac{8kT}{\pi m}} = \sqrt{\frac{8RT}{\pi M_{mol}}} \approx 1.6 \sqrt{\frac{RT}{M_{mol}}}$$

3. 方均根速率

$$\overline{v^2} = \int_0^\infty v^2 f(v)\,\mathrm{d}v = 4\pi\left(\frac{b}{\pi}\right)^{\frac{3}{2}}\int_0^\infty v^4 \mathrm{e}^{-bv^2}\,\mathrm{d}v = 4\pi\left(\frac{b}{\pi}\right)^{\frac{3}{2}}\frac{3}{8}\sqrt{\frac{\pi}{b^5}}$$

$$\sqrt{\overline{v^2}} = \sqrt{\frac{3kT}{m}} = \sqrt{\frac{3RT}{M_{\mathrm{mol}}}} \approx 1.73\sqrt{\frac{RT}{M_{\mathrm{mol}}}}$$

例 7.4　假设 N 个粒子的速率分布函数为

$$f(v) = \frac{\mathrm{d}N}{N\mathrm{d}v} = Cv\mathrm{e}^{-\alpha v}, \quad 0 \leqslant v \leqslant \infty, \alpha \text{ 为正常数}$$

求：(1)常数 C；(2)最概然速率 v_{p}；(3)粒子的平均速率 $\overline{v}$；(4)方均根速率。

解：(1) 由归一化条件得

$$\int_0^\infty f(v)\,\mathrm{d}v = \int_0^\infty Cv\mathrm{e}^{-\alpha v}\,\mathrm{d}v = C\left[-\frac{1}{\alpha}v\mathrm{e}^{-\alpha v}\Big|_0^\infty + \frac{1}{\alpha}\int_0^\infty \mathrm{e}^{-\alpha v}\,\mathrm{d}v\right] = C\cdot\frac{1}{\alpha^2} = 1$$

则

$$C = \alpha^2$$

(2) 最概然速率 v_{p}

$$\frac{\mathrm{d}f(v)}{\mathrm{d}v} = 0 \rightarrow v = v_{\mathrm{p}} = \frac{1}{\alpha}$$

(3) 粒子的平均速率 $\overline{v}$

$$\overline{v} = \int_0^\infty vf(v)\,\mathrm{d}v = \alpha^2\int_0^\infty v^2\mathrm{e}^{-\alpha v}\,\mathrm{d}v = \frac{2}{\alpha}$$

(4) 方均根速率

$$\sqrt{\overline{v^2}} = \left(\int_0^\infty v^2 f(v)\,\mathrm{d}v = \alpha^2\int_0^\infty v^3\mathrm{e}^{-\alpha v}\,\mathrm{d}v = \frac{6}{\alpha^2}\right)^{\frac{1}{2}} = \sqrt{6}/\alpha$$

7.7　气体分子的平均自由程

1. 平均碰撞频率 $\overline{z}$

它指单位时间内一个分子和其他分子碰撞的平均次数。

2. 平均自由程 $\overline{\lambda}$

它指每两次连续碰撞之间一个分子自由运动的平均路程：

$$\overline{\lambda} = \frac{\overline{v}}{\overline{z}} = \frac{1}{\sqrt{2}\pi d^2 n} = \frac{kT}{\sqrt{2}\pi d^2 p}$$

例 7.5　求：氢在标准情况下，在一秒钟内分子的平均碰撞次数。已知氢分子的有效直径为 $2\times10^{-10}\,\mathrm{m}$。

解：平均速率为

$$\overline{v} = \sqrt{\frac{8RT}{\pi M_{\mathrm{mol}}}} = \sqrt{\frac{8\times8.31\times273}{3.14\times2\times10^{-3}}} = 1.70\times10^3\,(\mathrm{m/s})$$

由压强公式 $p = nkT$ 得分子数密度为

$$n = \frac{p}{kT} = \frac{1.013\times10^5}{1.38\times10^{-23}\times273} = 2.69\times10^{25}\,(\mathrm{m}^{-3})$$

分子平均自由程

$$\bar{\lambda} = \frac{1}{\sqrt{2}\pi d^2 n} = 2.14 \times 10^{-7}(\text{m})(约为分子直径的 1000 倍)$$

平均碰撞次数

$$\bar{Z} = \frac{\bar{v}}{\bar{\lambda}} = 7.95 \times 10^{9}(\text{s}^{-1})$$

即在标准状态下,在一秒钟内,一个氢分子的平均碰撞次数约有 80 亿次。

第8章 热力学基础

【教学目标】

1. 重点

（1）正确理解功、热量和内能诸概念。
（2）热力学第一定律在等值过程、绝热过程和循环过程中的应用。

2. 难点

热力学第二定律的理解。

3. 基本要求

（1）掌握功、内能和热量的概念，理解它们之间的相互关系；掌握热力学第一定律，理解不同运动形态能量之间的相互转换和守恒关系。
（2）理解摩尔热容量的概念，了解定体、定压条件下理想气体摩尔热容量的推导过程，掌握理想气体在等值过程中做功、内能变化和吸放热的计算。
（3）理解绝热过程的特征和绝热过程中功与内能的关系，掌握绝热的过程方程。
（4）理解热机循环和制冷循环的特征，会计算热机的循环效率。
（5）理解热力学第二定律的物理意义以及两种表述。

【内容概要】

8.1 热力学第一定律

1. 热量(传热)Q

在系统与外界之间或系统不同部分之间转移的无规则的热运动能量叫做热量。规定系统从外界吸收热量，Q 取正；系统对外界放出热量，Q 取负。

2. 内能 E

从宏观来讲内能是系统状态的单值函数；从微观来讲内能是系统中所有分子的平均动能与势能之和。理想气体的内能是温度的单值函数，

$$E = \frac{M}{M_{mol}} \frac{i}{2} RT = \frac{i}{2} \nu RT$$

式中 i 表示气体分子的自由度，ν 是气体的摩尔数。

内能增量 ΔE：

$$\Delta E = \frac{i}{2} \nu R \Delta T$$

ΔT 大于零表示该平衡过程使系统温度升高，系统内能增大，ΔE 大于零，反之亦然。内能增量是与过程无关的状态量，它只与系统在过程始末状态的温度差有关。

3. 功

做功的过程是宏观机械运动能量与系统分子热运动能量之间的转化。做功的过程是宏观机械运动能量与系统分子热运动能量之间的转化。

4. 准静态过程的功

$$A = \int \mathrm{d}A = \int_{V_1}^{V_2} p \mathrm{d}V$$

$\mathrm{d}V > 0$，即气体膨胀时系统对外界做正功；$\mathrm{d}V < 0$，气体被压缩时系统对外界做负功，或外界对系统做正功。

5. 热力学第一定律

$$Q = (E_2 - E_1) + A, \quad \mathrm{d}Q = \mathrm{d}E + \mathrm{d}A$$

准静态过程的情况下：

$$Q = (E_2 - E_1) + \int_{V_1}^{V_2} p \mathrm{d}V, \quad \mathrm{d}Q = \mathrm{d}E + p \mathrm{d}V$$

例 8.1　两个相同的容器，分别盛氢气和氦气（均视为刚性分子理想气体），开始时它们的压强和温度都相等。现将 8J 热量传给氦气，使之升高到一定温度。若使氢气也升高同样的温度，应向氢气传递热量多少？

解：两种气体开始时 p、V、T 均相同，所以摩尔数也相同。

现在定体加热，有

$$Q = \frac{M}{M_{\mathrm{mol}}} C_V \Delta T, \quad C_{V\mathrm{He}} = \frac{3}{2} R, \quad C_{V\mathrm{H}_2} = \frac{5}{2} R$$

由题意得

$$Q_{\mathrm{He}} = \frac{M}{M_{\mathrm{mol}}} \cdot \frac{3}{2} R \Delta T = 8(\mathrm{J})$$

所以

$$Q_{\mathrm{H}_2} = \frac{M}{M_{\mathrm{mol}}} \cdot \frac{5}{2} R \Delta T = \frac{5}{3} Q_{\mathrm{He}} = \frac{5}{3} \times 8 = 13.3(\mathrm{J})$$

8.2　热　容

1. 热容

当系统与外界传递热量 $\mathrm{d}Q$，温度升高 $\mathrm{d}T$ 时，热容为

$$C = \frac{\mathrm{d}Q}{\mathrm{d}T}$$

2. 摩尔热容

其定义为：1 摩尔物质温度升高（或降低）一度所吸收（或放出）的热量称为摩尔热容，用 C_m 表示，其定义式为

$$C_m = \frac{\mathrm{d}Q}{\nu \mathrm{d}T}$$

3. 定体摩尔热容

1 摩尔理想气体，在体积保持不变，温度改变 1K 时，吸收或放出的热量。表示为

$$C_{V,m} = \frac{1}{\nu}\left(\frac{\mathrm{d}Q}{\mathrm{d}T}\right)_V$$

对于理想气体

$$C_{V,m} = \frac{i}{2}R$$

4. 定压摩尔热容

1 摩尔理想气体，在压强保持不变，温度改变 1K 时，吸收或放出的热量。表示为

$$C_{p,m} = C_{V,m} + R = \frac{i+2}{2}R$$

称为迈耶公式。C_p 比 C_V 大一个 R，是因为系统在定压过程中，要多吸收一部分热量用来对外做功。

5. 比热容比

$$\gamma = C_{p,m}/C_{V,m}$$

对于理想气体：

$$\gamma = (i+2)/i$$

8.3 三个等值过程的内能变化 ΔE、做功 A、传热 Q

1. 定体过程

$$Q = \frac{M}{M_{\mathrm{mol}}}C_{V,m}(T_2 - T_1) = \Delta E, \quad A = 0$$

2. 定压过程

$$(Q)_p = \frac{M}{M_{\mathrm{mol}}}C_{p,m}(T_2 - T_1), \quad \Delta E = \frac{M}{M_{\mathrm{mol}}}C_{V,m}(T_2 - T_1), \quad A = p(V_2 - V_1)$$

3. 等温过程

$$\Delta E = 0, \quad A = \frac{M}{M_{\mathrm{mol}}}RT\ln\frac{V_2}{V_1} = \frac{M}{M_{\mathrm{mol}}}RT\ln\frac{P_1}{P_2} = Q$$

例 8.2　64g 氧气的温度由 0℃升至 50℃，若：(1)保持体积不变；(2)保持压强不变，在这两个过程中氧气各吸收了多少热量？各增加了多少内能？对外各做了多少功？

解：(1)保持体积不变，则系统对外做功为 0，故系统吸收的热量将全部用于增加内能，即 $A = 0$，则

$$Q = \Delta E = \nu C_{V,m}\Delta T = \frac{64}{32} \times \frac{5}{2} \times 8.31 \times (50 - 0) = 2.08 \times 10^3 (\mathrm{J})$$

(2) 由定压热容公式得此时吸收的热量为

$$Q = \nu C_{p,m}\Delta T = \frac{64}{32} \times \frac{5+2}{2} \times 8.31 \times (50 - 0) = 2.908 \times 10^3 (\mathrm{J})$$

$$A = Q - \Delta E \approx 0.83 \times 10^3 \, (\text{J})$$

8.4　绝　热　过　程

1. 过程方程

$$V^{\gamma-1} T = C; \quad p^{\gamma-1} T^{-\gamma} = C; \quad pV^\gamma = C \text{——泊松方程}$$

2. 内能、功、热量

$$\begin{cases} \Delta E = E_2 - E_1 = \dfrac{M}{M_{\text{mol}}} C_{V,m} (T_2 - T_1) \\[2mm] A = -\dfrac{M}{M_{\text{mol}}} C_{V,m} (T_2 - T_1) = \dfrac{(p_1 V_1 - p_2 V_2)}{\gamma - 1} \\[2mm] Q = 0 \end{cases}$$

例 8.3　理想气体作绝热膨胀,由初态(p_0, V_0)至(p, V),试证明此过程中气体做的功为

$$A = \frac{p_0 V_0 - pV}{\gamma - 1}$$

证明:由于绝热过程 $Q = 0$,功 $A = -\Delta E$,所以

$$A = -\frac{i}{2} \frac{M}{M_{\text{mol}}} R \Delta T = -\frac{i}{2} (pV - p_0 V_0)$$

又因为

$$\gamma = \frac{C_{p,m}}{C_{V,m}} = \frac{i+2}{i} = 1 + \frac{2}{i}$$

所以

$$i = \frac{2}{\gamma - 1}$$

代入功表达式中,即为

$$A = \frac{p_0 V_0 - pV}{\gamma - 1}$$

3. p-V 图上绝热线和等温线比较

如图 8.1 所示,绝热过程曲线的斜率:
对 $pV^\gamma = C$ 求微分得

$$\gamma p V^{\gamma-1} \mathrm{d}V + V^\gamma \mathrm{d}p = 0 \rightarrow \left(\frac{\mathrm{d}p}{\mathrm{d}V} \right)_Q = -\gamma \frac{p_A}{V_A}$$

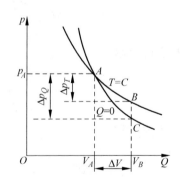

图 8.1　p-V 图上绝热线和等温线比较

等温过程曲线的斜率:
对 $pV = C$ 求微分得

$$p \mathrm{d}V + V \mathrm{d}p = 0 \rightarrow \left(\frac{\mathrm{d}p}{\mathrm{d}V} \right)_T = -\frac{p_A}{V_A}$$

结论:绝热线的斜率大于等温线的斜率。物理解释如下:

在等温过程中,分子的热运动平均平动动能不变,引起压强减少的因素仅是因体积增大引起的分子数密度的减小。而在绝热过程中,除了分子数密度有同样的减小外,还由于气体膨胀对外做功时降低了温度,从而使分子的平均平动动能也随之减小。因此,绝热过程压强的减小

要比等温过程来得多。

例 8.4 如图 8.2 所示,一摩尔理想氧气,温度为 $T_1=300\text{K}$ 时,体积为 V_1,试计算下列两过程中氧气所做的功:

(1) 绝热膨胀至体积为 $V_2=10V_1$;

(2) 等温膨胀至体积为 $V_2=10V_1$,然后再定体冷却,直到温度等于绝热膨胀后所达到的温度 T_2 为止。

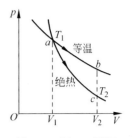

图 8.2 例 8.4 用图

解: 氧气的自由度为 $i=5,\gamma=1.4$。

(1) $a \to c$ 绝热过程:

$$T_1 V_1^{\gamma-1} = T_2 V_2^{\gamma-1}$$

$$A_{ac} = -\Delta E = \frac{5R}{2}(T_1 - T_2) = \frac{5}{2}RT_1\left[1-\left(\frac{V_1}{V_2}\right)^{\gamma-1}\right]$$

$$= \frac{5}{2}RT_1(1-0.1^{0.4}) = 3.75 \times 10^3(\text{J})$$

(2) 等温过程 $a \to b$ 做功,定体过程 $b \to c$ 不做功,则

$$A_{abc} = A_{ab} = RT_1 \ln\frac{V_2}{V_1} = RT_1\ln10 = 5.74 \times 10^3(\text{J})$$

8.5 循环过程的效率及制冷系数

1. 热机效率

热机: 持续不断将热转化为功的机器,在 p-V 图上对应顺时针循环,也称正循环,其工作示意图如图 8.3 所示。其效率为

$$\eta = \frac{A_{净}}{Q_1} = \frac{Q_1 - |Q_2|}{Q_1} = 1 - \frac{|Q_2|}{Q_1}$$

式中 Q_1 是工作物质从高温热库(源)吸热,Q_2 是向低温热库(源)放热。

例 8.5 内燃机利用液体或气体燃料,直接在汽缸中燃烧,产生巨大的压强而做功。如活塞经过四个过程完成一个循环的四冲程汽油内燃机——奥托热机,其循环过程如图 8.4 所示,由 1 经绝热压缩到 2,再定体加热到 3 然后绝热膨胀到 4,再定体放热到 1,设 V_2、V_1、γ 为已知,求证循环效率为

$$\eta = 1 - (V_2/V_1)^{\gamma-1}$$

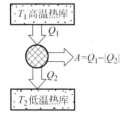

图 8.3 热机做功过程

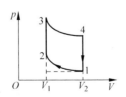

图 8.4 例 8.5 用图

证明: 2 → 3 定体过程,工质吸热

$$Q_V = \nu C_{V,m}(T_3 - T_2) \tag{1}$$

4 → 1 定体过程,工质放热量

$$|Q_{V'}| = \nu C_{V,m}(T_4 - T_1) \tag{2}$$

热机效率

$$\eta = 1 - \frac{|Q_{V'}|}{Q_V} = 1 - \frac{T_4 - T_1}{T_3 - T_2} \tag{3}$$

3→4 为绝热过程:

$$T_4 V_1^{\gamma-1} = T_3 V_2^{\gamma-1} \tag{4}$$

1→2 为绝热过程:

$$T_1 V_1^{\gamma-1} = T_2 V_2^{\gamma-1} \tag{5}$$

将式(4)、式(5)整理后代入式(3)中得

$$\eta = 1 - \frac{T_4 - T_1}{T_3 - T_2} = 1 - \left(\frac{V_2}{V_1}\right)^{\gamma-1}$$

对刚性双原子分子,$\gamma = 1.40$,$r = \frac{V_1}{V_2} \leqslant 7$,$\eta \leqslant 1 - \frac{1}{7^{0.4}} = 55\%$,实际仅为 25%。

例 8.6　一摩尔氧气作如图 8.5 所示的循环,此循环由两个定体过程和两个等温过程组成,已知 $V_2 = 2V_1$,求循环效率。

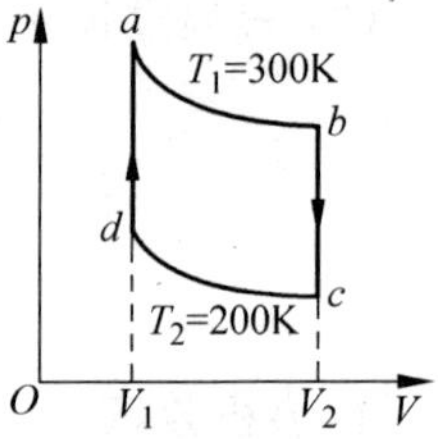

提示:$d \to a$ 为定体过程,工质吸热

$$Q_V = \frac{5}{2} R(T_a - T_d) = \frac{5}{2} R(T_1 - T_2)$$

$a \to b$ 为等温过程,工质吸热(做功)

$$Q_T = R T_1 \ln \frac{V_2}{V_1} = A_T$$

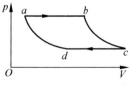

图　8.5

$c \to d$ 为等温过程,工质做功

$$A_{T'} = -R T_2 \ln \frac{V_2}{V_1}$$

所求热机效率

$$\eta = \frac{A_T + A_{T'}}{Q_V + Q_T} = \frac{(T_1 - T_2)\ln \frac{V_2}{V_1}}{\frac{5}{2}(T_1 - T_2) + T_1 \ln \frac{V_2}{V_1}} = \frac{100\ln 2}{\frac{5}{2} \times 100 + 300\ln 2} = 15.1\%$$

例 8.7　一定量的理想气体,经历如图 8.6 所示的循环过程,其中 $a \to b$ 和 $c \to d$ 是定压过程,$b \to c$ 和 $d \to a$ 是绝热过程,已知 $T_c = 300K$,$T_b = 400K$,求此循环的效率。

提示:$a \to b$ 为定压过程,工质吸热

$$Q_{1p} = \nu C_{p,m}(T_b - T_a)$$

图　8.6

$c \to d$ 为定压过程,工质放热

$$|Q_{2p}| = \nu C_{p,m}(T_c - T_d)$$

$$\eta = 1 - \frac{|Q_{2p}|}{Q_{1p}} = 1 - \frac{(T_c - T_d)}{(T_b - T_a)} = 1 - \frac{T_c\left(1 - \frac{T_d}{T_c}\right)}{T_b\left(1 - \frac{T_a}{T_b}\right)}$$

$b \to c$ 为绝热过程

$$P_b^{\gamma-1} T_b^{-\gamma} = P_c^{\gamma-1} T_c^{-\gamma}$$

$d \to a$ 为绝热过程

$$p_a^{\gamma-1}T_a^{-\gamma} = p_d^{\gamma-1}T_d^{-\gamma}, \quad p_b = p_a, \quad p_c = p_d, \quad \frac{T_a}{T_b} = \frac{T_d}{T_c}$$

$$\eta = 1 - \frac{T_c\left(1-\dfrac{T_d}{T_c}\right)}{T_b\left(1-\dfrac{T_a}{T_b}\right)} = 1 - \frac{T_c}{T_b} = 1 - \frac{300}{400} = 25\%$$

例 8.8 ν 摩尔的理想气体，经历如图 8.7 所示的循环过程，其中 $a{\rightarrow}b$ 是等温过程，$b{\rightarrow}c$ 是定体过程，$c{\rightarrow}a$ 是绝热过程，已知 a 点温度为 T_1，体积为 V_1，b 点体积为 V_2，$C_{V,m}$ 和 γ 均为已知量。求：(1)c 点的温度；(2)此循环的效率。

提示：(1) $c{\rightarrow}a$ 为绝热过程

$$T_1 V_1^{\gamma-1} = T_c V_2^{\gamma-1} \Rightarrow T_c = T_1\left(\frac{V_1}{V_2}\right)^{\gamma-1}$$

(2) $a{\rightarrow}b$ 为等温过程，工质吸热

$$Q_1 = \nu R T_1 \ln\frac{V_2}{V_1}$$

$b{\rightarrow}c$ 为定体过程，工质放热

$$|Q_2| = \nu C_{V,m}(T_b - T_c) = \nu C_{V,m} T_1\left(1 - \frac{T_c}{T_1}\right)$$

热机循环的效率为

$$\eta = 1 - \frac{|Q_2|}{Q_1} = 1 - \frac{C_{V,m}}{R}\frac{1 - \left(\dfrac{V_1}{V_2}\right)^{\gamma-1}}{\ln\dfrac{V_2}{V_1}}$$

例 8.9 ν 摩尔的理想气体，经历如图 8.8 所示的循环过程，$a{\rightarrow}b$ 是定压过程，$b{\rightarrow}c$ 是定体过程，$c{\rightarrow}a$ 是等温过程，已知 a 点体积 V_1，b 点体积 V_2，$C_{V,m}$、$C_{p,m}$ 均为已知量。求此循环的效率。

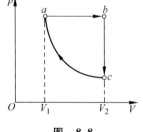

图 8.8

提示：(1) $a{\rightarrow}b$ 是定压过程，吸热

$$Q_1 = \nu C_{p,m}(T_b - T_a) = \nu C_{p,m}\left(\frac{V_2}{V_1} - 1\right)T_a$$

(2) $b{\rightarrow}c$ 是定体过程，放热

$$|Q_{2bc}| = \nu C_{V,m}(T_b - T_c) = \nu C_{V,m}\left(\frac{V_2}{V_1} - 1\right)T_a, \quad T_c = T_a$$

(3) $c{\rightarrow}a$ 是等温过程，放热

$$|Q_{2ca}| = \nu R T_a \ln\frac{V_2}{V_1}$$

总放热

$$|Q_2| = |Q_{2bc}| + |Q_{2ca}| = \nu C_{V,m}\left(\frac{V_2}{V_1} - 1\right)T_a + \nu R T_a \ln\frac{V_2}{V_1}$$

热机循环的效率为

$$\eta = 1 - \frac{|Q_2|}{Q_1} = \frac{\nu C_{V,m}\left(\dfrac{V_2}{V_1} - 1\right)T_a + \nu R T_a \ln\dfrac{V_2}{V_1}}{\nu C_{p,m}\left(\dfrac{V_2}{V_1} - 1\right)T_a} = \frac{C_{V,m}\left(\dfrac{V_2}{V_1} - 1\right) + R\ln\dfrac{V_2}{V_1}}{C_{p,m}\left(\dfrac{V_2}{V_1} - 1\right)}$$

例 8.10 一摩尔单原子理想气体所经历的循环过程如图 8.9 所示,其中 $a \rightarrow b$ 为等温过程, $b \rightarrow c$ 为定压过程, $c \rightarrow a$ 为定体过程,设 $V_b/V_a = 2$,求循环效率。

提示: $c \rightarrow a$ 为定体过程,工质吸热

$$Q_V = \frac{3}{2}R(T_a - T_c) = \frac{3}{2}R(T_b - T_c)$$

$a \rightarrow b$ 为等温过程,工质吸热

$$Q_T = RT_b \ln \frac{V_b}{V_a}$$

$b \rightarrow c$ 为定压过程,工质放热

$$|Q_p| = \frac{5}{2}R(T_b - T_c)$$

热机循环的效率为

$$\eta = 1 - \frac{|Q_p|}{Q_V + Q_T} = 1 - \frac{\frac{5}{2}R(T_b - T_c)}{\frac{3}{2}R(T_b - T_c) + RT_b \ln \frac{V_b}{V_a}} = 1 - \frac{5\left(1 - \frac{T_c}{T_b}\right)}{3\left(1 - \frac{T_c}{T_b}\right) + 2\ln \frac{V_b}{V_a}}$$

$$\frac{T_c}{T_b} = \frac{V_c}{V_b} = \frac{1}{2}, \quad \eta = 1 - \frac{5}{3 + 4\ln 2} = 13.4\%$$

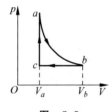

图 8.9

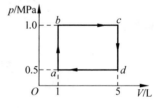

图 8.10

例 8.11 在图 8.10 所示氮气的循环过程中,求:

(1) 完成一次循环对外所做的功;

(2) 此循环的效率。

提示:(1) 循环过程对外做功为循环曲线所围成的面积,有

$$A = (p_b - p_a) \times (V_c - V_b) = (1.0 - 0.5) \times 10^6 \times (5 - 1) \times 10^{-3} = 2 \times 10^3 (\text{J})$$

(2) $a \rightarrow b$ 为定体升压过程,吸热

$$Q_{ab} = \Delta E_{ab} = \frac{M}{M_{\text{mol}}} C_{V,m}(T_b - T_a) = \frac{5}{2}V_a(p_b - p_a)$$

$b \rightarrow c$ 为定压升体过程,吸热

$$Q_{bc} = \frac{M}{M_{\text{mol}}} C_{p,m}(T_c - T_b) = \frac{7}{2}p_b(V_c - V_b)$$

经过一个循环过程总吸热

$$Q = Q_{ab} + Q_{bc} = \frac{5}{2} \times 1 \times 10^{-3} \times (1.0 - 0.5) \times 10^6 + \frac{7}{2} \times 1 \times 10^6 \times (5 - 1) \times 10^{-3}$$

$$= 15.25 \times 10^3 (\text{J})$$

所以此循环的效率为

$$\eta = \frac{A}{Q} = \frac{2 \times 10^3}{15.25 \times 10^3} = 13\%$$

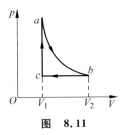

图　8.11

例 8.12　有一个以理想气体为工作物质的热机,所经历的循环过程如图 8.11 所示,其中 $a \rightarrow b$ 为绝热过程,$b \rightarrow c$ 为定压过程,$c \rightarrow a$ 为定体过程,体积 V_1、V_2 和比热比 γ 均为已知。求循环效率。

提示:设该理想气体为 ν 摩尔。

$c \rightarrow a$ 为定体过程,工质吸热
$$Q_V = \nu C_{V,m}(T_a - T_c) \tag{1}$$

$b \rightarrow c$ 为定压过程,工质放热
$$|Q_p| = \nu C_{p,m}(T_b - T_c) \tag{2}$$

热机循环的效率为
$$\eta = 1 - \frac{|Q_p|}{Q_V} = 1 - \frac{C_{p,m}(T_b - T_c)}{C_{V,m}(T_a - T_c)} = 1 - \gamma \frac{\dfrac{T_b}{T_c} - 1}{\dfrac{T_a}{T_c} - 1} \tag{3}$$

$a \rightarrow b$ 为绝热过程,有
$$p_a / p_b = V_b^\gamma / V_a^\gamma = V_2^\gamma / V_1^\gamma \tag{4}$$

$c \rightarrow a$ 为定体过程,有
$$T_a / T_c = p_a / p_c = p_a / p_b = V_2^\gamma / V_1^\gamma \tag{5}$$

$b \rightarrow c$ 为定压过程,所以
$$T_b / T_c = V_2 / V_1 \tag{6}$$

将式(5)、式(6)代入式(3)中即得
$$\eta = 1 - \gamma \frac{\dfrac{V_2}{V_1} - 1}{\left(\dfrac{V_2}{V_1}\right)^\gamma - 1}$$

2. 制冷机的制冷系数

制冷机:利用外界做功从低温物体吸热的机器,在 $p\text{-}V$ 图上对应逆时针循环,也称逆循环,其工作示意图如图 8.12 所示。有

$$w = \frac{Q_2}{|A_{\text{净}}|} = \frac{Q_2}{|Q_1| - Q_2}$$

Q_1 是向高温热库(源)放热,Q_2 是从低温热库(源)吸热。

3. 卡诺循环

1824 年法国青年工程师卡诺提出一种工作在两热库之间的理想循环——卡诺循环.给出了热机效率的理论极限值

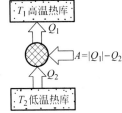

图 8.12　制冷机做功过程

(1)组成:由两个等温过程(如图 8.13 所示,$1 \rightarrow 2$,$3 \rightarrow 4$)和两个绝热过程($2 \rightarrow 3$,$4 \rightarrow 1$)组成。

(2)热机效率:

$1 \rightarrow 2$ 等温膨胀吸热
$$Q_1 = Q_{12} = \frac{M}{M_{\text{mol}}} R T_1 \ln \frac{V_2}{V_1} \tag{1}$$

$3 \rightarrow 4$ 等温压缩放热
$$|Q_2| = |Q_{34}| = \frac{M}{M_{\text{mol}}} R T_2 \ln \frac{V_3}{V_4} \tag{2}$$

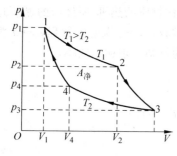

图 8.13　卡诺循环过程

$$\eta = 1 - \frac{|Q_2|}{Q_1} = 1 - \frac{T_2}{T_1} \frac{\ln \dfrac{V_3}{V_4}}{\ln \dfrac{V_2}{V_1}} \qquad (3)$$

$2 \to 3$ 为绝热过程,有

$$V_2^{\gamma-1} T_1 = V_3^{\gamma-1} T_2 \qquad (4)$$

$4 \to 1$ 为绝热过程,有

$$V_1^{\gamma-1} T_1 = V_4^{\gamma-1} T_2 \qquad (5)$$

(4)、(5)两式相除得

$$\frac{V_2}{V_1} = \frac{V_3}{V_4} \qquad (6)$$

将式(6)代入式(3)得

卡诺热机效率:

$$\eta = 1 - \frac{T_2}{T_1}$$

(3)制冷机的制冷系数:

$$w = \frac{T_2}{T_1 - T_2}$$

例 8.13　有一卡诺制冷机,从温度为 $-15\,^{\circ}\text{C}$ 的冷藏室吸取热量,而向温度为 $20\,^{\circ}\text{C}$ 的物质放出热量。设该制冷机所耗功率为 15kW,问每分钟从冷藏室吸取的热量为多少?

解:由题意 $T_1 = 293\text{K}$,$T_2 = 258\text{K}$,则

$$w = \frac{T_2}{T_1 - T_2} = \frac{258}{35} = 7.4$$

每分钟做功为

$$A = 15 \times 10^3 \times 60 = 9 \times 10^5\,(\text{J})$$

所以每分钟从冷藏室中吸取的热量为

$$Q_2 = wA = 8.6 \times 9 \times 10^5 = 7.74 \times 10^6\,(\text{J})$$

此时,每分钟向温度为 $20\,^{\circ}\text{C}$ 的物体放出的热量为

$$|Q_1| = Q_2 + A = 6.66 \times 10^6\,(\text{J})$$

低温热库(源)温度为 T_2;高温热库(源)温度为 T_1。

8.6　热力学第二定律的两种表述及其等价性

1. 第二定律的开尔文表述

不可能从单一热源吸取热量,使之完全变为有用功而不产生其他影响。(或第二类永动机是不可能制成的。)

2. 第二定律的克劳修斯表述

不可能把热量从低温物体传到高温物体而不引起其他变化。
以上两种表述具有等价性。

3. 热力学第二定律的统计意义

在一封闭(孤立)系统内发生的一切过程,总是由几率小的状态向几率大的状态进行(由包含微观状态数目小的宏观状态向包含微观状态数目大的宏观状态进行)。

第3篇 电磁学篇

第9章 静 电 场

【教学目标】

1. 重点

（1）深刻理解描述静电场性质的两个重要物理量（电场强度 E 和电势 V）及它们的物理意义，掌握电场强度、电势的基本计算方法，理解电场力的功及电势能的概念。

（2）掌握导体的静电平衡条件及静电平衡下导体的性质及其电荷分布，电容的概念和典型电容器电容的计算。

2. 难点

（1）高斯定律意义的理解及应用。

（2）由高斯定律反映出静电场的有源性理解。

（3）由静电场场强环路定理反映出静电场保守性、无旋性的理解。

（4）电场能量、电势能量、带电系统能量概念的理解。

3. 基本要求

（1）掌握用库仑定律和电场叠加原理计算点电荷、点电荷系和简单几何形状的带电体的电场强度。

（2）掌握电通量的概念，会用高斯定律计算电荷均匀对称分布的带电系统的电场强度。

（3）理解静电场力做功与路径无关的保守力特征，掌握静电场环流定理的物理意义和电势能、电势的概念。

（4）掌握用电场强度积分和电势叠加方法计算点电荷、点电荷系和简单几何形状的带电体形成的电势分布。

（5）理解场强与电势梯度的关系。

（6）掌握导体的静电平衡条件，会分析导体静电平衡时电荷分布、场强分布和电势分布的特点。

（7）理解电位移矢量和电场强度的关系。会用介质中的高斯定律求对称性带电体的场强分布。

（8）掌握电容的概念，能计算几何形状简单的电容器的电容（如平行板、球形及圆柱形电容器）

（9）能正确分辨和掌握带电系统的能量、静电场能量和电势能等概念，能用电场能量密度概念计算几何形状简单的带电系统的电场能量。

【内容概要】

9.1 电 场

1. 电场的产生

电荷激发场，电场作用电荷是相互的。

从本质上说，电场是物质的一种存在形式，具有能量、动量和质量。

2. 电场的本质和特点

静电场的本质是由电荷产生或激发的一种物质,静电场的特点是对处于其中的其他电荷有作用力。

3. 库仑定律(实验定律,1785 年发表,是电磁学从定性到定量的重要里程碑)

它是表示两个相对静止的点电荷之间的相互作用的定律,是静电学的基础。其示意图如图 9.1 所示,公式如下:

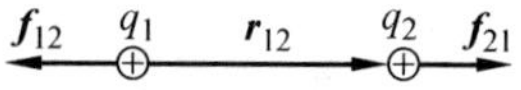

$$|\boldsymbol{f}_{12}|=|\boldsymbol{f}_{21}|=k\frac{|q_1q_2|}{r_{12}^2},$$

图 9.1　库仑定律

$$\boldsymbol{f}_{21}=-\boldsymbol{f}_{12}=k\frac{q_1q_2}{r_{12}^2}\frac{\boldsymbol{r}_{12}}{r_{12}}=k\frac{q_1q_2}{r_{12}^3}\boldsymbol{r}_{12}$$

注意:国际单位制[SI]中,$k=8.988\times10^9\,\mathrm{N\cdot m^2/C^2}$,令 $k=\dfrac{1}{4\pi\varepsilon_0}$,$\varepsilon_0=8.85\times10^{-12}\,\mathrm{C^2/}$ $(\mathrm{N\cdot m^2})$ 为真空介电常数。

$$\boldsymbol{f}_{21}=-\boldsymbol{f}_{12}=\frac{1}{4\pi\varepsilon_0}\frac{q_1q_2}{r_{12}^2}\frac{\boldsymbol{r}_{12}}{r_{12}}=\frac{1}{4\pi\varepsilon_0}\frac{q_1q_2}{r_{12}^3}\boldsymbol{r}_{12}$$

9.2　电场强度

1. 电场强度矢量 E

$$\boldsymbol{E}=\frac{\boldsymbol{F}}{q_0}$$

$\boldsymbol{E}$ 的单位:N/C 或 V/m。

$\boldsymbol{E}$ 的大小:单位正电荷所受到的电场力。

$\boldsymbol{E}$ 的方向:正电荷在该点所受到的电场力方向就是该点场强的方向。

2. 场强叠加原理(叠加原理是经典电磁学的一条基本原理)

当 q_0 置于 $q_1,q_2,\cdots,q_n$ 产生的场时,分别受到 $q_1,q_2,\cdots,q_n$ 的力为 $f_1,f_2,\cdots,f_n$,由实验得知

$$\boldsymbol{f}=\boldsymbol{f}_1+\boldsymbol{f}_2+\cdots+\boldsymbol{f}_n$$

得

$$\boldsymbol{E}=\frac{\boldsymbol{f}}{q_0}=\frac{\boldsymbol{f}_1}{q_0}+\frac{\boldsymbol{f}_2}{q_0}+\cdots+\frac{\boldsymbol{f}_n}{q_0}=\boldsymbol{E}_1+\boldsymbol{E}_2+\cdots+\boldsymbol{E}_n$$

3. 场强的计算

(1)点电荷电场中的场强如图 9.2(a)所示。

$$\boldsymbol{f}=\frac{1}{4\pi\varepsilon_0}\frac{qq_0}{r^2}\frac{\boldsymbol{r}}{r}\quad\boldsymbol{E}=\frac{q}{4\pi\varepsilon_0r^2}\frac{\boldsymbol{r}}{r}$$

(2)点电荷系电场中的场强如图 9.2(b)所示。

设真空中有 $q_1,q_2,\cdots,q_n$ 等电荷:

$$\boldsymbol{E}_1=\frac{q_1}{4\pi\varepsilon_0r_1^2}\frac{\boldsymbol{r}_1}{r_1},\quad\boldsymbol{E}_2=\frac{q_2}{4\pi\varepsilon_0r_2^2}\frac{\boldsymbol{r}_2}{r_2},\quad\cdots,\quad\boldsymbol{E}_i=\frac{q_n}{4\pi\varepsilon_0r_n^2}\frac{\boldsymbol{r}_i}{r_i}$$

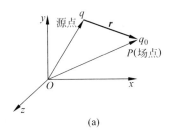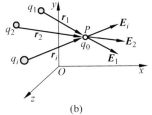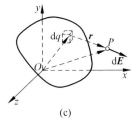

(a)　　　　　　　　　(b)　　　　　　　　　(c)

图 9.2　叠加原理计算场强

由叠加原理得

$$\boldsymbol{E} = \boldsymbol{E}_1 + \boldsymbol{E}_2 + \cdots + \boldsymbol{E}_n = \sum_{i=1}^{n} \frac{q_i}{4\pi\varepsilon_0 r_i^2} \frac{\boldsymbol{r}_i}{r_i}$$

（3）任意带电体电场中的场强如图 9.2(c)所示。

$$\mathrm{d}\boldsymbol{E} = \frac{1}{4\pi\varepsilon_0} \frac{\mathrm{d}q}{r^2} \frac{\boldsymbol{r}}{r}, \quad \boldsymbol{E} = \int \mathrm{d}\boldsymbol{E} = \int \frac{\mathrm{d}q}{4\pi\varepsilon_0 r^3} \boldsymbol{r}$$

对于线电荷分布,线密度为 λ 时:

$$\boldsymbol{E} = \frac{1}{4\pi\varepsilon_0} \int_l \frac{\lambda \mathrm{d}l}{r^3} \boldsymbol{r}$$

对于面电荷分布,面密度为 σ 时:

$$\boldsymbol{E} = \frac{1}{4\pi\varepsilon_0} \iint_S \frac{\sigma \mathrm{d}S}{r^3} \boldsymbol{r}$$

对于体电荷分布,体密度为 ρ 时:

$$\boldsymbol{E} = \frac{1}{4\pi\varepsilon_0} \iiint_V \frac{\rho \mathrm{d}V}{r^3} \boldsymbol{r}$$

（4）积分计算场强的步骤。

① 建立坐标系;

② 选取元电荷;

③ 写出元电荷在考察点的场强大小;

④ 分析元电荷在考察点场强的方向;

⑤ 写出元电荷在考察点场强的各个分量;

⑥ 分别对各个分量积分,并在积分过程中选择恰当的积分变量和统一变量。

4. 几种特殊带电体的场强

例 9.1　电偶极子的场强。

电偶极子定义:相距很近的等量异号电荷,如图 9.3 所示。

电偶极矩(描述电偶极子性质的物理量):

$$\boldsymbol{p} = q\boldsymbol{l}$$

图 9.3　电偶极子

（1）电偶极子轴线上各点场强如图 9.4(a)所示。

$$\boldsymbol{E}_+ = \frac{1}{4\pi\varepsilon_0} \frac{q}{(x-l/2)^2}\boldsymbol{i}, \quad \boldsymbol{E}_- = -\frac{1}{4\pi\varepsilon_0} \frac{q}{(x+l/2)^2}\boldsymbol{i},$$

$$\boldsymbol{E} = \boldsymbol{E}_+ + \boldsymbol{E}_- = \frac{q}{4\pi\varepsilon_0}\left[\frac{2xl}{(x^2-l^2/4)^2}\right]\boldsymbol{i}, \quad \boldsymbol{E}_A = \frac{1}{4\pi\varepsilon_0}\frac{2\boldsymbol{P}}{x^3}, \quad x \gg l$$

（2）电偶极子中垂线上各点的场强如图 9.4（b）所示。

$$E_+ = \frac{1}{4\pi\varepsilon_0}\frac{q}{r_+^3}r_+, \quad E_- = -\frac{1}{4\pi\varepsilon_0}\frac{q}{r_-^3}r_-$$

$$r_+ = r_- = \sqrt{y^2 + \frac{l^2}{4}} = y\left(1 + \frac{l^2}{4y^2}\right)^{\frac{1}{2}}$$

利用二项式定理得

$$r_+ = r_- = y\left(1 + \frac{l^2}{8y^2} + \cdots\right)$$

利用 $l \ll |y|$ 得

$$r_+ = r_- = y, \quad y > 0$$

则

$$E = E_+ + E_- = \frac{1}{4\pi\varepsilon_0}\frac{q}{y^3}(r_+ - r_-) = -\frac{1}{4\pi\varepsilon_0}\frac{q\mathbf{l}}{y^3}$$

$$E_B = -\frac{1}{4\pi\varepsilon_0}\frac{P}{y^3}, \quad y \gg l$$

（3）电偶极子在均匀电场中受力矩如图 9.5 所示。

$$M = p \times E$$

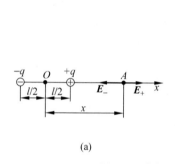
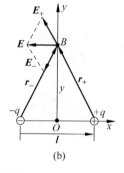
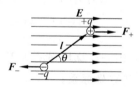

图 9.4　电偶极子场强

图 9.5　电偶极子在均匀电场中受力矩

例 9.2　均匀带电直线的场强。

如图 9.6（a）所示的均匀带电直线，长为 l，单位长电荷线密度为 λ，求线外一点 P 离开直线的垂直距离为 a 处的电场强度。

$$E_x = \frac{\lambda}{4\pi\varepsilon_0}\int_{\theta_1}^{\theta_2}\frac{\cos\theta}{a^2\csc^2\theta}a\csc^2\theta\,\mathrm{d}\theta = \frac{\lambda}{4\pi\varepsilon_0 a}(\sin\theta_2 - \sin\theta_1) \quad （平行于导线方向）$$

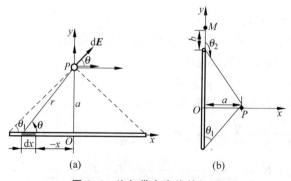

图 9.6　均匀带电直线的场强

$$E_y = \frac{\lambda}{4\pi\varepsilon_0}\int_{\theta_1}^{\theta_2}\frac{\sin\theta}{a^2\csc^2\theta}a\csc^2\theta\mathrm{d}\theta = \frac{\lambda}{4\pi\varepsilon_0 a}(\cos\theta_1 - \cos\theta_2) \quad （垂直于导线方向）$$

$$\boldsymbol{E} = E_x\boldsymbol{i} + E_y\boldsymbol{j}$$

当带电直线无限长时，即 $\theta_1 \to 0, \theta_2 \to \pi$，则

$$\boldsymbol{E} = \frac{\lambda}{2\pi\varepsilon_0 a}\boldsymbol{j}$$

讨论：

（1）当带电直线竖直放置时，如图 9.6(b)所示，场强如何？

$$E_y = \frac{\lambda}{4\pi\varepsilon_0 a}(\sin\theta_2 - \sin\theta_1) \quad （平行于导线方向）$$

$$E_x = \frac{\lambda}{4\pi\varepsilon_0 a}(\cos\theta_1 - \cos\theta_2) \quad （垂直于导线方向）$$

$$\theta_1 \to 0, \quad \theta_2 \to \pi, \quad \boldsymbol{E} = \frac{\lambda}{2\pi\varepsilon_0 a}\boldsymbol{i}$$

（2）如图 9.6(b)所示，导线延长线上距上端点为 b 的 M 点的场强如何？

设 M 点为原点，向下为 y 轴正向，则

$$\mathrm{d}\boldsymbol{E}_y = \frac{\mathrm{d}q}{4\pi\varepsilon_0 y^2}\boldsymbol{j}$$

$$\boldsymbol{E} = \int_b^{b+l}\frac{\lambda\mathrm{d}y}{4\pi\varepsilon_0 y^2}\boldsymbol{j} = \frac{\lambda l}{4\pi\varepsilon_0 b(b+l)}\boldsymbol{j}$$

提示：有限宽、无限长带电平面在与其共面的任意点的场强可以按无限长带电直线叠加。

例 9.3 均匀带电细圆弧在圆心处的场强。

一段半径为 R 的细圆弧，对圆心的张角为 α，其上均匀分布有正电荷 q，如图 9.7 所示，试以 R、q、α 表示出圆心 O 处的电场强度。

解：建立如图 9.7 所示坐标系，在细圆弧上取电荷

元 $\mathrm{d}q = \dfrac{q}{R\alpha}\mathrm{d}l$，设 $\mathrm{d}q$ 与 O 点连线与 y 轴夹角为 θ，它在圆心处产生的场强大小为

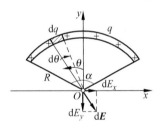

图 9.7　均匀带电细圆弧在圆心处的场强

$$\mathrm{d}E = \frac{\mathrm{d}q}{4\pi\varepsilon_0 R^2} = \frac{q}{4\pi\varepsilon_0 R^3\alpha}\mathrm{d}l = \frac{q}{4\pi\varepsilon_0 R^2\alpha}\mathrm{d}\theta$$

方向如图 9.7 所示。

将 $\mathrm{d}\boldsymbol{E}$ 分别沿 x 轴、y 轴分解：

$$\mathrm{d}E_x = \mathrm{d}E\sin\theta, \quad \mathrm{d}E_y = -\mathrm{d}E\cos\theta$$

由对称性分析可知

$$E_x = \int\mathrm{d}E_x = 0$$

$$E_y = \int\mathrm{d}E_y = \int_{-\alpha/2}^{\alpha/2}-\frac{q}{4\pi\varepsilon_0 R^2\alpha}\cos\theta\mathrm{d}\theta = -\frac{q}{2\pi\varepsilon_0 R^2\alpha}\sin\frac{\alpha}{2} \quad （积分方向沿 \mathrm{d}\theta > 0）$$

$$\boldsymbol{E} = E_y\boldsymbol{j} = -\frac{q}{2\pi\varepsilon_0 R^2\alpha}\sin\frac{\alpha}{2}\boldsymbol{j} \quad （方向沿对称轴）$$

提示：带电直线与圆弧组合后弧心处的场强可以按二者叠加。

例 9.4 均匀带电圆环轴线上任一给定点 P 处的场强。

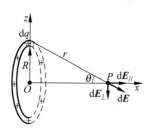

图 9.8 均匀带电圆环轴线上的场强

设圆环的半径为 R，所带的电量为 q，p 点与环心的距离为 x。

解：如图 9.8 所示，在圆环上任取一个微元 dl，dl 的带电量

$$dq = \frac{q}{2\pi R}dl$$

微元电荷在 P 点产生的场强为 $d\boldsymbol{E}$，其大小为

$$dE = \frac{1}{4\pi\varepsilon_0}\frac{dq}{r^2} = \frac{1}{4\pi\varepsilon_0}\frac{qdl}{2\pi R}\frac{1}{r^2}$$

将 $d\boldsymbol{E}$ 分别沿平行于 x 轴和垂直于 x 轴分解如图 9.8 所示，由对称性得

$$\oint dE_\perp = 0$$

$$E = \oint_L dE_{//} = \oint_L dE\cos\theta$$

因为圆环上各点对应 P 点 r、θ 都相同，有

$$E = \frac{1}{4\pi\varepsilon_0}\frac{q\cos\theta}{r^2}$$

由图 9.8 可知

$$\cos\theta = \frac{x}{r}, \quad r^2 = R^2 + x^2 \Rightarrow E = \frac{1}{4\pi\varepsilon_0}\frac{qx}{(x^2+R^2)^{\frac{3}{2}}}, \quad \boldsymbol{E} = \frac{1}{4\pi\varepsilon_0}\frac{qx}{(x^2+R^2)^{\frac{3}{2}}}\boldsymbol{i}$$

讨论：当 $x \gg R$ 时，$E = \frac{1}{4\pi\varepsilon_0}\frac{q}{x^2}$ 相当于点电荷；当 $x=0$ 时，$E=0$ 即为圆心处的场强。

提示：有限长带电圆柱面轴心线上的场强可以按圆环叠加。

例 9.5 均匀带电薄圆盘轴线上的场强

设有一半径为 R、电荷均匀分布的薄圆盘，其电荷面密度为 σ，求通过盘心且垂直盘面的轴线上任意一点 P 处的电场强度。

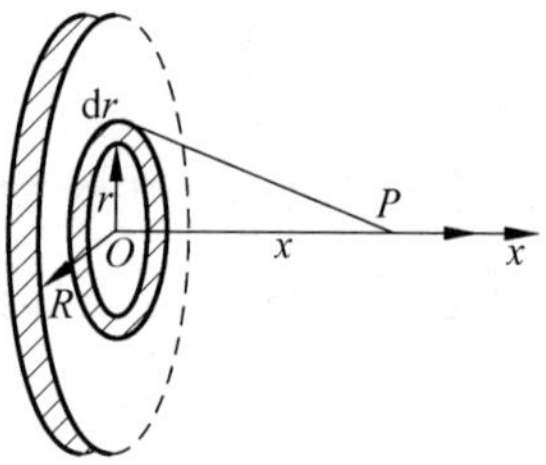

解：如图 9.9 所示，在圆盘上取半径为 r、宽为 dr 的细圆环，其电量为

$$dq = \sigma 2\pi r dr$$

图 9.9 均匀带电薄圆盘轴线上的场强

利用上题结果，该圆环在轴线上 P 点产生的场强为

$$dE = dE_x = \frac{dqx}{4\pi\varepsilon_0(r^2+x^2)^{3/2}}$$

$$E = \int dE_x = \int_q \frac{dqx}{4\pi\varepsilon_0(r^2+x^2)^{3/2}} = \int_0^R \frac{\sigma 2\pi r dr \cdot x}{4\pi\varepsilon_0(r^2+x^2)^{3/2}} = \frac{\sigma}{2\varepsilon_0}\int_0^R \frac{xr dr}{(r^2+x^2)^{3/2}}$$

$$E = \frac{\sigma x}{2\varepsilon_0}\left(\frac{1}{\sqrt{x^2}} - \frac{1}{\sqrt{x^2+R^2}}\right)$$

$$\boldsymbol{E} = \frac{\sigma x}{2\varepsilon_0}\left(\frac{1}{\sqrt{x^2}} - \frac{1}{\sqrt{x^2+R^2}}\right)\boldsymbol{i}$$

讨论：$x \ll R$ 时，$E \approx \frac{\sigma}{2\varepsilon_0}$，相当于无限大均匀带电平面的电场强度。

$x \gg R$ 时，$\left(1 + \dfrac{R^2}{x^2}\right)^{-\frac{1}{2}} = 1 - \dfrac{1}{2} \cdot \dfrac{R^2}{x^2} + \cdots$，$E \approx \dfrac{q}{4\pi\varepsilon_0 x^2}$，$q = \sigma\pi R^2$

提示：有限长带电圆柱体轴心线上的场强可以按薄圆盘叠加。

例 9.6　如图 9.10(a)所示一均匀带电细杆，长为 l，其电荷线密度为 λ，在杆的延长线上，到杆的一端距离为 d 的 P 点处，有一电量为 q_0 的点电荷。试求：(1)该点电荷所受的电场力；(2)当 $d \gg l$ 时，结果如何？

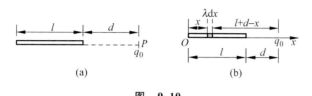

图　9.10

解：(1)选杆的左端为坐标原点，方向如图 9.10(b)所示，任取一电荷元 $\lambda\mathrm{d}x$，该电荷元在点电荷 q_0 所在处产生场强为

$$\mathrm{d}E = \frac{\lambda\mathrm{d}x}{4\pi\varepsilon_0(l+d-x)^2}$$

整个杆上的电荷在该点的场强为

$$E = \int_0^l \frac{\lambda\mathrm{d}x}{4\pi\varepsilon_0(l+d-x)^2} = \frac{\lambda l}{4\pi\varepsilon_0 d(d+l)}$$

点电荷 q_0 所受的电场力为

$$\boldsymbol{F} = \frac{q_0\lambda l}{4\pi\varepsilon_0 d(d+l)}\boldsymbol{i}$$

当 q_0 与 λ 同号时，该力沿 x 轴正向。

(2)当 $d \gg l$ 时，

$$F = \frac{q_0 q}{4\pi\varepsilon_0 d^2}, \quad q = \lambda l$$

例 9.7　一带电细线弯成半径为 R 的半圆形，如图 9.11 所示，电荷线密度为 $\lambda = \lambda_0\sin\theta$，式中 θ 为 R 与 x 轴正向所成的夹角，λ_0 为一常数，试求环心 O 处的电场强度。

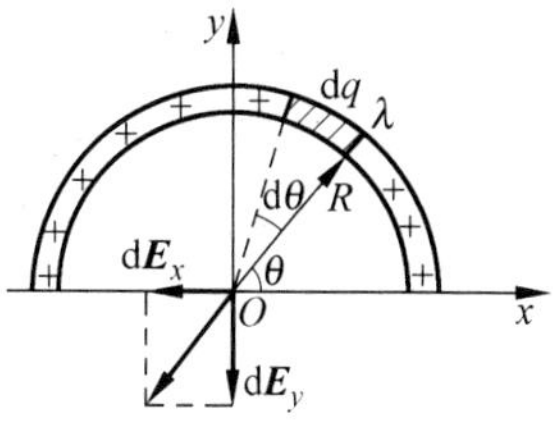

解：在 θ 处取电荷元 $\mathrm{d}q$，其电量为，$\mathrm{d}q = \lambda\mathrm{d}l = \lambda_0 R\sin\theta\mathrm{d}\theta$，$\mathrm{d}q$ 可视为点电荷，$\mathrm{d}q$ 在 O 点处产生的场强为

$$\mathrm{d}E = \frac{\mathrm{d}q}{4\pi\varepsilon_0 R^2} = \frac{\lambda_0\sin\theta\mathrm{d}\theta}{4\pi\varepsilon_0 R}$$

图　9.11

将其分别在 x、y 轴上投影得

$$\mathrm{d}E_x = -\mathrm{d}E\cos\theta, \quad \mathrm{d}E_y = -\mathrm{d}E\sin\theta$$

积分得半圆环在 O 点产生的场强为

$$E_x = -\frac{\lambda_0}{4\pi\varepsilon_0 R}\int_0^\pi \sin\theta\cos\theta\mathrm{d}\theta = 0; \quad E_y = -\frac{\lambda_0}{4\pi\varepsilon_0 R}\int_0^\pi \sin^2\theta\mathrm{d}\theta = -\frac{\lambda_0}{8\varepsilon_0 R}$$

$$\boldsymbol{E} = E_x\boldsymbol{i} + E_y\boldsymbol{j} = -\frac{\lambda_0}{8\varepsilon_0 R}\boldsymbol{j}$$

9.3　电场线和电通量

1.电场线

1）电场线的定义

为了形象地表示电场及其分布状况,将电场用一种假想的曲线来表示,这就是电场线,也称 E 线。它满足:

(1) 电场线上每一点的切线方向与该点场强的方向一致;

(2) 电场中每一点的电场线的面密度表示该点场强的大小。

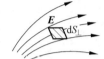

图 9.12　电场强度和电场线数密度关系

设想通过该点作一个垂直于电场方向的面元 $dS_\perp$,如图 9.12 所示。通过面元的电场线条数 $d\Phi_e$ 满足

$$E = \frac{d\Phi_e}{dS_\perp}$$

2）静电场电场线的性质

(1) 静电场的有源性。

静电场的电场线总是起始于正电荷或无穷远,终止于负电荷或无穷远。这一特点叫做静电场的有源性,即电场线是有头有尾的,它有起点和终点。

(2) 静电场的无旋性。

静电场中的电场线是永不闭合的曲线。这一特点叫做静电场的无旋性。

(3) 同一电场的电场线不相交。

2.电通量

1）曲面的法向

规定曲面上各个面元的法线方向都必须在曲面的同一侧。面元的法线方向究竟取在曲面哪一侧在具体问题中有具体的约定,例如对于闭合曲面,面元的法线方向规定为向外,即取作外法向,这种取外法向并且闭合的曲面叫做**高斯面**。

2）电通量的定义

定义:电场中通过某一有向曲面的电场线的条数,叫做该曲面上的电场强度通量(简称为 E 通量),用 Φ_e 表示。而且规定电场强度通量的正负为:沿着有向曲面法向通过的电场线作为正的通量,而逆着有向曲面法向通过的电场线作为负通量。

3）电通量的计算

(1) 匀强电场

如图 9.13(a)所示,匀强电场中,通过平面 S 的 E 通量为

$$\Phi_e = ES\cos\theta = ES_\perp = \boldsymbol{E} \cdot \boldsymbol{S}$$

上式表明,当 $\theta < 90°$ 时,E 通量为正;当 $\theta > 90°$ 时,E 通量为负;当 $\theta = 90°$ 时,E 通量为零,此时电场线与平面平行。

(2) 非匀强电场

如图 9.13(b)所示的非匀强电场中,通过一个任意曲面 S 的 E 通量

$$\Phi_e = \int_S \boldsymbol{E} \cdot d\boldsymbol{S}$$

闭合曲面的电通量:图 9.13(c)所示就是一个闭合曲面 S(高斯面),其 E 通量

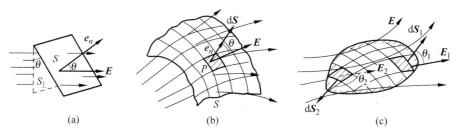

图 9.13　通过平面、曲面、闭合曲面的电通量

$$\Phi_e = \oint_S \boldsymbol{E} \cdot \mathrm{d}\boldsymbol{S}$$

根据 $\boldsymbol{E}$ 通量正负的规定，当电场线从内部穿出时 $\boldsymbol{E}$ 通量为正，当电场线从外部穿入时 $\boldsymbol{E}$ 通量为负。上式所表示的通过整个闭合曲面的 $\boldsymbol{E}$ 通量 Φ_e 就等于穿出和穿入闭合曲面的电场线的条数之差，也就是净穿出闭合曲面的电场线的总条数。

例 9.8　如图 9.14 所示，场强为 $\boldsymbol{E}$ 的均匀电场与半径为 R 的半球面 S_1（设其表面法向指凸）的轴线平行，则通过半球面的电场强度通量 Φ_e 是多少？

解：$\Phi_e = \oint_S \boldsymbol{E} \cdot \mathrm{d}\boldsymbol{S} = -E\pi R^2$

例 9.9　如图 9.15 所示，边长为 a 的正方体的表面分别平行于坐标平面 xOy、yOz 和 zOx，设均匀电场电场强度 $\boldsymbol{E} = 5\boldsymbol{i} + 6\boldsymbol{j}$，则通过各面电场强度通量的绝对值为多少？

解：$\Phi_{xOy} = 0$，$\Phi_{yOz} = 5a^2$，$\Phi_{zOx} = 6a^2$

图　9.14　　　　　　　　　　图　9.15

9.4　高斯定律

1. 高斯定律的含义

在真空中的静电场内，通过任意闭合曲面 S（高斯面）的电场强度通量等于该闭合曲面所包围的净电荷（电量的代数和）除以 ε_0。其数学表达式即

$$\oint_S \boldsymbol{E} \cdot \mathrm{d}\boldsymbol{S} = \frac{1}{\varepsilon_0} \sum_i q_{i\text{内}}$$

由数学中的高斯公式可以得到微分形式：

$$\nabla \cdot \boldsymbol{E} = \lim_{\Delta V \to 0} \frac{\oint_S \boldsymbol{E} \cdot \mathrm{d}\boldsymbol{S}}{\Delta V} = \frac{\rho}{\varepsilon_0},$$

即通过单位体积的电场强度通量。式中 ΔV 是高斯面 S 所包围的体积，ρ 是电荷体密度。上式说明静电场是有源场。

2. 关于高斯定律的几点说明

（1）高斯定律可由库仑定律和场强叠加原理导出；从高斯定律出发也可以导出库仑定律。

（2）它是静电场及电磁学的基本定律，表明静电场是有源场。

（3）高斯定律中，E 是总场。高斯定律中表示穿过闭合曲面的电通量仅由闭曲面内电荷所决定。

（4）高斯定律对静电场是普遍适用的，但仅对电荷分布具有空间对称性的电荷系统才有可能用此定理计算场强。

9.5　高斯定律的应用

根据物理中的居里原理：结果对称性不少于原因的对称性。这里把带电体的电荷分布看成原因，由此产生的电场看成结果。对具有对称性的带电体，直接运用高斯定律求场强比较简单。

1. 点(球)对称的情况

例 9.10　点电荷 q 的电场。

解： 因为在点电荷电场中，距点电荷等距离的点 E 的大小相同，方向沿着场点 P 与点电荷连线，如图 9.16 所示，以点电荷 q 所在处 O 为球心，场点 P 到球心距离 r 为半径作球面，即高斯面 S，则根据高斯定律有

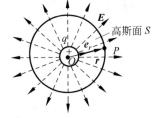

图 9.16　点电荷电场分析

$$\oint_S \boldsymbol{E} \cdot \mathrm{d}\boldsymbol{S} = E4\pi r^2 = \frac{1}{\varepsilon_0} q_{内}$$

$q_{内}$ 为高斯面内包围的净电荷电量。

$$E = \frac{q}{4\pi\varepsilon_0 r^2}$$

写成矢量式：

$$\boldsymbol{E} = \frac{q}{4\pi\varepsilon_0 r^2}\boldsymbol{e}_r = \frac{q}{4\pi\varepsilon_0 r^3}\boldsymbol{r}$$

式中，$\boldsymbol{e}_r$ 为沿径向单位向量，即面元法向 $\boldsymbol{e}_n$。

当 $q>0$ 时，E 沿 $\boldsymbol{e}_r$ 方向，$q<0$ 时，E 沿（$-\boldsymbol{e}_r$）方向。

例 9.11　均匀带电球面的电场。球面半径为 R，总电荷电量为 q。

解： 如图 9.17(a) 所示，过场点 P 作半径为 r 的球面，即高斯面 S，则根据高斯定律有

$$\oint_S \boldsymbol{E} \cdot \mathrm{d}\boldsymbol{S} = E4\pi r^2 = \frac{\sum_i q_{i内}}{\varepsilon_0}$$

$$\sum_i q_{i内} = \begin{cases} 0, & r < R \\ q, & r > R \end{cases}$$

$$E = \begin{cases} 0, & r < R \\ \dfrac{q}{4\pi\varepsilon_0 r^2}\boldsymbol{e}_r, & r > R \end{cases}$$

$E\text{-}r$ 关系曲线见图 9.17(b)。

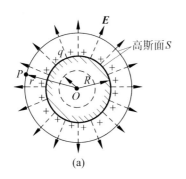
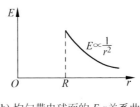

(a)   (b) 均匀带电球面的 E-r 关系曲线

图 9.17 均匀带电球面的电场分析

这一结果也可以通过场强叠加原理积分出来,但利用高斯定律计算显然要简便得多。

例 9.12 均匀带电球体的电场。该球的介电常数为 ε_0,半径为 R,电荷体密度 $\rho(r \leqslant R)$ 为不为零的常量。

解:对于球对称分布的带电体,由高斯定律可知,场强分布为 $E = \dfrac{q_{内}}{4\pi\varepsilon_0 r^2}$,其中 $q_{内}$ 为高斯面内包围的电量,表示为

$$q_{内} = \begin{cases} \dfrac{4}{3}\pi r^3 \rho, & r \leqslant R \\[2mm] \dfrac{4}{3}\pi R^3 \rho, & r > R \end{cases}$$

由高斯定律可得

$$\boldsymbol{E} = \begin{cases} \dfrac{\rho}{3\varepsilon_0}\boldsymbol{r}, & r < R \\[2mm] \dfrac{\rho R^3}{3\varepsilon_0 r^2}\boldsymbol{e}_r, & r > R \end{cases}$$

E-r 关系曲线见图 9.18。

例 9.13 非均匀带电球体的电场。设该球的介电常数为 ε_0,半径为 R,电荷体密度

$$\rho = \begin{cases} Kr, & r \leqslant R \\ 0, & r > R \end{cases}$$

K 为一不为零的常数,试求:球体内外的电场强度分布。

解:如图 9.19 所示,在球内、外取半径为 r 的同心球面为高斯面,根据高斯定律

$$\oint_S \boldsymbol{E} \cdot \mathrm{d}\boldsymbol{S} = E 4\pi r^2 = \frac{\sum_i q_{i内}}{\varepsilon_0}$$

按 ρ 相同处取体积元 $\mathrm{d}\tau$,故 $\mathrm{d}\tau$ 取半径为 r'、厚为 $\mathrm{d}r'$ 的同心薄球壳,其电量为

$$\mathrm{d}q = \rho\mathrm{d}\tau = Kr' \cdot 4\pi r'^2 \mathrm{d}r'$$

半径为 r 的同心球面(高斯面)内包围的电荷为

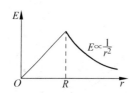

图 9.18　均匀带球体 $E\text{-}r$ 关系曲线

图 9.19　非均匀带电球体的电场分析

$$\sum_i q_{i内} = \begin{cases} \int_V \rho \,d\tau = \int_0^r Kr' \cdot 4\pi r'^2 \,dr' = K\pi r^4, & r \leqslant R \\[2mm] \int_V \rho \,d\tau = \int_0^R Kr' \cdot 4\pi r'^2 \,dr' = K\pi R^4, & r > R \end{cases}$$

$$E = \frac{\sum\limits_i q_{i内}}{4\pi\varepsilon_0 r^2}$$

由此可得

$$\boldsymbol{E} = \begin{cases} \dfrac{Kr^2}{4\varepsilon_0}\boldsymbol{e}_r, & r \leqslant R \\[4mm] \dfrac{KR^4}{4\varepsilon_0 r^2}\boldsymbol{e}_r, & r > R \end{cases}$$

综上所述,在球对称的情况下用高斯定律求解场强的关键是取一个与带电体同心的半径为 r 的球面作为高斯面,则这个高斯面的 $\boldsymbol{E}$ 通量为所取球面面积与 E 的乘积($4\pi r^2 E$):

$$E = \frac{\sum\limits_i q_{i内}}{4\pi\varepsilon_0 r^2}$$

若能求出高斯面内的净电荷 $\sum\limits_i q_{i内}$ 即可求出场强了。

2. 轴(柱)对称的情况

例 9.14　无限长均匀带电直线的电场分布。已知直线上电荷线密度为 λ。

解:　均匀带电直线的电荷分布是轴对称的,因而其电场分布亦应具有轴对称性。如图 9.20 所示,以带电直线为轴,作一个通过场点 P 点、高为 l 的圆筒形封闭面为高斯面 S,通过 S 面的 $\boldsymbol{E}$ 通量为通过上、下底面的 $\boldsymbol{E}$ 通量与通过侧面的 $\boldsymbol{E}$ 通量之和:

$$\Phi_e = \oint_S \boldsymbol{E} \cdot d\boldsymbol{S} = \int_{S_\perp} \boldsymbol{E} \cdot d\boldsymbol{S} + \int_{S_下} \boldsymbol{E} \cdot d\boldsymbol{S} + \int_{S_侧} \boldsymbol{E} \cdot d\boldsymbol{S}$$

在 S 面的上、下底面,场强方向与底面平行,因此上式等号右侧前面两项等于零。而在侧面上各点 $\boldsymbol{E}$ 的方向与相应点的法向相同,所以由高斯定律得

$$\Phi_e = \oint_S \boldsymbol{E} \cdot d\boldsymbol{S} = 2\pi r l E = \frac{q_内}{\varepsilon_0}$$

$$E = \frac{q_内}{2\pi r l \varepsilon_0}, \quad q_内 = \lambda l$$

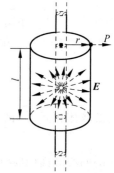

图 9.20　无限长均匀带电直线的电场分析

则

$$E = \frac{\lambda}{2\pi r\varepsilon_0}\boldsymbol{e}_r$$

例 9.15　无限长均匀带电圆柱面内外的电场分布。已知半径为 R 的圆柱面上沿轴线方向的电荷线密度为 λ。

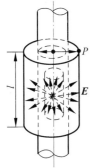

图 9.21　无限长均匀带电圆柱面
电场分析

解：无限长均匀带电圆柱面的电场分布具有轴对称性，如图 9.21 所示，考虑均匀带电圆柱面外距离轴线为 r 的一点 P 处的场强 $\boldsymbol{E}$。由于电场分布的轴对称性，因而 P 点的电场方向只可能是垂直于带电圆柱面的轴线而沿径向。且与 P 点在同一圆柱面（以圆柱面的轴线为轴）上的各点的场强大小相等，方向沿径向。

作一个通过 P 点、高为 l 的与带电体同轴的圆筒形封闭面为高斯面 S。通过 S 面的 $\boldsymbol{E}$ 通量为通过上、下底面的 $\boldsymbol{E}$ 通量与通过侧面的 $\boldsymbol{E}$ 通量之和：

$$\varPhi_e = \oint_S \boldsymbol{E}\cdot\mathrm{d}\boldsymbol{S} = \int_{S_\text{上}}\boldsymbol{E}\cdot\mathrm{d}\boldsymbol{S} + \int_{S_\text{下}}\boldsymbol{E}\cdot\mathrm{d}\boldsymbol{S} + \int_{S_\text{侧}}\boldsymbol{E}\cdot\mathrm{d}\boldsymbol{S}$$

在 S 面的上、下底面，场强方向与底面平行，因此上式等号右侧前面两项等于零。而在侧面上各点 $\boldsymbol{E}$ 的方向与相应点的法向相同，所以由高斯定律得

$$\varPhi_e = \oint_S \boldsymbol{E}\cdot\mathrm{d}\boldsymbol{S} = 2\pi r l E = \frac{\sum_i q_{i\text{内}}}{\varepsilon_0} = \begin{cases} \lambda l/\varepsilon_0, & r>R \\ 0, & r<R \end{cases}$$

$$E = \begin{cases} \dfrac{\lambda}{2\pi r\varepsilon_0}, & r>R \\ 0, & r<R \end{cases}$$

即无限长均匀带电圆柱面外面的场强等于其全部电荷集中于轴线上时（均匀带电直线）的场强，其内部的场强等于零。

例 9.16　无限长均匀带电圆柱体内外的电场分布。已知圆柱体半径为 R，电荷体密度为 ρ。

解：均匀带电圆柱体的电场分布具有轴对称性，如图 9.22 所示，对圆柱体外场强的分析与上题中对均匀带电圆柱面的分析相同，若以 $\lambda = \rho\pi R^2$ 表示沿轴线方向的电荷线密度，选半径为 r、高为 l 的同轴圆柱面为高斯面，则由高斯定律可得

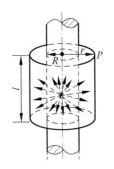

图 9.22　无限长均匀带电圆柱体
电场分析

$$\varPhi_e = \oint_S \boldsymbol{E}\cdot\mathrm{d}\boldsymbol{S} = 2\pi r l E = \frac{\sum_i q_i}{\varepsilon_0}$$

$$\sum_i q_{i\text{内}} = \begin{cases} \pi r^2 \rho l, & r<R \\ \pi R^2 \rho l, & r>R \end{cases}$$

由此可得

$$E = \begin{cases} \dfrac{\rho r}{2\varepsilon_0} = \dfrac{\lambda r}{2\pi R^2 \varepsilon_0}, & r<R \\ \dfrac{\rho R^2}{2\varepsilon_0 r} = \dfrac{\lambda}{2\pi\varepsilon_0 r}, & r>R \end{cases}$$

可见无限长均匀带电圆柱体外面的场强也等于其全部电荷集中于轴线上时的场强，其内部的

场强与场点到轴线的距离成正比。

例 9.17 无限长非均匀带电圆柱体内外的电场分布。圆柱体半径为 R，其电荷体密度为 $\rho = \rho_0 r (r \leqslant R)$，式中 ρ_0 为常数。

解：按 ρ 相同处取体积元 $\mathrm{d}\tau$，故 $\mathrm{d}\tau$ 取半径为 r'、厚为 $\mathrm{d}r'$、高为 l 的同轴薄圆柱壳（如图 9.23 所示），其上带电量为

$$\mathrm{d}q = \rho\mathrm{d}\tau = \rho_0 r' \cdot 2\pi r' l\, \mathrm{d}r'$$

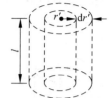

半径为 r、高为 l 的同轴的圆柱面（高斯面）内包围的电荷为：

图 9.23　薄圆柱壳形圆柱体体积元

$$\sum_i q_{i\not{N}} = \begin{cases} \iint_V \rho\mathrm{d}\tau = \int_0^r \rho_0 r' \cdot 2\pi l r'\, \mathrm{d}r' = 2\rho_0 \pi l r^3/3, & r \leqslant R \\ \iint_V \rho\mathrm{d}\tau = \int_0^R \rho_0 r' \cdot 2\pi l r'\, \mathrm{d}r' = 2\rho_0 \pi l R^3/3, & r > R \end{cases}$$

场强 $E = \dfrac{\sum\limits_i q_{i\not{N}}}{2\pi l \varepsilon_0}$，将相应高斯面包围电荷代入得

$$E = \begin{cases} \dfrac{\rho_0 r^2}{3\varepsilon_0} \boldsymbol{e}_r, & r \leqslant R \\ \dfrac{\rho_0 R^3}{3r\varepsilon_0} \boldsymbol{e}_r, & r > R \end{cases}$$

综上所述，在轴（柱）对称的情况下用高斯定律求解场强的关键是取一个高为 l 的两端封闭的同轴圆筒作为高斯面，则这个高斯面的 $\boldsymbol{E}$ 通量等于所取圆柱面侧面积与 E 的乘积 $(2\pi r l E)$，$E = \dfrac{q_{\not{N}}}{2\pi r l \varepsilon_0}$，若能求出高斯面内的电荷 $q_{\not{N}}$ 即可求出场强了。

3. 面对称的情况

例 9.18 无限大均匀带电平面的电场分布。已知带电平面上电荷面密度为 σ（设 $\sigma > 0$）。

解：无限大均匀带电平面的电场分布应满足平面对称，电场线分布如图 9.24(a) 所示。考虑距离带电平面为 r 的场点 P 的场强 $\boldsymbol{E}$。由于电场分布应满足平面对称，所以 P 点的场强必然垂直于该带电平面，而且离平面等距离处（同侧或两侧）的场强大小都相等，方向都垂直于平面指向远离平面的方向（当 $\sigma > 0$ 时）。

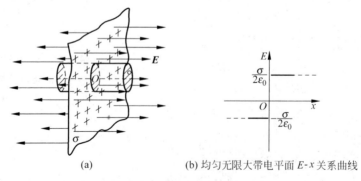

(a)　　　　　　　　(b) 均匀无限大带电平面 E-x 关系曲线

图 9.24　无限大均匀带电平面的电场分析

取轴垂直于中心平面,两底(面积 ΔS)平行于中心平面并与中心平面等距离的圆柱面为高斯面,P 点位于它的一个底面上。

由于柱面的侧面上各点的 E 与侧面平行,所以通过侧面的 E 通量为零。因而只需要计算通过两底面的 E 通量。以 ΔS 表示一个底的面积,则由高斯定律得

$$\Phi_{e} = \oint_{S} \boldsymbol{E} \cdot \mathrm{d}\boldsymbol{S} = 2E\Delta S = \frac{\sum_{i} q_{i}}{\varepsilon_{0}} = \frac{\sigma \Delta S}{\varepsilon_{0}}$$

可得

$$E = \frac{\sigma}{2\varepsilon_{0}}$$

此结果说明,无限大均匀带电平面两侧的电场是均匀场。其 E-x 关系曲线见图 9.24(b)。

例 9.19　两块平行的"无限大"均匀带电平面产生的电场。设其电荷面密度分别为 $\sigma(\sigma > 0)$ 及 $-\sigma$,如图 9.25(a)所示,试写出各区域的电场强度 E(设向右电场强度为正)。

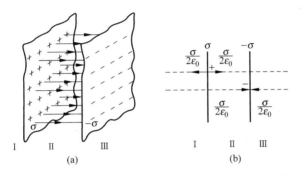

图 9.25　两块平行的"无限大"均匀带电平面电场分析

解:两个无限大带电平板单独在两侧都产生匀强电场,场强大小和方向如图 9.25(b)所示。由场强叠加原理,可得各区域场强大小和方向如下:

Ⅰ 区:$E = -\dfrac{\sigma}{2\varepsilon_{0}} + \dfrac{\sigma}{2\varepsilon_{0}} = 0$

Ⅱ 区:$E = \dfrac{\sigma}{2\varepsilon_{0}} + \dfrac{\sigma}{2\varepsilon_{0}} = \dfrac{\sigma}{\varepsilon_{0}}$,方向向右

Ⅲ 区:$E = \dfrac{\sigma}{2\varepsilon_{0}} - \dfrac{\sigma}{2\varepsilon_{0}} = 0$

例 9.20　厚度为 d 的无限大均匀带电平板的电场。如图 9.26(a)所示,设电荷体密度为 ρ(设原点在带电平板的中心平面上,Ox 轴垂直于平面)。

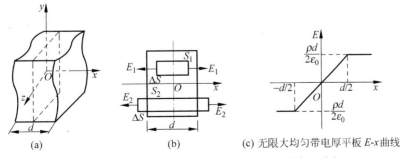

(c) 无限大均匀带电厚平板 E-x 曲线

图 9.26　厚度为 d 的无限大均匀带电平板的电场分析

解：因电荷分布对称于中心平面,故在中心平面两侧离中心平面距离相等处场强大小相等而方向相反。如图9.26(b)所示,取轴垂直于中心平面,两底(面积 ΔS)平行于中心平面并与中心平面等距离的圆柱面为高斯面 S_1 和 S_2,对称于中心平面,高为 $|2x|$。由高斯定律：

当 $|x| < \dfrac{d}{2}$ 时,$E_1 \Delta S + E_1 \Delta S = \dfrac{1}{\varepsilon_0} \rho \cdot 2|x| \Delta S, E_1 = \dfrac{\rho \cdot |x|}{\varepsilon_0}$

当 $|x| > \dfrac{d}{2}$ 时,$E_2 \Delta S + E_2 \Delta S = \dfrac{1}{\varepsilon_0} \rho \cdot d \Delta S, E_2 = \dfrac{\rho \cdot d}{2\varepsilon_0}$

所以场强为

$$E = \begin{cases} \dfrac{\rho}{\varepsilon_0} x\boldsymbol{i}, & 0 < x < \dfrac{d}{2} \\[2mm] -\dfrac{\rho}{\varepsilon_0} x\boldsymbol{i}, & -\dfrac{d}{2} < x < 0 \\[2mm] \dfrac{\rho}{2\varepsilon_0} d\boldsymbol{i}, & \dfrac{d}{2} < x \\[2mm] -\dfrac{\rho}{2\varepsilon_0} d\boldsymbol{i}, & x < -\dfrac{d}{2} \end{cases}$$

总结：应用高斯定律解题的步骤

(1) 由电荷分布的对称性分析电场分布的对称性。

(2) 在对称性分析的基础上选取高斯面。目的是计算 $\oint_S \boldsymbol{E} \cdot \mathrm{d}\boldsymbol{S}$ 时能够将 E 从积分号下移出。

通常当带电体具有球对称、轴对称、面对称时,可以运用高斯定律求场强,取高斯面的方法如下：

电荷(电场)分布 $\begin{cases} \text{球对称} \longrightarrow \text{选与带电体同心球面} \\ \text{轴对称} \longrightarrow \text{选与带电体同轴圆柱面} \\ \text{面对称} \longrightarrow \text{选轴与带电平面垂直,两底与带电平面平行} \\ \qquad\qquad\qquad\text{且到平面中心等距的圆柱面} \end{cases}$

(3) 由高斯定律 $\oint_S \boldsymbol{E} \cdot \mathrm{d}\boldsymbol{S} = \dfrac{1}{\varepsilon_0} \sum_i q_{i内}$ 求出电场强度的大小,并说明其方向。

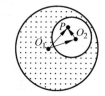

例9.21　如图9.27所示,在电荷电量体密度为 ρ = 常量的球体内挖去一球体,设剩余部分电荷分布不变,求空腔内任意点 P 的场强。

图 9.27

解：先将空腔用原电荷补上,用高斯定律求原空腔 P 点处场强,得

$$\boldsymbol{E}_1 = \frac{\rho}{3\varepsilon_0} \overrightarrow{O_1 P}$$

再用电荷($-\rho$)叠加在原空腔处,用高斯定律求原空腔 P 场强得 $\boldsymbol{E}_2 = \dfrac{-\rho}{3\varepsilon_0} \cdot \overrightarrow{O_2 P}$,则空腔 P 点场强为

$$\boldsymbol{E}_P = \boldsymbol{E}_1 + \boldsymbol{E}_2 = \frac{\rho}{3\varepsilon_0}(\overrightarrow{O_1 P} - \overrightarrow{O_2 P}) = \frac{\rho}{3\varepsilon_0} \overrightarrow{O_1 O_2}$$

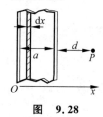

例9.22　如图9.28所示,宽度为 a 的无限长均匀带电平板,沿 x 轴方向单位长度电量 λ 为常量,求：距平板左端为 d($d > a$)与平板共面的 P 点的电场强度。

图　9.28

解：建立坐标系,将板细分为许多无限长直导线,每根导线宽度为

dx 带电量 $dq = \lambda dx$，则

$$dE = \frac{\lambda dx}{2\pi\varepsilon_0 r} = \frac{\lambda dx}{2\pi\varepsilon_0 (d + a - x)}$$

$$E = \int dE = \int_0^a \frac{\lambda dx}{2\pi\varepsilon_0 (d + a - x)} = \frac{\lambda}{2\pi\varepsilon_0} \ln \frac{a + d}{d}$$

$$\boldsymbol{E} = \frac{\lambda}{2\pi\varepsilon_0} \ln \frac{a + d}{d} \boldsymbol{i}, \quad 方向：\lambda > 0，指右；\lambda < 0，指左$$

9.6　静电场力的功

1. 点电荷电场力的功

在点电荷电场中 q_0 从 $a \rightarrow b$，如图 9.29 所示，则

$$dA = \boldsymbol{F} \cdot d\boldsymbol{r} = q_0 \boldsymbol{E} \cdot d\boldsymbol{r} = q_0 E \mid d\boldsymbol{r} \mid \cos\theta = q_0 E dr$$

$$A_{ab} = \int_a^b dA = \int_a^b q_0 \boldsymbol{E} \cdot d\boldsymbol{r} = \frac{q_0 q}{4\pi\varepsilon_0} \left(\frac{1}{r_a} - \frac{1}{r_b} \right)$$

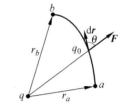

图 9.29　点电荷电场力做功的计算

2. 点电荷系电场力的功

点电荷系电场中：

$$\boldsymbol{E} = \boldsymbol{E}_1 + \boldsymbol{E}_2 + \cdots + \boldsymbol{E}_n = \sum_{i=1}^n \frac{q_i}{4\pi\varepsilon_0 r_i^2} \frac{\boldsymbol{r}_i}{r_i}$$

$$A_{ab} = \int_a^b q_0 \boldsymbol{E} \cdot d\boldsymbol{r} = \sum_{i=1}^n \frac{q_0 q_i}{4\pi\varepsilon_0} \left(\frac{1}{r_{ia}} - \frac{1}{r_{ib}} \right)$$

在上面的两个功的表达式中，由于 r_a 和 r_b（或 r_{ia} 和 r_{ib}）分别表示运动的起点和终点从点电荷 q（或 q_i）到 q_0 的距离。结果说明，在点电荷 q 的电场中，点电荷 q_0 所受的电场力做的功只与始末位置有关，而与路径无关。

3. 静电场力做功的特点

在力学中介绍过，这种做功只与始末位置有关，与路径无关的力叫做保守力，因此，点电荷的电场力是保守力，相应的电场称保守场。一般的静电场力也是保守场。即：在任意静电场中，电场力做功都是与路径无关，只与始末位置有关。这就是静电场力做功的特点。

4. 静电场环路定理

静电场中场强沿任意闭合环路的线积分恒等于零：

$$\oint_l \boldsymbol{E} \cdot d\boldsymbol{r} = 0$$

静电场为保守场。

由斯托克斯定理，可以得到

$$\mathrm{rot}\boldsymbol{E} = \nabla \times \boldsymbol{E} = \boldsymbol{0}$$

$$\nabla \times \boldsymbol{E} = \lim_{\Delta S \to 0} \frac{\oint_L \boldsymbol{E} \cdot d\boldsymbol{r}}{\Delta S} \boldsymbol{n} \text{——单位面积上的环流}$$

式中 ΔS 为回路 L 所围面积，$\boldsymbol{n}$ 沿回路面积法向，且与回路绕向成右手螺旋法则。

5. 静电场的性质

有源、无旋、保守。

9.7　电势与电势差

1. 电势能

根据保守力做功等于相应势能增量的相反数,设电势能为 W,则电荷从 a 点至 b 点,有

$$W_a - W_b = A_{ab} = q_0 \int_a^b \boldsymbol{E} \cdot \mathrm{d}\boldsymbol{r}$$

电势能零点规定的一般原则如下:

(1) 当电荷分布在有限区域内时,规定无限远处电势能为零。
取

$$W_b = \lim_{b \to \infty} W_b = W_\infty = 0, \quad W_a = A_{a\infty} = q_0 \int_a^\infty \boldsymbol{E} \cdot \mathrm{d}\boldsymbol{r}$$

(2) 当电荷分布在无限远区域时,可令电场中任一点 P_0 为电势能的零点:

$$W_a = A_{aP_0} = q_0 \int_a^{P_0} \boldsymbol{E} \cdot \mathrm{d}\boldsymbol{r}$$

(3) 实际中常取接地点为零势能点。

2. 电势

电场中 a 点电势等于单位正电荷在 a 点所具有的电势能或等于把单位正电荷从电场中 a 点处移动到零电势能点 p_0 电场力所做的功,表示如下:

$$V_a = \frac{W_a}{q_0} = \int_a^{p_0} \boldsymbol{E} \cdot \mathrm{d}\boldsymbol{r} = \int_a^{p_0} E\cos\theta \mid \mathrm{d}\boldsymbol{r} \mid$$

电势的单位:伏特(用 V 表示,$1\text{V} = 1\text{J/C}$)。

3. 电势差

电场中 a、b 两点的电势差实际上就是把一个单位正电荷从 a 点移动到 b 点电场力所做的功,也可以理解为单位正电荷在 a、b 两点处所具有的电势能之差。即有

$$U_{ab} = V_a - V_b = \int_a^{p_0} \boldsymbol{E} \cdot \mathrm{d}\boldsymbol{r} - \int_b^{p_0} \boldsymbol{E} \cdot \mathrm{d}\boldsymbol{r} = \int_a^b \boldsymbol{E} \cdot \mathrm{d}\boldsymbol{r}$$

注意:静电场中给定的两点,电势差具有完全确定的值,而与电势零点的选择没有任何关系。

4. 电场力做功与电势差的关系

$$A_{ab} = q(V_a - V_b) = qU_{ab}$$

例 9.23　如图 9.30 所示,等边三角形的三个顶点上放置着均为正的点电荷 q、$2q$ 和 $3q$。三角形的边长为 a,若将正电荷 Q 从无穷远处移至三角形的中心 O 处,求外力克服电场力做的功。

解:以无限远处为零电势点,则由电势叠加原理,中心 O 处电势为

$$V_0 = \frac{q + 2q + 3q}{4\pi\varepsilon_0 \dfrac{a}{\sqrt{3}}} = \frac{3\sqrt{3}q}{2\pi\varepsilon_0 a}$$

将 Q 从无穷远处移到 O 点,电场力的功为

$$A_{\infty 0} = Q(V_{\infty} - V_0) = -QV_0$$

外力的功为

$$A_{外} = -A_{\infty 0} = QV_0 = \frac{3\sqrt{3}qQ}{2\pi\varepsilon_0 a}$$

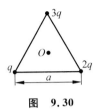

图　9.30

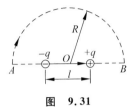

图　9.31

例 9.24　一个电偶极子电量为 q,相距 l。点电荷 q_0 沿半径为 R 的半圆路径从左端 A 点运动到右端 B 点。半圆圆心在电偶极子两电荷连线中点处,如图 9.31 所示,试求 q_0 所受的电场力所做的功。

解：$V_A = \dfrac{q}{4\pi\varepsilon_0(R+l/2)} + \dfrac{-q}{4\pi\varepsilon_0(R-l/2)}$，$V_B = \dfrac{q}{4\pi\varepsilon_0(R-l/2)} + \dfrac{-q}{4\pi\varepsilon_0(R+l/2)}$

电势差为

$$U_{AB} = V_A - V_B = \frac{ql}{2\pi\varepsilon_0(R^2 - l^2/4)}$$

所以,点电荷 q_0 沿半径为 R 的路径从左端 A 点运动到右端 B 点电场力所做的功为

$$A = q_0 U_{AB} = \frac{q_0 ql}{2\pi\varepsilon_0(R^2 - l^2/4)}$$

9.8　电势的计算

1.电势叠加法

1）点电荷电场的电势

$$V_P = \frac{A_{P\infty}}{q_0} = \frac{1}{4\pi\varepsilon_0}\frac{q}{r} \quad （P\,点为场点）$$

2）点电荷系电场中的电势

$$V_P = \int_P^{\infty} \boldsymbol{E} \cdot \mathrm{d}\boldsymbol{r} = \int_P^{\infty} \boldsymbol{E}_1 \cdot \mathrm{d}\boldsymbol{r} + \int_P^{\infty} \boldsymbol{E}_2 \cdot \mathrm{d}\boldsymbol{r} + \cdots + \int_P^{\infty} \boldsymbol{E}_n \cdot \mathrm{d}\boldsymbol{r}$$

$$= \sum_{i=1}^n \int_P^{\infty} \boldsymbol{E}_i \cdot \mathrm{d}\boldsymbol{r} = \sum_{i=1}^n V_{Pi} = \sum_{i=1}^n \frac{q_i}{4\pi\varepsilon_0 r_i}$$

3）连续带电体电场中的电势

$$V_P = \int_Q \frac{\mathrm{d}q}{4\pi\varepsilon_0 r}$$

对于线电荷分布：

$$V_P = \frac{1}{4\pi\varepsilon_0} \int_L \frac{\lambda \mathrm{d}l}{r}$$

对于面电荷分布：

$$V_P = \frac{1}{4\pi\varepsilon_0} \iint_S \frac{\sigma \mathrm{d}S}{r}$$

对于体电荷分布：

$$V_P = \frac{1}{4\pi\varepsilon_0} \iiint_V \frac{\rho \, \mathrm{d}\tau}{r}$$

2. 场强积分法求电势

$$V_P = \int_P^{V=0} \boldsymbol{E} \cdot \mathrm{d}\boldsymbol{r} = \int_P^{V=0} E\cos\theta \mid \mathrm{d}\boldsymbol{r} \mid$$

例 9.25 如图 9.32 所示，一均匀带电直线长为 L，线电荷密度为 λ，求其延长线上距直线右端为 R 处的 P 点的场强和电势。

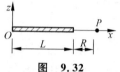

图 9.32

解：方法①

将带电直线微分，则有元电荷 $\mathrm{d}q = \lambda \mathrm{d}x$，它在 P 点处产生的场强和电势分别为

$$\mathrm{d}\boldsymbol{E} = \frac{\lambda \mathrm{d}x}{4\pi\varepsilon_0 (R+L-x)^2}\boldsymbol{i}, \quad \mathrm{d}V = \frac{\lambda \mathrm{d}x}{4\pi\varepsilon_0 (R+L-x)}$$

根据场强和电势的叠加原理，并考虑到场强方向都沿 x 轴方向，则得 P 点处的场强和电势分别为

$$\boldsymbol{E}_P = \int_0^L \frac{\lambda \mathrm{d}x}{4\pi\varepsilon_0 (R+L-x)^2}\boldsymbol{i} = \frac{\lambda}{4\pi\varepsilon_0}\left(\frac{1}{R} - \frac{1}{R+L}\right)\boldsymbol{i} \tag{1}$$

$$V_P = \int_0^L \frac{\lambda \mathrm{d}x}{4\pi\varepsilon_0 (R+L-x)} = \frac{\lambda}{4\pi\varepsilon_0}\ln\frac{R+L}{R} \tag{2}$$

由场强积分法求电势：将 $x_P = R+L = x$ 代入式(1)中得

$$V_P = \int_P^\infty \boldsymbol{E} \cdot \mathrm{d}\boldsymbol{r} = \int_P^\infty E\cos\theta \mid \mathrm{d}\boldsymbol{r} \mid = \int_P^\infty E \mathrm{d}x = \int_{R+L}^\infty \frac{\lambda}{4\pi\varepsilon_0}\left(\frac{1}{x-L} - \frac{1}{x}\right)\mathrm{d}x$$

$$= \frac{\lambda}{4\pi\varepsilon_0}\ln\frac{R+L}{R} \tag{3}$$

方法②

由电势梯度求场强：将 $x_P = R+L = x$ 代入式(2)中得

$$V(x) = \frac{\lambda}{4\pi\varepsilon_0}\ln\frac{x}{x-L} \tag{4}$$

由场强与电势梯度的关系得

$$\boldsymbol{E}(x) = -\frac{\partial V}{\partial x}\boldsymbol{i} = -\frac{\lambda}{4\pi\varepsilon_0}\left(\frac{1}{x} - \frac{1}{x-L}\right)\boldsymbol{i} \tag{5}$$

$$\boldsymbol{E}_P(x = R+L) = -\frac{\lambda}{4\pi\varepsilon_0}\left(\frac{1}{R+L} - \frac{1}{R}\right)\boldsymbol{i}$$

例 9.26 求一个半径为 R 的均匀带电球面电场中的电势分布。

解： 由已知，当 $r<R$ 时，$\boldsymbol{E}=\boldsymbol{0}$；当 $r>R$ 时，$\boldsymbol{E}=\frac{1}{4\pi\varepsilon_0}\frac{qr}{r^3}$，$V_P = \int_P^\infty \boldsymbol{E} \cdot \mathrm{d}\boldsymbol{r}$；选择从 P 沿半径到 ∞ 的积分路径，则有

$$\mid \mathrm{d}\boldsymbol{r} \mid = \mathrm{d}r$$

当 $r>R$ 时，$V_P = \int_P^\infty \boldsymbol{E} \cdot \mathrm{d}\boldsymbol{r} = \int_r^\infty \frac{q\mathrm{d}r}{4\pi\varepsilon_0 r^2} = \frac{q}{4\pi\varepsilon_0 r}$；

当 $r<R$ 时，$V_P = \int_P^\infty \boldsymbol{E} \cdot \mathrm{d}\boldsymbol{r} = \int_P^R \boldsymbol{E}_1 \cdot \mathrm{d}\boldsymbol{r} + \int_R^\infty \boldsymbol{E}_2 \cdot \mathrm{d}\boldsymbol{r} = \int_R^\infty \boldsymbol{E} \cdot \mathrm{d}\boldsymbol{r} = \int_R^\infty \frac{q\mathrm{d}r}{4\pi\varepsilon_0 r^2} = \frac{q}{4\pi\varepsilon_0 R}$。

例 9.27 如图 9.33 所示,一半径为 $R(R<1m)$ 的无限长均匀带正电圆柱面,沿轴向单位长电量为 λ,求轴心处电势(设以距轴为 1m 处电势为零)。

解:$E=\dfrac{\lambda}{2\pi\varepsilon_0 r}$,$r>R$;$E=0$,$r<R$

方向由轴心 P 沿径向指外。

电势

$$V = \int_0^1 \boldsymbol{E} \cdot \mathrm{d}\boldsymbol{r} = \int_R^1 \frac{\lambda}{2\pi\varepsilon_0 r}\mathrm{d}r = \frac{\lambda}{2\pi\varepsilon_0}\ln\frac{1}{R} = -\frac{\lambda}{2\pi\varepsilon_0}\ln R$$

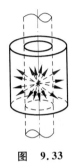

图 9.33

图 9.34

例 9.28 如图 9.34 所示,三个平行的"无限大"均匀带电平板,其电荷面密度都是 $+\sigma$,求 A、B、C、D 四个区域的电场强度,设每相邻两板间距为 d,求边缘两板间电势差(设向右为正方向。)

解:每个"无限大"均匀带电平板在周围任一点的场强大小均为 $\sigma/(2\varepsilon_0)$,三个无限大带电平板单独在两侧都产生匀强电场。由场强叠加原理,可得各点场强大小和方向如下。

A 区:$E_A=-\dfrac{3\sigma}{2\varepsilon_0}$,方向指左;$B$ 区:$E_B=-\dfrac{\sigma}{2\varepsilon_0}$,方向指左;

C 区:$E_C=\dfrac{\sigma}{2\varepsilon_0}$,方向指右;$D$ 区:$E_D=\dfrac{3\sigma}{2\varepsilon_0}$,方向指右。

边缘两板间电势差

$$U = E_B d + E_C d = -\frac{\sigma}{2\varepsilon_0}d + \frac{\sigma}{2\varepsilon_0}d = 0$$

9.9　等势面电势的梯度

电场强度形成一个矢量场,矢量场可用矢量线来形象描述。电势分布形成一个标量场,标量场可用等值面来形象描述。

1. 等势面的定义

在电场中电势相等的点组成的面叫做等势面。

2. 等势面的性质

(1) 等势面与电力线处处正交;
(2) 等势面较密的地方场强大,较疏的地方场强小;
(3) 可以方便地从电力线给出等势面,反之亦然。

3. 场强与电势梯度的关系

"梯度"大小指物理量的最大变化率,其方向沿该物理量增加方向:

$$E = -\nabla V = -\operatorname{grad} V = -\frac{\mathrm{d}V}{\mathrm{d}n}\boldsymbol{n}$$

$\boldsymbol{n}$ 沿电势增加方向,即电场中任意一点的电场强度等于该点电势梯度的负值。其中 ∇ 表示一个矢量性算符,表示对函数求空间变化率。

例 9.29   求均匀带电圆环轴线上的电势和场强。已知圆环半径为 R,带电量 q。

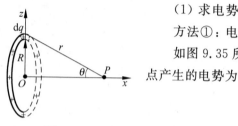

（1）求电势 V

方法①：电势叠加法

如图 9.35 所示,在圆环上取电荷元 $\mathrm{d}q$,该电荷元在轴线上 $P(x)$ 点产生的电势为

$$\mathrm{d}V = \frac{\mathrm{d}q}{4\pi\varepsilon_0 r} = \frac{\lambda \mathrm{d}l}{4\pi\varepsilon_0 \sqrt{R^2 + x^2}}$$

图 9.35   整个带电圆环在 $P(x)$ 点产生的电势为

$$V_P = \int \mathrm{d}V = \int_0^{2\pi R} \frac{\lambda \mathrm{d}l}{4\pi\varepsilon_0 \sqrt{R^2 + x^2}} = \frac{q}{4\pi\varepsilon_0 \sqrt{R^2 + x^2}}$$

方法②：场强积分法

由前面已知,轴线上任意点 $P(x)$ 的场强 $\boldsymbol{E} = \dfrac{qx}{4\pi\varepsilon_0 (R^2 + x^2)^{\frac{3}{2}}}\boldsymbol{i}$,由电势的定义得

$$V_P = \int_P^\infty \boldsymbol{E} \cdot \mathrm{d}\boldsymbol{r} = \int_{x_P}^\infty \frac{qx}{4\pi\varepsilon_0 (R^2 + x^2)^{\frac{3}{2}}}\mathrm{d}x = \frac{q}{4\pi\varepsilon_0 (R^2 + x^2)^{\frac{1}{2}}}$$

（2）由电势梯度求场强

$$\boldsymbol{E} = -\frac{\partial V}{\partial x}\boldsymbol{i} = -\frac{q}{4\pi\varepsilon_0} \cdot \left(-\frac{1}{2}\right)\frac{2x}{(R^2 + x^2)^{\frac{3}{2}}}\boldsymbol{i} = \frac{qx}{4\pi\varepsilon_0 (R^2 + x^2)^{\frac{3}{2}}}\boldsymbol{i}$$

例 9.30   从点电荷的电势表达式 $V = \dfrac{q}{4\pi\varepsilon_0 r}$,求点电荷的电场。

解：取 q 处在原点处,因为电荷具有球对称,取球坐标系

$$E_\theta = E_\varphi = 0, \quad E_r = -\frac{\mathrm{d}V}{\mathrm{d}r} = -\frac{\mathrm{d}}{\mathrm{d}r}\left(\frac{q}{4\pi\varepsilon_0 r}\right) = \frac{1}{4\pi\varepsilon_0}\frac{q}{r^2}$$

写成矢量形式：

$$\boldsymbol{E} = \frac{q}{4\pi\varepsilon_0 r^3}\boldsymbol{r}$$

9.10   静电场中的导体

1. 导体静电平衡条件

（1）导体内部任一点的场强都等于零;

（2）导体表面附近的场强和表面垂直。

2. 推论

（1）导体为等势体，导体表面为等势面；

（2）导体表面凸曲率半径小处面电荷密度大；

（3）导体表面外附近电场强度值：

$$E = \frac{\sigma}{\varepsilon_0} r$$

3. 导体静电平衡时其上的电荷分布

（1）实心导体内没有净电荷，电荷只能分布在导体的表面。

（2）导体内有空腔存在，而空腔内没有带电体，则导体内没有净电荷，内表面也没有净电荷，电荷只能分布在外表面。如果腔内有电荷 $+Q$，则腔内表面有电荷 $-Q$。

4. 静电屏蔽

（1）空腔导体内的物体不受腔外电场的影响；

（2）接地空腔导体外物体不受腔内电场的影响。

注意：

（1）无论空腔导体内是否有电荷，空腔外电荷的分布均不影响空腔内场，但这并不意味着空腔外电荷不在空腔内空间产生电场，而是空腔外电荷与空腔表面感应电荷在空腔内空间的合电场为零。

（2）若空腔不接地，则空腔内电荷将影响空腔外的场，但与空腔内电荷的位置无关。

例 9.31　如图 9.36 所示一厚度远远小于其宽度的无限大导体平板 A 带电量为 Q，面积为 S，当在其附近平行放置另一块无限大导体板 B 时，求其电荷分布及电场分布。

解：设四个表面的电荷面密度分别为

$$\sigma_1 、\quad \sigma_2 、\quad \sigma_3 、\quad \sigma_4$$

由电荷守恒定律可得

$$\sigma_1 + \sigma_2 = \frac{Q}{S} \tag{1}$$

$$\sigma_3 + \sigma_4 = 0 \tag{2}$$

垂直于板作柱状高斯面，如图 9.36 所示。因为导体内场强为零，两板间场强垂直于板平面，所以有

$$\oint_S \boldsymbol{E} \cdot \mathrm{d}\boldsymbol{S} = (\sigma_2 + \sigma_3) \cdot S_1 / \varepsilon_0 = 0$$

即

$$\sigma_2 + \sigma_3 = 0 \tag{3}$$

又导体 B 板内 P 点场强

$$E_P = \frac{\sigma_1}{2\varepsilon_0} + \frac{\sigma_2}{2\varepsilon_0} + \frac{\sigma_3}{2\varepsilon_0} - \frac{\sigma_4}{2\varepsilon_0} = 0 \tag{4}$$

联立并求解式（1）～式（4）得电荷分布

$$\sigma_1 = \frac{Q}{2S}, \quad \sigma_2 = \frac{Q}{2S}, \quad \sigma_3 = -\frac{Q}{2S}, \quad \sigma_4 = \frac{Q}{2S}$$

由导体达到静电平衡时导体表面附近与其相应点电荷面密度的关系 $E = \frac{\sigma}{\varepsilon_0} e_n$ 得场强分布：

$E_1 = \frac{Q}{2\varepsilon_0 s}$，方向垂直板面向左；

$E_{11} = \frac{Q}{2\varepsilon_0 s}$，方向垂直板面向右；

$E_{111} = \frac{Q}{2\varepsilon_0 s}$，方向垂直板面向右。

当将导体 B 接地时：$\sigma_4 = 0$，同理有

$$\sigma_1 + \sigma_2 = \frac{Q}{S}, \quad \sigma_2 + \sigma_3 = 0, \quad E_P = \frac{\sigma_1}{2\varepsilon_0} + \frac{\sigma_2}{2\varepsilon_0} + \frac{\sigma_3}{2\varepsilon_0} = 0$$

电荷分布

$$\sigma_1 = 0, \quad \sigma_2 = \frac{Q}{S}, \quad \sigma_3 = -\frac{Q}{S}$$

9.11　静电场中的电介质

1. 介质极化

（1）无极分子的位移极化（H_2、N_2、CH_4、He 等）；

（2）有极分子的取向极化（H_2O、NH_3、CO、SO_2、H_2S 等）。

2. 极化强度

$$P = \frac{\sum P_{分子}}{\Delta V}$$ 定义为单位体积内的电矩矢量和，单位为库仑/米²（c/m^2）。

3. 电位移矢量定义

$$D = \varepsilon_0 E + P$$

此为一般定义式，对一切介质成立。

9.12　介质中的高斯定律

$$\oint_S D \cdot dS = q_0, \qquad q_0 是自由电荷$$

其意义为：电场中通过任一闭合曲面的电位移通量等于闭合曲面包围的净自由电荷代数和。

9.13　电位移矢量 D、电场强度 E、电极化强度 P 三者关系

在各向同性介质中
$$P = \chi_e \varepsilon_0 E$$
$$D = \varepsilon_0 E + P = \varepsilon_0 E + \chi_e \varepsilon_0 E = \varepsilon_0 (1 + \chi_e) E = \varepsilon_0 \varepsilon_r E = \varepsilon E$$

式中，ε_r 称为相对介电常数；ε 称为绝对介电常数。

9.14 几种特殊带电体在介质中激发的电场 E 与电势 V

1. 球对称性带电体(设球面(体)半径为 R,带电量为 q)

1) 均匀带电球面激发的场强与电势
球面内:

$$E = 0, \quad V = \frac{q}{4\pi\varepsilon R}$$

球面外:

$$E = \frac{q}{4\pi\varepsilon r^3}r, \quad V = \frac{q}{4\pi\varepsilon r}$$

2) 均匀带电球体激发的场强与电势
球体内:

$$E = \frac{q}{4\pi\varepsilon R^3}r, \quad V = \frac{q(3R^2 - r^2)}{8\pi\varepsilon R^3}$$

球体外:

$$E = \frac{q}{4\pi\varepsilon r^3}r, \quad V = \frac{q}{4\pi\varepsilon r}$$

球对称性带电体的场强与电势分布如图 9.37 所示。

图 9.37 球对称带电体场强与电势的分布

2. 轴对称性带电体(设沿轴向单位长带电量为 λ)

1) 无限长均匀带电直线激发电场的场强与电势

$$E = \frac{\lambda}{2\pi\varepsilon r^2}r, \quad V = -\frac{\lambda}{2\pi\varepsilon}\ln\frac{r}{r_0}$$

(取半径为 r_0 的圆柱面为零电势面)

2) 无限长均匀带电圆柱面激发的场强与电势
柱面内:

$$E = 0, \quad V = -\frac{\lambda}{2\pi\varepsilon}\ln\frac{R}{r_0}$$

柱面外:

$$E = \frac{\lambda}{2\pi\varepsilon r^2}r, \quad V = -\frac{\lambda}{2\pi\varepsilon}\ln\frac{r}{r_0}$$

(取半径为 r_0 的圆柱面为零电势面)

3) 无限长均匀带电圆柱体激发的场强
柱体内:

$$E = \frac{\lambda}{2\pi\varepsilon R^2}r, \quad V = \frac{\lambda}{2\pi\varepsilon}\left[\frac{1}{2}\left(1 - \frac{r^2}{R^2}\right) - \ln\frac{R}{r_0}\right]$$

柱体外:

$$E = \frac{\lambda}{2\pi\varepsilon r^2}r, \quad V = -\frac{\lambda}{2\pi\varepsilon}\ln\frac{r}{r_0}$$

(取半径为 r_0 的圆柱面为零电势面)

轴对称性带电体的场强与电势分布如图 9.38 所示。

3. 均匀带电圆环轴线上的场强与电势

例 9.32　如图 9.39 所示,取环心所在处为原点,向右为 x 轴正向建立直角坐标系,轴线上 $P(x)$ 点的电场强度

$$E = \frac{1}{4\pi\varepsilon} \frac{qx}{(x^2 + R^2)^{\frac{3}{2}}} i$$

电势

$$V = \frac{1}{4\pi\varepsilon} \frac{q}{(x^2 + R^2)^{\frac{1}{2}}}$$

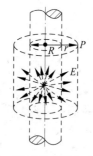

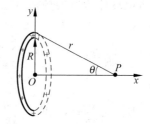

图 9.38　轴对称性带电体场强与电势分布　　　**图 9.39　均匀带电圆环轴线上的场强与电势计算**

4. 无限大均匀带电平面激发的电场

如图 9.40 所示,以带电平面上任意点为原点,垂直于平面向右为 x 轴正向建立直角坐标,轴线上 $P(x)$ 点的电场强度

$$E = \begin{cases} \dfrac{\sigma}{2\varepsilon} i, & x > 0 \\[2mm] -\dfrac{\sigma}{2\varepsilon} i, & x < 0 \end{cases}$$

电势

$$V = \frac{\sigma}{2\varepsilon}(x_0 - x)$$

（取距带电平面为 $x_0 > 0$ 处的平面为零电势面）

镜像对称性带电体场强与电势分布如图 9.40 所示。

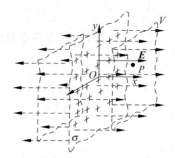

图 9.40　镜像对称性带电体场强与电势分布

9.15　电　　容

1.定义式

$$C = \frac{Q}{V_A - V_B}$$

式中,V_A、V_B 分别为接通电源后电容器正、负极板的电势;Q 为与电源正极相接极板的总电量。

2.几种电容器的电容

1）平行板电容器

$$C = \frac{\varepsilon S}{d}$$

式中,S 为极板面积;d 为两极板间距离;ε 为极板间所充介质的绝对介电常数。平行板电容器如图 9.41 所示。

2）圆柱形电容器

$$C = \frac{2\pi \varepsilon L}{\ln(R_2 / R_1)}$$

式中,R_1、R_2 分别为圆柱形电容器内外半径;L 为其长度;ε 为极板间所充介质的绝对介电常数。圆柱形电容器如图 9.42 所示。

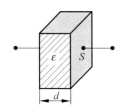

图 9.41　平行板电容器

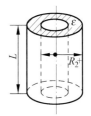

图 9.42　圆柱形电容器

3）球形电容器

$$C = \frac{4\pi \varepsilon R_2 R_1}{R_2 - R_1}$$

式中,R_1、R_2 分别为球形电容器内外半径;ε 为极板间所充介质的绝对介电常数。球形电容器如图 9.43 所示。

4）孤立导体球

$$C = 4\pi \varepsilon R$$

式中,R 为导体球半径;ε 为周围所充介质的绝对介电常数。

3.电容器并联的等效电容

$$C = C_1 + C_2 + C_3 + \cdots$$

电容器并联示意图如图 9.44 所示。

4.电容器串联的等效电容

$$1/C = 1/C_1 + 1/C_2 + 1/C_3 + \cdots$$

电容器串联示意图如图 9.45 所示。

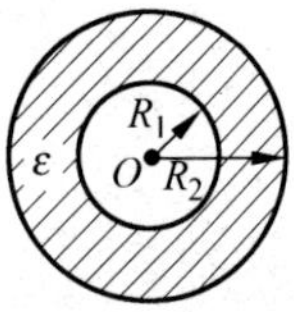

图 9.43　球形电容器

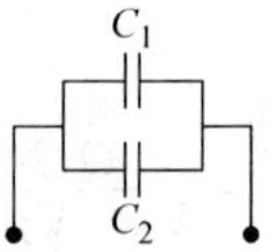

图 9.44　电容器并联

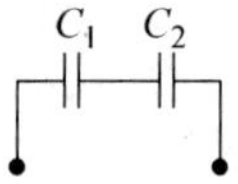

图 9.45　电容器串联

9.16　静电场的能量

1. 点电荷系相互作用能

$$W_e = \frac{\sum q_i U_i}{2}$$

2. 连续带电体的能量

$$W_e = \frac{1}{2}\int_Q U \mathrm{d}q$$

3. 电容器电能

$$W_e = \frac{1}{2}UQ = \frac{1}{2}CU^2 = \frac{1}{2C}Q^2$$

4. 电场的能量密度

$$w_e = \frac{1}{2}\varepsilon E^2 = \frac{1}{2}\boldsymbol{D} \cdot \boldsymbol{E}$$

5. 电场总能量

$$W = \iiint_V w\mathrm{d}\tau = \iiint_V \frac{1}{2}DE\mathrm{d}\tau$$

能量是定域在电场中的，V 是电场存在的整个空间区域。

例 9.33　如图 9.46 所示，一球形电容器，内外球的半径分别为 R_1 和 $R_2(R_1 < R_2)$，两球间充满相对介电常数为 ε_r 的电介质。当带电量为内球$+Q$、外球$-Q$ 时，求：

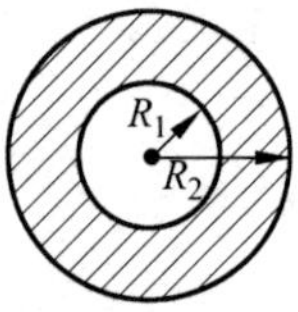

（1）周围空间中的电场分布；

（2）两极间电势差；

（3）此电容器的电容；

（4）此电容器所储存的电能。

图　9.46

解：（1）选半径为 r 的同心球面为高斯面（图略），由高斯定律得

$$\oint_S \boldsymbol{D} \cdot \mathrm{d}\boldsymbol{S} = 4\pi \cdot r^2 D = \sum_i q_{0i}$$

其中 $\sum_i q_{0i}$ 为高斯面内自由电荷电量的代数和，有

$$\sum_i q_{0i} = \begin{cases} Q, & R_1 < r < R_2 \\ 0, & r < R_1, r > R_2 \end{cases}$$

$$D = \begin{cases} \dfrac{Q}{4\pi r^2}, & R_1 < r < R_2 \\ 0, & r < R_1, r > R_2 \end{cases}$$

又由

$$\boldsymbol{E} = \dfrac{\boldsymbol{D}}{\varepsilon_0 \varepsilon_r} \quad 可得 \quad E = \begin{cases} \dfrac{Q}{4\pi \varepsilon_0 \varepsilon_r r^2}, & R_1 < r < R_2 \\ 0, & r < R_1, r > R_2 \end{cases}$$

（2）两极间电势差

$$U = V_1 - V_2 = \int_{R_1}^{R_2} \boldsymbol{E} \cdot \mathrm{d}\boldsymbol{r} = \dfrac{Q(R_2 - R_1)}{4\pi \varepsilon_0 \varepsilon_r R_1 R_2}$$

（3）电容器的电容

$$C = \dfrac{Q}{U} = \dfrac{4\pi \varepsilon_0 \varepsilon_r R_1 R_2}{R_2 - R_1}$$

（4）电容器储存的能量为

$$W = \dfrac{1}{2} QU = \dfrac{Q^2 (R_2 - R_1)}{8\pi \varepsilon_0 \varepsilon_r R_1 R_2}$$

例 9.34 如图 9.47 所示,一圆柱形电容器置于空气中,由两个半径分别为 R_1 和 R_2（$R_1 < R_2$）的同轴金属圆筒组成,带电量为内筒 $+Q$ 外筒 $-Q$,筒长为 L。且 $L \gg R_2$。

（1）由高斯定律求空间中的电场分布;

（2）求两筒间电势差;

（3）求此圆柱形电容器的电容;

（4）此电容器储存了多少电场能量?

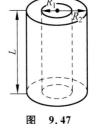

图 9.47

解：（1）选半径为 r、高为 h 的同轴圆柱表面为高斯面（图略）,由高斯定律得

$$\oint_S \boldsymbol{E} \cdot \mathrm{d}\boldsymbol{S} = 2\pi \cdot rhE = \sum q_{\text{int}} \big/ \varepsilon_0, \quad E = 0, r < R_1, r > R_2$$

$$E = \dfrac{Q}{2\pi \varepsilon_0 Lr}, \quad R_1 < r < R_2$$

（2）由电势差的定义得

$$U = V_1 - V_2 = \int_{R_1}^{R_2} \boldsymbol{E} \cdot \mathrm{d}\boldsymbol{r} = \dfrac{Q}{2\pi \varepsilon_0 L} \ln(R_2/R_1)$$

（3）$C = Q/U = \dfrac{2\pi \varepsilon_0 L}{\ln(R_2/R_1)}$

（4）$W = QU/2 = \dfrac{Q^2 \ln(R_2/R_1)}{4\pi \varepsilon_0 L}$

例 9.35 如图 9.48 所示,一平行板电容器,极板面积为 S,两极板间距离为 d（$d \ll \sqrt{S}$）,中间充满相对介电常数为 ε_r 的各向同性的均匀电介质。设两极板上带电量分别为 Q 和 $-Q$,求:

（1）电容器内外场强大小的分布 $E(r)$;

（2）两板间的电势差大小 U;

（3）电容器的电容 C；

（4）电容器储存的能量 W。

解：选其中一块无限大带电平面为平分面，底面积为 ΔS 的直柱体表面为高斯面（图略），由高斯定律得：

图 9.48

$$\oint_S \boldsymbol{D} \cdot \mathrm{d}\boldsymbol{S} = 2\Delta SD = \sum q_{\text{int}} = \Delta S\sigma$$

由此得一块带电平面产生的电位移 $D = \sigma/2$，场强

$$E = \frac{\sigma}{2\varepsilon_0\varepsilon_r} = \frac{Q}{2\varepsilon_0\varepsilon_r S}$$

（1）由叠加原理，电容器内外场强大小的分布

$$E_{内} = \frac{\sigma}{\varepsilon_0\varepsilon_r} = \frac{Q}{\varepsilon_0\varepsilon_r S}, \quad E_{外} = 0$$

（2）两板间的电势差大小

$$U = \frac{Qd}{\varepsilon_0\varepsilon_r S}$$

（3）电容器的电容

$$C = \frac{Q}{U} = \frac{\varepsilon_0\varepsilon_r S}{d}$$

（4）电容器储存的能量

$$W = \frac{1}{2}QU = \frac{Q^2 d}{2\varepsilon_0\varepsilon_r S}$$

第 10 章 稳恒磁场

【教学目标】

1. 重点

(1) 磁感应强度概念的理解及用毕奥-萨伐尔定律和安培环路定理计算几何形状简单的载流体的磁感应强度。

(2) 安培定律的理解和应用。

2. 难点

(1) 由磁场高斯定律和安培环路定理反映的磁场无源性和有旋性的理解。

(2) 正确理解和运用安培定律计算载流导体和载流平面线圈在磁场中受到的安培力和力矩。

3. 基本要求

(1) 掌握磁感应强度的定义及其物理意义,能用毕奥-萨伐尔定律计算由几何形状简单的载流导体(如载流直导线、载流圆环、载流长直螺线管等)产生的磁场分布。

(2) 掌握磁场中的高斯定律的物理意义。

(3) 掌握安培环路定理的物理意义,能用该定理计算几何形状简单的载流体形成的磁场。

(4) 掌握磁场强度和磁感应强度的关系。

(5) 理解安培定律,能计算简单几何形状载流导线在均匀磁场或无限长直导线所产生的非均匀磁场中所受的力。

(6) 能计算载流平面线圈在均匀磁场中所受的力矩。

(7) 了解在非均匀磁场中载流线圈受力的特点。

(8) 了解安培力功的计算。

(9) 了解平行电流所受的作用力以及电流强度单位"安培"的定义。

(10) 理解洛伦兹力公式,能分析点电荷在均匀磁场中的受力和运动。

(11) 了解霍尔效应产生的原因及霍尔效应的应用。

【内容概要】

10.1 磁感应强度 B 的定义

1. 用运动的带正电试验电荷 q_0 在磁场中受力定义(见图 10.1(a))

大小:

$$B = \frac{F_{\max}}{q_0 v}$$

式中 v 为试验电荷运动速度,$F_{\max}$ 为试验电荷在磁场中某点受的最大磁力。

方向:与 q_0 受力为零时的速度方向平行,且矢量 $\boldsymbol{F}$、$\boldsymbol{v}$、$\boldsymbol{B}$ 满足右手螺旋法则。即

$$\boldsymbol{F} = q\boldsymbol{v} \times \boldsymbol{B}$$

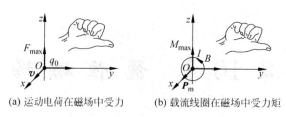

(a) 运动电荷在磁场中受力　　　　(b) 载流线圈在磁场中受磁力矩

图 10.1　磁感应强度 B 的定义用图

2. 用磁矩为 P_m 的试验线圈在磁场中受磁力矩定义(见图 10.1(b))

大小：

$$B = \frac{M_{max}}{p_m}$$

式中，M_{max} 为线圈在磁场中某点受的最大磁力矩。

方向：试验线圈处于稳定平衡时与磁矩的方向相同。

10.2　毕奥-萨伐尔定律(B-S 定律)

1. 电流元 Idl 在场点 P 处激发磁场的磁感应强度

大小：$dB = \dfrac{\mu_0}{4\pi} \dfrac{Idl\sin\theta}{r^2}$

方向：矢量 Idl、r、dB 满足右手螺旋法则(见图 10.2(b))：

$$d\boldsymbol{B} = \frac{\mu_0}{4\pi} \frac{Id\boldsymbol{l} \times \boldsymbol{r}}{r^3}$$

其中 $\mu_0 = 4\pi \times 10^{-7} \text{N/A}^2$ 为真空磁导率。

2. 任意载流导线 L 在点 P 处激发磁场的磁感应强度(见图 10.2(a))

$$\boldsymbol{B} = \int d\boldsymbol{B} = \int_L \frac{\mu_0}{4\pi} \frac{Id\boldsymbol{l} \times \boldsymbol{r}}{r^3}$$

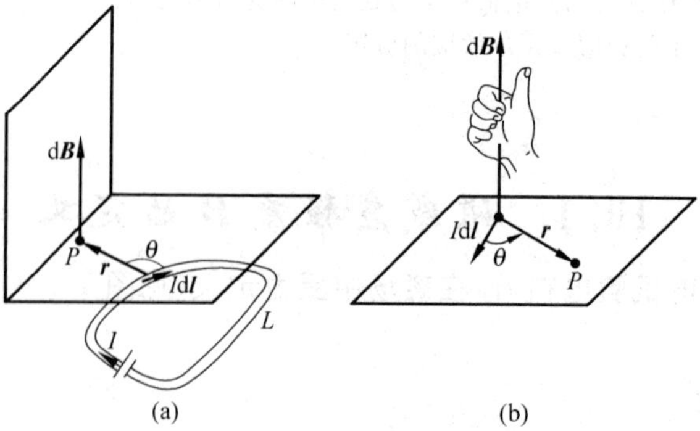

(a)　　　　(b)

图 10.2　电流元的磁场

注意：

(1) B-S 定律不是直接从实验中总结出来的规律，而是根据闭合电流产生磁场的实验数据间接概括出来的。

（2）电流元不能在其自身方向上激发磁场。

（3）电流元的磁场的磁感应线都是圆心在电流元轴线上的同心圆。

例 10.1　一长直载流导线，沿空间直角坐标的 Oy 轴放置，电流沿 y 轴正向。在原点 O 处取一电流元 $I\mathrm{d}l$，则该电流元在 $(a,0,0)$ 点处的磁感应强度的大小为多少？方向如何？

解：磁感应强度的大小 $\mathrm{d}B = \dfrac{\mu_0}{4\pi} \cdot \dfrac{I\mathrm{d}l}{a^2}$，方向沿 z 轴负向。

3. 运动点电荷 q 激发磁场的磁感应强度

设单位体积内有 n 个带电粒子，每个带电粒子带有电量为 q，每个带电粒子均以速度 v 运动，则单位时间内通过截面积 S 的电量为 $qnvS$，即

$$I = qnvS$$

将上式代入毕奥-萨伐尔公式得

$$\mathrm{d}B = \frac{\mu_0}{4\pi}\frac{(qnvS)\mathrm{d}l\sin(\boldsymbol{v},\boldsymbol{r})}{r^2}$$

$I\mathrm{d}l$ 与正电荷运动方向同向，在电流元内有 $\mathrm{d}N = nS\mathrm{d}l$ 个带电粒子以速度 v 运动着，由叠加原理，以速度 v 运动的每个带电粒子所产生的磁场为

$$B = \frac{\mathrm{d}B}{\mathrm{d}N} = \frac{qv\sin(\boldsymbol{v},\boldsymbol{r})}{r^2}, \quad \boldsymbol{B} = \frac{\mu_0}{4\pi}\frac{q\boldsymbol{v}\times\boldsymbol{r}}{r^3}$$

上式可以看成微观意义上的毕奥-萨伐尔定律。

4. 用毕奥-萨伐尔定律求 B 分布的基本方法

（1）将电流视为电流元 $I\mathrm{d}l$ 集合（或典型电流集合）。

（2）由毕奥-萨伐尔定律（或典型电流磁场公式）得 $\mathrm{d}\boldsymbol{B}$。

（3）将 $\mathrm{d}\boldsymbol{B}$ 正交分解，求各分量 $\mathrm{d}B_x$、$\mathrm{d}B_y$、$\mathrm{d}B_z$。

（4）由叠加原理对各分量分别求积分：

$$B_x = \int\mathrm{d}B_x, \quad B_y = \int\mathrm{d}B_y, \quad B_z = \int\mathrm{d}B_z$$

（5）将所有分量求矢量和：

$$\boldsymbol{B} = B_x\boldsymbol{i} + B_y\boldsymbol{j} + B_z\boldsymbol{k}$$

注意：当电流元所产生的 $\mathrm{d}\boldsymbol{B}$ 方向均相同时，可以由叠加原理直接求 $\boldsymbol{B} = \int\mathrm{d}\boldsymbol{B}$。

10.3　真空中几种特殊电流的磁场

1. 直电流激发磁场的磁感应强度

例 10.2　设长为 L 的直导线，其中载有电流 I，计算离直导线距离为 a 的 P 点的磁感应强度（见图 10.3）。

解：在导线上取电流元 $I\mathrm{d}l$，该电流元在 P 点产生的磁场大小为

$$\mathrm{d}B = \frac{\mu_0}{4\pi} \cdot \frac{I\mathrm{d}y\sin\theta}{r^2}$$

取 $\mathrm{d}y > 0$，方向均垂直纸面指里。将上式积分得

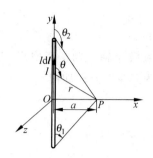

图 10.3　直电流的磁场

$$B = \int_L \mathrm{d}B = \frac{\mu_0}{4\pi} \int_{\theta_1}^{\theta_2} \frac{I \mathrm{d}y \sin\theta}{r^2}$$

将变量代换：

$$y = + a\cot(\pi - \theta) = - a\cot\theta$$

$$\mathrm{d}y = \frac{a\mathrm{d}\theta}{\sin^2\theta}, \quad r^2 = \frac{a^2}{\sin^2\theta}$$

$$B = \frac{\mu_0}{4\pi} \int_{\theta_1}^{\theta_2} \frac{I\sin\theta \mathrm{d}\theta}{a} = \frac{\mu_0 I}{4\pi a}(\cos\theta_1 - \cos\theta_2)$$

方向沿 z 轴负向，且与电流流向成右手螺旋关系。

讨论：若为无限长直导线，$\theta_1 \to 0$，$\theta_2 \to \pi$，$B = \frac{\mu_0 I}{2\pi a}$，$B$ 与 μ_0、I、a 以及导线的形状有关，B 与距离 a 的一次方成反比。

2. 半径为 R 的圆环(圆弧)电流在轴线(圆心)上激发磁场的磁感应强度(见图 10.4)

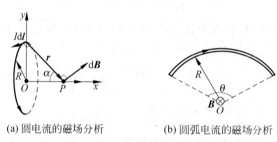

(a) 圆电流的磁场分析　　　　　(b) 圆弧电流的磁场分析

图 10.4　圆环(圆弧)电流在轴线(圆心)上激发磁场分析

例 10.3　设有圆形线圈 L，半径为 R，通以电流 I，计算轴线上 P 点的磁感应强度，设 P 点到线圈圆心 O 的距离是 x(见图 10.4(a))。

解：在线圈上取电流元 $I\mathrm{d}l$，它在 P 点产生的磁场

$$\mathrm{d}B = \frac{\mu_0}{4\pi} \frac{I\mathrm{d}l}{r^2} \sin(\mathrm{d}l, r)$$

方向如图所示。将 $\mathrm{d}B$ 沿平行于 x 轴和垂直于 x 轴方向分解

$$\mathrm{d}B_{/\!/} = \mathrm{d}B\sin\alpha, \quad \mathrm{d}B_\perp = \mathrm{d}B\cos\alpha$$

由对称性分析得

$$B_\perp = \int \mathrm{d}B_\perp = \int \mathrm{d}B\cos\alpha = 0$$

对轴上场点 P，$\sin(\mathrm{d}l, r) = 1$，因为 $x = r\cos\alpha$，所以

$$\mathrm{d}B_{/\!/} = \frac{\mu_0}{4\pi} \frac{I\mathrm{d}l}{x^2} \cos^2\alpha \sin\alpha$$

$$B = B_{/\!/} = \int \mathrm{d}B_{/\!/} = \int \mathrm{d}B\sin\alpha = \frac{\mu_0}{4\pi} \frac{I}{x^2} \sin\alpha \cos^2\alpha \oint \mathrm{d}l$$

因为

$$\sin\alpha = \frac{R}{\sqrt{R^2 + x^2}}, \quad \cos^2\alpha = \frac{x^2}{R^2 + x^2}, \quad \oint_L \mathrm{d}l = 2\pi R,$$

所以轴线上 $P(x)$ 点的磁场为

$$B = \frac{\mu_0 I R^2}{2(R^2 + x^2)^{3/2}}\boldsymbol{i}$$

方向与电流流向成右手螺旋关系并指向 x 轴正向。且 $\boldsymbol{B}(-x)=\boldsymbol{B}(x)$。

讨论：

（1）当 $x=0$ 时，即圆电流中心的磁感应强度 $B_0=\dfrac{\mu_0 I}{2R}$，方向沿轴向且与电流成右手螺旋关系；

（2）当 $x\gg R$ 时，

$$B = \frac{\mu_0 R^2 I}{2x^3}$$

（3）如果圆电流由 N 匝密绕而成

$$B_0 = \frac{N\mu_0 I}{2R}$$

（4）张角为 θ 的圆弧电流在中心的磁感应强度（见图 10.4(b)）

$$B = \frac{\mu_0 I}{2R}\frac{\theta}{2\pi}$$

例 10.4　如图 10.5 所示，两根导线沿半径方向引到铁环上的 A、B 两点，并在很远处与电源相连，则铁环中心 O 点的磁感应强度大小为_____。

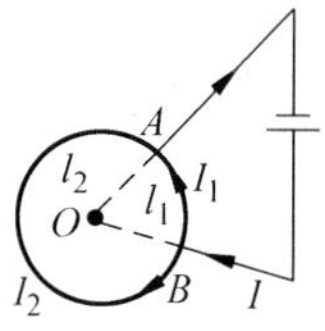

提示： 两段直导线的延长线通过环心，在环心 O 产生的磁场为零。设两段弧在 O 点产生的场强分别为 $\boldsymbol{B}_1$ 和 $\boldsymbol{B}_2$，则：

$B_1=\dfrac{\mu_0 I_1}{2R}\dfrac{\widehat{l}_1}{2\pi R}$，方向垂直纸面指外

$B_2=\dfrac{\mu_0 I_2}{2R}\dfrac{\widehat{l}_2}{2\pi R}$，方向垂直纸面指里

图 10.5

由于两段弧并联，所以两段弧端电压相同，而

$$B_1 \propto I_1\widehat{l}_1 \propto I_1 R_1, \quad B_2 \propto I_2\widehat{l}_2 \propto I_2 R_2$$

故 O 点合场强 $B=B_1-B_2=0$，与电源相接的直导线与 O 点相距很远，它在 O 点产生的磁场忽略不计。

10.4　磁场的高斯定律

1. 磁感应线（见图 10.6）

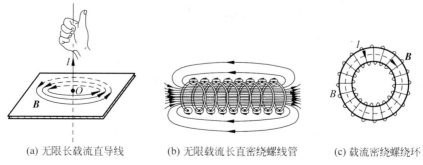

(a) 无限长载流直导线　　(b) 无限载流长直密绕螺线管　　(c) 载流密绕螺绕环

图 10.6　几种特殊形状载流体磁场的磁感应线分布

2. 磁通量

$$\Phi_m = \int d\Phi_m = \int_S \boldsymbol{B} \cdot d\boldsymbol{S}$$

全磁通(磁通链)：$\Psi = N\Phi_m$，单位：韦伯(Wb)。

(计算磁通量时注意曲面 S 的正法向的规定)

例 10.5 如图 10.7 所示，均匀磁场的磁感应强度 $\boldsymbol{B}$ 垂直于半径为 r 的圆面并指向 z 轴正向。今以该圆周为边线，作一半球面 S，则通过 S 面的磁通量为多少？
(设 S 法向指凸)

$$\Phi_m = \int d\Phi_m = \int_S \boldsymbol{B} \cdot d\boldsymbol{S} = -\pi r^2 B$$

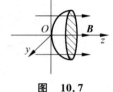

图 10.7

3. 高斯定律

$$\oint_S \boldsymbol{B} \cdot d\boldsymbol{S} = 0$$

或 $\nabla \cdot \boldsymbol{B} = 0$，说明稳恒磁场是无源场或无散场。

10.5 稳恒磁场中的安培环路定理

1. 真空中的安培环路定理

$$\oint_L \boldsymbol{B} \cdot d\boldsymbol{r} = \oint_L \left(\sum_{i=1}^n \boldsymbol{B}_i \right) \cdot d\boldsymbol{r} = \sum_{i=1}^n \oint_L \boldsymbol{B}_i \cdot d\boldsymbol{r} = \mu_0 \sum_{i=1}^n I_i$$

在磁场中，沿任一闭合曲线 L 磁感应强度 $\boldsymbol{B}$ 矢量的线积分(也称 $\boldsymbol{B}$ 矢量的环流)，等于真空中的磁导率 μ_0 乘以穿过以这个闭合曲线 L 为边界所张任意曲面的各恒定电流的代数和。

注意：

(1) 电流 I 的正负规定：积分路径的绕行方向与电流流向成右手螺旋关系时，电流 I 为正值；反之 I 为负值。

(2) 若电流 I 不穿过回路 L，则对上式右端无贡献。

(3) $\boldsymbol{B}$ 是由回路内外电流共同产生的，只是 $\oint_L \boldsymbol{B}_{L外} \cdot d\boldsymbol{r} = 0$，对上式左端无贡献。

(4) 定理成立的条件必须是对闭合电流或无限长电流的磁场。

(5) 该定理在电磁场理论中占有重要地位。

(6) 用安培环路定理可以计算某些具有对称性分布的电流的磁场。

例 10.6 无限长均匀圆柱面电流激发磁场。

一载有电流 I 的无限长直空心圆筒见图 10.8，半径为 R(筒壁厚度可以忽略)。电流沿它的轴线方向流动，并且是均匀分布的，分别求离轴线为 $r < R$ 和 $r > R$ 的磁感应强度。

解：过场点 P 在圆筒横截面内作半径为 r 的同心圆形回路 L(见图 10.8)，由安培环路定理

$$\oint_L \boldsymbol{B} \cdot d\boldsymbol{r} = \mu_0 \sum_{i=1}^n I_i, \quad B \cdot 2\pi r = \mu_0 \sum_{i=1}^n I_i$$

由此

$$B = \begin{cases} \dfrac{\mu_0 I}{2\pi r}, & r > R \\ 0, & r < R \end{cases}$$

即柱面内：$B=0$，柱面外：$B=\dfrac{\mu_0 I}{2\pi r}$。

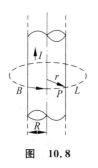

图 10.8

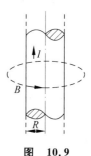

图 10.9

例 10.7 无限长均匀圆柱体电流激发磁场。

如图 10.9 所示，无限长直载流圆柱体，半径为 R，沿轴向均匀流有稳恒电流 I，且电流在导体横截面上均匀分布，求圆柱体内（$r<R$）、外（$r>R$）的磁感应强度分布。（设圆柱体内相对磁导率为 μ_r）

解：(1) $r<R$

先将柱内当作真空处理，由安培环路定理得

$$\oint_L \boldsymbol{B}_0 \cdot \mathrm{d}\boldsymbol{r} = B_0 \oint_L |\,\mathrm{d}\boldsymbol{r}| = B_0 2\pi r = \frac{\mu_0 I}{\pi R^2}\pi r^2, \quad B_0 = \frac{\mu_0 I r}{2\pi R^2}$$

由介质中的磁场与真空中相应点的磁场关系得

$$B = \mu_r B_0 = \frac{\mu_0 \mu_r I r}{2\pi R^2}$$

(2) $r>R$

$$B = \frac{\mu_0 I}{2\pi r}$$

综上可知，柱体内：$B=\dfrac{\mu_0 \mu_r I r}{2\pi R^2}$，柱体外：$B=\dfrac{\mu_0 I}{2\pi r}$。

例 10.8 长直螺线管内的磁场。

有一长直螺线管，导线中通有电流为 I，如图 10.10(a) 所示。螺线管每单位长度的匝数为 n，求螺线管中的磁感应强度 B。

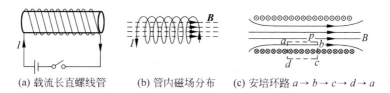

(a) 载流长直螺线管　　(b) 管内磁场分布　　(c) 安培环路 $a \rightarrow b \rightarrow c \rightarrow d \rightarrow a$

图 10.10 密绕载流长直螺线管磁场分析与计算

解：由对称性分析：螺线管内距对称轴等距离的点的磁感应强度相同，方向沿轴向，螺线管外部附近磁感强度趋于零，如图 10.10(b) 所示。

选安培回路 L 绕向沿 $a \rightarrow b \rightarrow c \rightarrow d \rightarrow a$，如图 10.10(c)所示。

应用 $\boldsymbol{B}$ 的安培环路定理：

$$\oint_L \boldsymbol{B} \cdot \mathrm{d}\boldsymbol{r} = \int_{ab} \boldsymbol{B} \cdot \mathrm{d}\boldsymbol{r} + \int_{bc} \boldsymbol{B} \cdot \mathrm{d}\boldsymbol{r} + \int_{cd} \boldsymbol{B} \cdot \mathrm{d}\boldsymbol{r} + \int_{da} \boldsymbol{B} \cdot \mathrm{d}\boldsymbol{r}$$

$$\oint_L \boldsymbol{B} \cdot \mathrm{d}\boldsymbol{r} = B \cdot \overline{ab} = B \cdot \overline{ab} = \mu_0 In \overline{ab}$$

所以

$$B = \mu_0 nI$$

方向如图 10.10(c)所示。

例 10.9 密绕载流螺绕环环内磁场。

如图 10.11 所示，空心螺绕环内、外半径分别为 R_1、R_2，截面直径为 d，总匝数为 N，通电流 I，计算环内的磁感应强度。

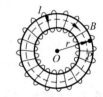

图 10.11 载流螺绕环磁场分析

解：过场点 P 在管内作半径为 r 的同心圆形回路 L，由安培环路定理

$$\oint_L \boldsymbol{B} \cdot \mathrm{d}\boldsymbol{r} = B \oint_L |\mathrm{d}\boldsymbol{r}| = B 2\pi r = \mu_0 NI$$

解得

$$B = \frac{\mu_0 NI}{2\pi r}$$

当 $d = R_2 - R_1 \ll R_1, R_2$ 时，管内各点的磁场实际上是均匀的。取圆环平均周长 l，则

$$B = \frac{\mu_0 NI}{l} = \mu_0 nI$$

例 10.10 无限大均匀平面电流激发的磁场。

如图 10.12(a)所示，一无限大载流平面所通电流其线密度为 j，即沿垂直于电流流向方向单位长电流大小为 j，求其周围磁场分布。

解：选有两边既被平面平分又与平面和电流流向均垂直的矩形回路($abcd$)为安培环路，见图 10.12(b)（俯视为逆时针方向），由真空中的安培环路定理得

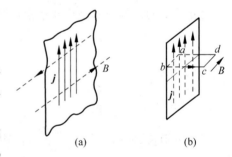

图 10.12 无限大均匀载流平面的磁场分析

$$\oint_L \boldsymbol{B} \cdot \mathrm{d}\boldsymbol{r} = 2B \overline{cd} = \mu_0 j \overline{cd}, \quad B = \frac{\mu_0 j}{2}$$

例 10.11 如图 10.13 所示，宽度为 a 的无限长金属平板，均匀通电流 I，求：距金属平板左端为 d 的 P 点的磁感应强度。当 $d \gg a$ 时结果如何？

提示：如图建立坐标系，将板细分为许多无限长直线，每根导线宽度为 $\mathrm{d}x$ 通电流 $i = \dfrac{I}{a} \mathrm{d}x$，该电流产生磁场

$$\mathrm{d}B = \frac{\mu_0 i}{2\pi x} = \frac{\mu_0 I \mathrm{d}x}{2\pi a(d+a-x)}$$

则金属平板产生磁场

$$B = \int_0^a dB = \int_0^a \frac{\mu_0 I dx}{2\pi a(d+a-x)} = \frac{\mu_0 I}{2\pi a}\ln\frac{a+d}{d}$$

方向垂直纸面向里。

当 $d \gg a$ 时，由于

$$\ln\frac{a+d}{d} = \ln\left(1+\frac{a}{d}\right) = \frac{a}{d} - \frac{1}{2}\left(\frac{a}{d}\right)^2 + \frac{1}{3}\left(\frac{a}{d}\right)^3 + \cdots + (-1)^{n+1}\frac{1}{n}\left(\frac{a}{d}\right)^n$$

则

$$B = \frac{\mu_0 I}{2\pi a}\ln\frac{a+d}{d} \approx \frac{\mu_0 I}{2\pi d}$$

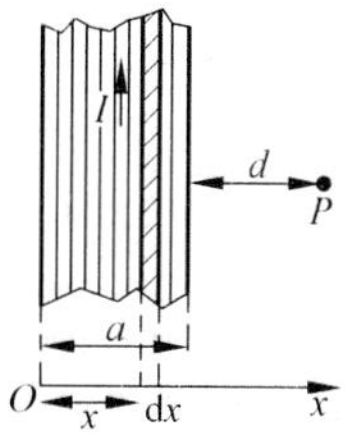

图　10.13

例 10.12　如图 10.14(a)所示，一半径为 R 的无限长半圆柱面导体，在柱面上由下至上（沿 z 轴）均匀地通有电流 I。试求半圆柱面轴线上的磁感应强度。

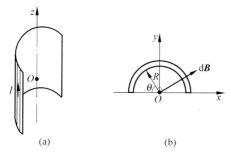

图　10.14

提示：设 xOy 平面垂直于轴，见俯视图 10.14(b)。将半圆柱面分为许多无限长直导线，每根导线宽度为 dl，通电流 $dI = \frac{I}{\pi R}dl$（面电流密度），该电流产生磁场

$$dB = \frac{\mu_0 dI}{2\pi R} = \frac{\mu_0 I dl}{2\pi^2 R^2} = \frac{\mu_0 I d\theta}{2\pi^2 R}, \quad dl = R d\theta$$

方向如图 10.14(b)所示。

将 dB 分解为 dB_x 和 dB_y：

$$\begin{cases} dB_x = dB\sin\theta = \frac{\mu_0 I}{2\pi^2 R}\sin\theta d\theta \\ dB_y = dB\cos\theta = \frac{\mu_0 I}{2\pi^2 R}\cos\theta d\theta \end{cases}$$

积分得

$$B_x = \int_0^\pi \frac{\mu_0 I}{2\pi^2 R}\sin\theta d\theta = -\frac{\mu_0 I}{2\pi^2 R}\cos\theta\Big|_0^\pi = \frac{\mu_0 I}{\pi^2 R}$$

$$B_y = \int_0^\pi \frac{\mu_0 I}{2\pi^2 R}\cos\theta d\theta = \frac{\mu_0 I}{2\pi^2 R}\sin\theta\Big|_0^\pi = 0 \quad \text{（也可由对称性直接得此结果）}$$

$$\boldsymbol{B} = B_x\boldsymbol{i} + B_y\boldsymbol{j} = \frac{\mu_0 I}{\pi^2 R}\boldsymbol{i}$$

2. 应用安培环路定理的解题步骤

（1）分析磁场的对称性。

（2）过场点 P 选择适当的路径 L，使得 $\boldsymbol{B}$ 沿此环路的积分易于计算：$\boldsymbol{B}$ 的量值恒定（或分段恒定），$\boldsymbol{B}$ 与 $d\boldsymbol{r}$ 的夹角处处相等或垂直。

（3）求出 $\boldsymbol{B}$ 的环路积分。

用右手螺旋定则确定所选定的回路包围电流的正负，最后由磁场的安培环路定理求出磁感应强度 $\boldsymbol{B}$ 的大小。

3. 介质中的安培环路定理

$$\oint_L \boldsymbol{H} \cdot d\boldsymbol{r} = \sum_{i=1}^{n} I_{i0} \quad \left(\text{在均匀各向同性介质中}, \oint_L \boldsymbol{B} \cdot d\boldsymbol{r} = \mu_0 \mu_r \sum_{i=1}^{n} I_{i0}\right)$$

它表明,在磁场中沿任一闭合路径,磁场强度 $\boldsymbol{H}$ 的环流等于穿过以这个闭合曲线 L 为边界所张任意曲面的传导电流的代数和。即 $\boldsymbol{H}$ 的环流与磁化电流无关。

注意:引入 $\boldsymbol{H}$ 这个辅助矢量后,在磁场及磁介质的分布具有某些特殊对称性时,可以根据传导电流的分布先求出 $\boldsymbol{H}$ 的分布,再由磁感应强度与磁场强度的关系求出 $\boldsymbol{B}$ 的分布。

10.6 稳恒磁场与静电场比较

真空与介质中稳恒磁场与静电场的关系比较见表10.1。

表 10.1 真空与介质中稳恒磁场与静电场关系比较

项目	物理量		高斯定律		环路定理	
静电场	电场强度	$\boldsymbol{E}$	积分式	$\oint_S \boldsymbol{E} \cdot d\boldsymbol{S} = \dfrac{1}{\varepsilon_0}\sum_i q_{i内}$ $\oint_S \boldsymbol{D} \cdot d\boldsymbol{S} = \sum_i q_{i0内}$	积分式	$\oint_L \boldsymbol{E} \cdot d\boldsymbol{r} = 0$
	电位移	$\boldsymbol{D}$	微分式	$\nabla \cdot \boldsymbol{E} = \rho/\varepsilon_0$ $\nabla \cdot \boldsymbol{D} = \rho$	微分式	$\nabla \times \boldsymbol{E} = \boldsymbol{0}$
	$\boldsymbol{E}$、$\boldsymbol{D}$ 关系	$\boldsymbol{D} = \varepsilon_0 \varepsilon_r \boldsymbol{E}$	性质	有源场	性质	保守场、无旋性
稳恒磁场	磁感应强度	$\boldsymbol{B}$	积分式	$\oint_S \boldsymbol{B} \cdot d\boldsymbol{S} = 0$	积分式	$\oint_L \boldsymbol{B} \cdot d\boldsymbol{l} = \mu_0 \sum_{(穿过L)} I_i$ $\oint_L \boldsymbol{H} \cdot d\boldsymbol{r} = \sum_{i=1}^{n} I_{i0}$
	磁场强度	$\boldsymbol{H}$	微分式	$\nabla \cdot \boldsymbol{B} = 0$	微分式	$\nabla \times \boldsymbol{B} = \mu_0 \boldsymbol{j}$ $\nabla \times \boldsymbol{H} = \boldsymbol{j}$
	$\boldsymbol{B}$、$\boldsymbol{H}$ 关系	$\boldsymbol{H} = \dfrac{\boldsymbol{B}}{\mu_0 \mu_r}$	性质	无源场	性质	非保守场、有旋(涡旋场)

例 10.13 如图 10.15 所示,半径为 R_1 的无限长圆柱导体外有一层同轴圆筒状磁介质,圆筒外半径为 R_2,介质是均匀的,其相对磁导率为 μ_r,电流 I 在导体中均匀流过。

试求:(1)导体内($\mu_r \approx 1$)的磁场分布;(2)磁介质中的磁场分布;(3)磁介质外面的磁场分布。

解:圆柱体电流所产生的 $\boldsymbol{B}$ 和 $\boldsymbol{H}$ 的分布均具有轴对称性。设 a、b、c 分别为导线内、磁介质中及磁介质外的任意点,它们到圆柱体轴线的垂直距离用 r 表示,以 r 为半径作圆周。

(1) 对过 a 点的圆周应用 $\boldsymbol{H}$ 的安培环路定理,得

$$\oint_L \boldsymbol{H} \cdot d\boldsymbol{r} = H \cdot 2\pi r = \frac{I}{\pi R_1^2} \pi r^2$$

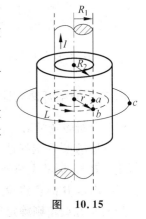

图 10.15

式中 $\dfrac{I}{\pi R_1^2} \pi r^2$ 是该环路所包围的电流,于是得磁场强度 $H = \dfrac{Ir}{2\pi R_1^2}$。

再由 $\boldsymbol{B}$、$\boldsymbol{H}$ 关系,得导线内的磁感应强度为

$$B = \mu_0 \mu_r H = \frac{\mu_0 Ir}{2\pi R_1^2}, \quad 0 < r < R_1$$

（2）对过 b 点的圆周应用 H 的安培环路定理得

$$\oint_L \boldsymbol{H} \cdot \mathrm{d}\boldsymbol{r} = H \cdot 2\pi r = I$$

因此,磁场强度为

$$H = \frac{I}{2\pi r}$$

由此得磁介质中的磁感应强度为

$$B = \mu_0 \mu_r H = \frac{\mu_0 \mu_r I}{2\pi r}, \quad R_1 < r < R_2$$

（3）将 H 的安培环路定理应用于过 c 点的圆周,仍然有磁场强度

$$H = \frac{I}{2\pi r}$$

于是得磁介质外面的磁感应强度为

$$B = \mu_0 \mu_r H = \frac{\mu_0 I}{2\pi r}, \quad r > R_2$$

磁场强度和磁感应强度的方向均与电流的流向成右手螺旋法则。

例 10.14　在密绕螺绕环内充满均匀磁介质,已知螺绕环上线圈总匝数为 N,通有电流 I,环的内外半径分别为 R_1、R_2,环横截面半径远小于环的平均半径,磁介质的相对磁导率为 μ_r。求磁介质中的磁感应强度。

解：由于电流和磁介质的分布对环的中心轴对称,所以与螺绕环共轴的圆周上各点 H 的大小相等,方向沿圆周的切线。如图 10.16 所示,在环内取与环共轴的半径为 r 的圆周为安培环路 L,应用 H 的安培环路定理得

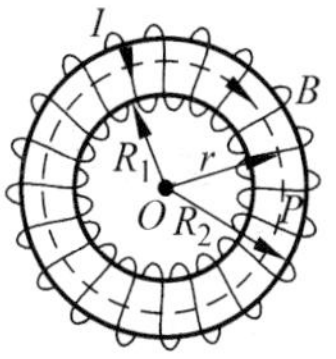

$$\oint_L \boldsymbol{H} \cdot \mathrm{d}\boldsymbol{r} = H \cdot 2\pi r = NI$$

因此,磁场强度

$$H = \frac{NI}{2\pi r}$$

图　10.16

由此得磁介质中的磁感应强度为

$$B = \mu_0 \mu_r H = \frac{\mu_0 \mu_r NI}{2\pi r}, \quad R_1 < r < R_2$$

磁感应强度的方向与电流流向成右手螺旋关系。

例 10.15　在密绕长直螺线管内充满均匀磁介质,磁介质的相对磁导率为 μ_r。已知螺线管沿轴向单位长匝数为 n,通有电流 I,如图 10.10(a)所示。求磁介质中的磁感应强度。

解：由对称性分析可知,螺线管内距对称轴等距离的点磁场强度相同,方向沿轴向,外部附近磁感强度趋于零,如图 10.10(b)所示。

选安培回路 L 绕向沿 $a \rightarrow b \rightarrow c \rightarrow d \rightarrow a$,如图 10.10(c)所示。

应用 H 的安培环路定理:

$$\oint_L \boldsymbol{H} \cdot \mathrm{d}\boldsymbol{r} = \int_{ab} \boldsymbol{H} \cdot \mathrm{d}\boldsymbol{r} + \int_{bc} \boldsymbol{H} \cdot \mathrm{d}\boldsymbol{r} + \int_{cd} \boldsymbol{H} \cdot \mathrm{d}\boldsymbol{r} + \int_{da} \boldsymbol{H} \cdot \mathrm{d}\boldsymbol{r}$$

$$\oint_L \boldsymbol{H} \cdot \mathrm{d}\boldsymbol{r} = H \cdot \overline{ab} = H \cdot \overline{ab} = In \overline{ab}$$

128

所以磁场强度

$$H = nI$$

由此得磁介质中的磁感应强度为

$$B = \mu_0 \mu_r H = \mu_0 \mu_r nI$$

10.7 磁   矩

任何载流线圈均可定义磁矩概念。

磁矩 P_m 定义：

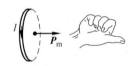

图 10.17 磁矩

（1）当电流分布在面积为 S 的线圈上时

$$P_m = IS = IS\boldsymbol{n}$$

磁矩方向与电流流向成右手螺旋关系，如图 10.17 所示。

当 S 很小时称磁偶极子，如果线圈有 N 匝，则

$$P_m = NIS\boldsymbol{n}$$

（2）当电流分布在面积为 S 的平面上时，

$$P_m = \int_S i \, \mathrm{d}S\boldsymbol{n}$$

10.8 洛 伦 兹 力

带电粒子在磁场中受洛伦兹力

$$F_m = q\boldsymbol{v} \times \boldsymbol{B}$$

大小 $F_m = qvB\sin\theta$；方向：正电荷受洛伦兹力 F_m 方向与速度 $\boldsymbol{v}$、磁场磁感应强度 $\boldsymbol{B}$ 成右手螺旋关系，如图 10.18 所示。

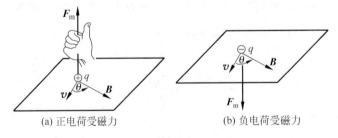

(a) 正电荷受磁力   (b) 负电荷受磁力

图 10.18 运动电荷在磁场中受力

带电粒子在电磁场中受力

$$F_m + F_e = q\boldsymbol{v} \times \boldsymbol{B} + q\boldsymbol{E}$$

10.9 带电粒子在均匀磁场中的运动

在均匀磁场中运动的带电粒子，当速度 v 与磁感应强度 $\boldsymbol{B}$ 之间有一任意夹角 α 时，带电粒子同时参与匀速直线运动和匀速圆周运动，结果它将沿磁场方向作螺旋线向前运动（见图 10.19）。

（1）回旋半径

$$R = \frac{mv_\perp}{qB} \frac{v\sin\alpha}{qB} = \frac{mv_\perp}{qB}$$

q/m 称荷质比,也称比荷。

  (2) 回旋周期

$$T = \frac{2\pi R}{v_\perp} = \frac{2\pi m}{qB}$$

  (3) 螺距

$$h = v_{//}T = \frac{2\pi m v_{//}}{qB}$$

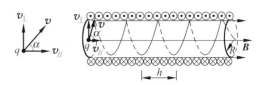

图 10.19　载流直螺线管磁场中粒子的螺旋运动

10.10　霍尔效应

1. 霍尔效应的定义

  如图 10.20 所示,将一载流 I 的导体板放在磁感应强度为 **B** 的磁场中,若磁场方向垂直于导体板并与电流流向垂直,则在既垂直于磁场方向又垂直于电流流向的导体板的两侧面(C、D)之间会产生一定的电势差。这一现象叫做霍尔效应,所产生的电势差叫做霍尔电压。

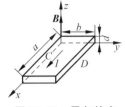

图 10.20　霍尔效应

2. 霍尔电压

$$U_\mathrm{H} = R_\mathrm{H}\frac{IB}{d}$$

霍尔电压 U_H 与导体中电流 I 及磁感应强度 B 成正比,与平行于磁场方向导体板的厚度 d 成反比。R_H 称为霍尔系数,仅与材料有关。

3. 霍尔系数

$$R_\mathrm{H} = \frac{1}{nq}$$

4. 量子霍尔效应

  1980 年德国物理学家克利青(K. Von Klitzing)在低温(1.5K)和强磁场(19T)条件下,发现霍尔电势差与电流的关系不再是线性的,而是台阶式的非线性关系。

5. 霍尔原理应用

  (1) 利用霍尔原理测 B、I 等,制作传感器测压力等。

  (2) 判断半导体的类型

  可利用霍尔效应测定固体的导电类型;对于半导体材料:如果 R_H 为正,则载流子为带正电的空穴,该半导体称为 P 型半导体;如果 R_H 为负,则载流子为带负电的电子,该半导体称为 N 型半导体。

  在磁场方向与电流流向不变的情况下,正载流子与负载流子受磁场力方向相同。

  例 10.16　如图 10.20 所示,一块半导体样品的体积为 $a \times b \times d$,沿 x 方向有电流 I,在 z 轴方向加有均匀磁场 **B**,实验测得 $U_{CD} = V_C - V_D > 0$,求此半导体的载流子浓度。此半导体为 P 型还是 N 型?(设粒子带电量为 q)

  解:在垂直于磁场方向和电流流向方向产生横向电势差,即

$$U_{CD} = R_H \frac{IB}{d} = \frac{1}{nq} \frac{IB}{d}$$

得

$$n = \frac{IB}{qdU_{CD}}$$

设电流是由正电荷沿 x 轴正向运动形成的,由 $\boldsymbol{F}_m = q\boldsymbol{v} \times \boldsymbol{B}$ 知正电荷将向 C 偏转,与实验所测结果 $U_{CD} > 0$ 一致,故此半导体为 P 型。

10.11   带电粒子在磁场中运动原理的应用

(1) 质谱仪;
(2) 磁流体发电机;
(3) 回旋加速器等。

10.12   安培定律   安培力

1. 电流元在磁场中受的安培力

$$\mathrm{d}\boldsymbol{F} = I\mathrm{d}\boldsymbol{l} \times \boldsymbol{B} (如图 10.21 所示)$$

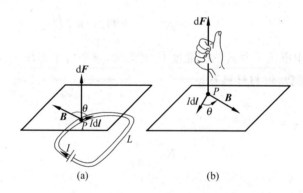

图 10.21   电流元在磁场中受的安培力

2. 载流导线 L 在磁场中受的安培力

$$\boldsymbol{F} = \int_L \mathrm{d}\boldsymbol{F} = \int_L I\mathrm{d}\boldsymbol{l} \times \boldsymbol{B}$$

例 10.17   如图 10.22(a)所示,长直导线上通有电流 I_1,它旁边有一长为 l 的载流 I_2 的导线 AB 与其共面。A 端距导线为 d ,AB 与水平线夹角为 β,求导线 AB 受的安培力大小和方向,开始时它将如何运动?

提示:在距 A 点为 l 处取电流元 $I_2\mathrm{d}l$,$I_2\mathrm{d}l$ 受力如图 10.22(b)所示,I_1 在 $I_2\mathrm{d}l$ 处所产生的磁场 $\boldsymbol{B}$ 大小为

$$B = \frac{\mu_0 I_1}{2\pi x}$$

方向垂直纸面向里。

电流元 $I_2\mathrm{d}l$ 所受的安培力为

$$\mathrm{d}\boldsymbol{F} = I\mathrm{d}\boldsymbol{l} \times \boldsymbol{B}$$

大小:

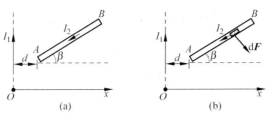

图 10.22

$$dF = I_2 dl \cdot \frac{\mu_0 I_1}{2\pi x}, \quad dl = \frac{dx}{\cos\beta}$$

dF 方向垂直 AB 并指向右下方,各电流元所受的安培力方向均相同。

由安培定律,磁场中载流导线受的安培力

$$\boldsymbol{F}_l = \int I d\boldsymbol{l} \times \boldsymbol{B}$$

载流导线 AB 受的安培力大小

$$F_l = \int_0^l BI_2 dl = \int_d^{d+l\cos\beta} \frac{\mu_0 I_1 I_2}{2\pi x} \frac{dx}{\cos\beta} = \frac{\mu_0 I_1 I_2}{2\pi\cos\beta} \ln\frac{d+l\cos\beta}{d}$$

方向垂直 AB 并指向右下方,由于从 $A \to B$ 导线各点受力依次减小,所以刚开始它将逆时针转动。

例 10.18 一通有电流 I、半径为 R 的半圆形闭合刚性线圈,放在磁感应强度为 $\boldsymbol{B}$ 垂直向外的均匀磁场中,回路平面垂直于磁场方向,如图 10.23(a)所示。求作用在半圆弧 ab 上的磁力及直径 ab 段的磁力。

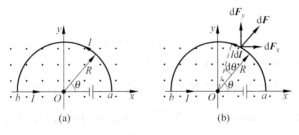

图 10.23

提示:如图 10.23(b)所示,在圆弧上取电流元 $I d\boldsymbol{l}$,它所受的安培力为

$$d\boldsymbol{F} = I d\boldsymbol{l} \times \boldsymbol{B}$$

将其沿坐标轴投影得

$$dF_x = BI dl\cos\theta, \quad dF_y = BI dl\sin\theta$$

积分得

$$F_x = \int_{ab} dF_x = \int_0^\pi IB\cos\theta R d\theta = 0$$

$$F_y = \int_{ab} dF_y = \int_0^\pi IB\sin\theta R d\theta = 2BIR$$

即半圆弧 ab 受的磁力,方向沿 y 轴正向;直径 ab 受的磁力 $F_{\overline{ab}} = 2BIR$,方向沿 y 轴负向。

结论:刚性平面载流导线在均匀磁场中所受的力,和与其始点和终点相同的载流直导线 $\overline{ab}$ 所受的磁场力相同。

10.13 磁 力 矩

载流线圈在均匀磁场中受磁力矩（见图 10.24）

$$M = P_m \times B$$

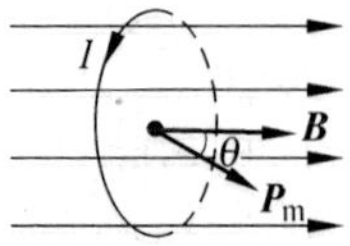

图 10.24 载流线圈在均匀磁场中受磁力矩

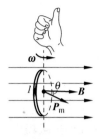

图 10.25

例 10.19 一载流为 I 的匀质圆形线圈，半径为 R，质量 m，置于磁感应强度为 B 的外磁场中静止，由如图 10.25 所示位置释放，此时 P_m 与 B 的夹角为 θ，试判断此时线圈的转动方向并求角加速度大小。（设线圈有 N 匝）

解：圆形线圈磁矩

$$P_m = NI\pi R^2 e_n$$

受外磁场的磁力矩

$$M = P_m \times B$$

磁力矩大小

$$M = N\pi R^2 BI\sin\theta$$

磁力矩方向如图 10.11 所示，向上（或平行纸面向上）。

此时线圈作绕竖直直径为轴的定轴转动，线圈磁矩转向外磁场方向，线圈转动惯量 $J = mR^2$，由转动定律：$M = J\alpha$，角加速度 $\alpha = \dfrac{\pi BI\sin\theta}{m}$ 随磁矩与磁场方向夹角变化。

例 10.20 一刚性线圈由半径为 R 的 1/4 圆弧和相互垂直的二直线组成，通以电流 I，把它放在磁感应强度为 B 的均匀磁场中（磁感应强度 B 的方向垂直纸面向外）。求：

（1）线圈平面与磁场垂直时，如图 10.26（a）所示，圆弧 $\overset{\frown}{ab}$ 所受的磁力；

（2）当线圈平面与磁场成 θ 角时，线圈所受的磁力矩。

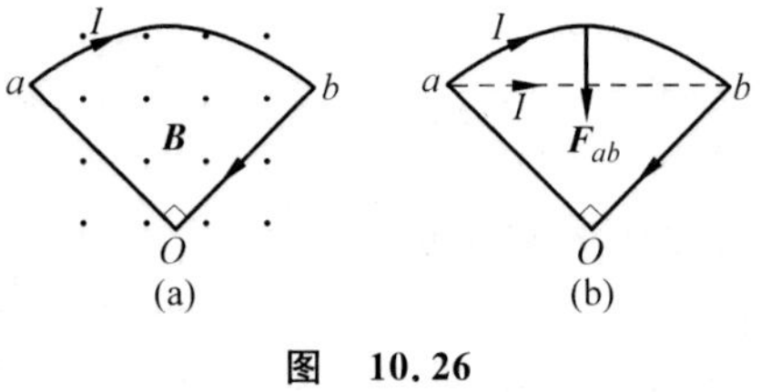

图 10.26

提示：

（1）在均匀磁场中，圆弧 $\overset{\frown}{ab}$ 所受的磁力与通以同样电流的直导线 $\overline{ab}$ 所受的磁力相同，由安培定律得

$$F_{\overset{\frown}{ab}} = F_{\overline{ab}} = \sqrt{2}RIB$$

方向与 ab 线垂直，与 aO 夹角为 45°，如图 10.26（b）所示。

（2）线圈的磁矩

$$P_m = ISn = \frac{\pi R^2 I}{4} n \text{（磁矩方向与线圈电流流向成右手螺旋关系）}$$

磁矩的方向与磁场方向呈夹角为 $\frac{\pi}{2} - \theta$，线圈受磁力矩大小为

$$M = P_m B \sin(\pi/2 - \theta) = \pi R^2 I \cos\theta/4$$

磁力矩的方向将驱使线圈磁矩方向转向与外磁场方向相同。

10.14　磁力矩的功

$$A = -\int_{\theta_1}^{\theta_2} M d\theta = -\int_{\theta_1}^{\theta_2} P_m B \sin\theta d\theta = -\left[(-P_m B \cos\theta_2) - (-P_m B \cos\theta_1)\right] = -(W_{m2} - W_{m1})$$

或 $A = NI(\Phi_{m2} - \Phi_{m1})$，$\Phi_m$ 为磁通量。

10.15　磁势能

定义

$$W_m = -P_m B \cos\theta = -P_m \cdot B$$

为磁势能。

注意：磁场是非保守场，磁势能是形式上引入的。

第 11 章 电 磁 感 应

【教学目标】

1. 重点

法拉第电磁感应定律物理意义的理解及应用。

2. 难点

对感生电场概念的理解和计算以及对自感、互感概念的理解和计算。

3. 基本要求

(1) 掌握法拉第电磁感应定律的物理意义,理解它与楞次定律的关系;理解电磁感应现象中不同运动形态能量间的相互转换关系。

(2) 能用动生电动势的公式计算几何形状简单的导体在磁场中的动生电动势;了解电子理论对动生电动势的解释,认识电动势的本质反映了电源内非静电能转换为电能的性质,从能量角度理解发电机和电动机的工作原理。

(3) 了解麦克斯韦从电磁感应现象引出感生电场的思路,了解感生电场的两条基本性质以及它们与静电场的区别。

(4) 了解自感现象及自感对回路电流变化的制约作用,掌握自感系数的物理意义。了解自感系数是回路内电磁惯性的量度以及决定自感系数的因素;了解自感现象中能量间的转换关系。

(5) 了解互感现象及互感对回路之间电流变化的制约作用,掌握互感系数的物理意义。

(6) 理解磁场能量的概念;了解磁场能量密度的概念,并能进行简单的计算。

【内容概要】

11.1 法拉第电磁感应定律

$\Psi=\Phi_1+\Phi_2+\cdots+\Phi_N$ 叫做全磁通或磁通链。若 Φ_i 相同,均为 Φ,则 $\Psi=N\Phi$。

1. 感应电动势

$$\varepsilon_i = -\frac{\mathrm{d}\Psi}{\mathrm{d}t} = -N\frac{\mathrm{d}\Phi}{\mathrm{d}t}$$

式中 N 是匝数,回路所围面积法向与回路绕向成右手螺旋关系,见图 11.1。

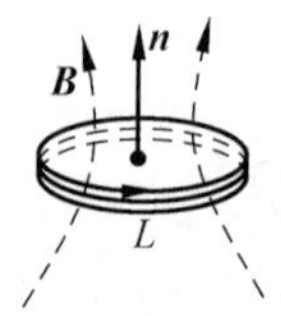

(1) 电动势的定义:电源的电动势等于电源把单位正电荷从负极板经电源内部移动到正极时所做的功。

$$\varepsilon = \int_a^b \boldsymbol{E}_k \cdot \mathrm{d}\boldsymbol{r} = \oint_L \boldsymbol{E}_k \cdot \mathrm{d}\boldsymbol{r}$$

E_k 为非静电场场强。

(2) 电动势方向规定:在电源内部由负极指向正极,见图 11.2。

图 11.1 回路所围面积法向与回路绕向成右手螺旋关系

（3）由法拉第电磁感应定律确定电动势方向的方法见图 11.3。

图 11.2　电动势方向规定　　　　图 11.3　法拉第电磁感应定律确定电动势方向

① 确定回路的绕行方向。

② 按右手螺旋法则确定回路面积的正法向。

③ 确定穿过回路面积磁通量的正负。

④ 由

$$\varepsilon_i = -\frac{\mathrm{d}\Psi}{\mathrm{d}t} = -N\frac{\mathrm{d}\Phi}{\mathrm{d}t}$$

若 $\varepsilon_i > 0$，电动势方向与回路绕向一致；

若 $\varepsilon_i < 0$，电动势方向与回路绕向相反。

2. 感应电流

如果闭合电路的电阻为 R，则感应电流

$$I_i = -\frac{1}{R}\frac{\mathrm{d}\Phi}{\mathrm{d}t}$$

3. 感应电量

当 $t = t_0$ 时，$\Phi = \Phi_0$，$t = t_1$ 时，$\Phi = \Phi_1$，通过回路中任一截面的感应电量（迁移的电量）

$$q = \int_{t_0}^{t_1} I_i \mathrm{d}t = -\frac{1}{R}\int_{\Phi_0}^{\Phi_1} \mathrm{d}\Phi = \frac{1}{R}(\Phi_0 - \Phi_1)$$

注意：在一段时间内通过导线截面的电荷量与这段时间内导线回路所包围的磁通量的变化值成正比，而与磁通量变化的快慢无关。如果测出感应电荷量，而回路电阻已知，就可以计算回路磁通量的变化值，常用的磁通计就是应用这种原理设计的。

例 11.1　如图 11.4 所示，一个截面很小的环形螺线管，单位长匝数为 n，截面积为 S，开关断开后电流随时间变化关系为 $I = I_0 e^{-t/\tau}$（SI 制），式中 I_0 及 τ 皆为大于零的常量。在环上再绕一匝数为 N、电阻为 R 的线圈 P，求：

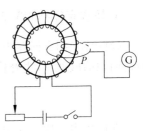

图 11.4　例 11.1 用图

（1）线圈 P 中感应电动势 ε_i 及感应电流 I_i；

（2）t 秒内通过线圈 P 的电量 q。

解：通电流 I 的螺线管内的磁场

$$B \approx \mu_0 n I$$

该磁场通过线圈 P 的磁通量

$$\Phi = \mu_0 n I S$$

（1）线圈 P 中感应电动势

$$\varepsilon_i = -N\frac{\mathrm{d}\Phi}{\mathrm{d}t} = -\mu_0 nNS\frac{\mathrm{d}I}{\mathrm{d}t} = \frac{\mu_0 nNSI_0}{\tau}\mathrm{e}^{-t/\tau}$$

感应电流

$$I_i = \varepsilon_i/R = \frac{\mu_0 nNSI_0}{\tau R}\mathrm{e}^{-t/\tau}$$

（2）t 秒内通过圈 P 的电量

$$q = \int_{t_0}^{t_1} I_i \mathrm{d}t = -\frac{N}{R}\int_{\Phi_0}^{\Phi_t}\mathrm{d}\Phi = \frac{N}{R}(\Phi_0 - \Phi_t) = \frac{\mu_0 nNSI_0}{R}(1 - \mathrm{e}^{-t/\tau})$$

当 $t \to \infty$ 时，

$$q = \frac{\mu_0 nNSI_0}{R}$$

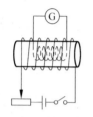

图 11.5　例 11.2 用图

例 11.2　如图 11.5 所示，一长直螺线管，在管的中部放置一个与它同轴线、面积 $S = 6\text{cm}^2$、$N = 10$ 匝、总电阻 $R = 2\Omega$ 的小线圈。开始时螺线管内的恒定磁场 $B_0 = 0.5\text{T}$，切断电源后管内磁场按指数规律 $B = B_0\mathrm{e}^{-t/\tau}$ 降到零，式中 $\tau = 0.01\text{s}$。求在小线圈内产生的最大感应电动势 $\varepsilon_{\max}$ 及通过小线圈截面的感生电荷量 q。

解：通过单匝小线圈的磁通量为

$$\Phi = B \cdot S = B_0 S\mathrm{e}^{-t/\tau}$$

在小线圈中产生的总感应电动势为

$$\varepsilon_i = -N\frac{\mathrm{d}\Phi}{\mathrm{d}t} = \frac{NB_0 S}{\tau}\mathrm{e}^{-t/\tau}$$

$t = 0$ 时感应电动势最大，其值为

$$\varepsilon_i = \frac{NB_0 S}{\tau} = \frac{10 \times 0.05 \times 6 \times 10^{-4}}{0.01} = 0.03(\text{V})$$

在 $t = 0$ 到 $t = \infty$ 这段时间内，通过小线圈截面的感生电荷量为

$$q = -\frac{N}{R}(\Phi_2 - \Phi_1) = -\frac{1}{R}(0 - \Phi_1) = \frac{N}{R}B_0 S$$

$$= \frac{10 \times 0.05 \times 6 \times 10^{-4}}{2} = 1.5 \times 10^{-4}(\text{C})$$

4. 楞次定律(1833 年)

（纯电阻）闭合回路中产生的感应电流具有确定的方向，它总是使感应电流所产生的通过回路面积的磁通量，去补偿或反抗引起感应电流的磁通量的变化。

11.2　动生电动势

在磁场中一段运动的导线中产生的电动势

$$\varepsilon_{ab} = \int_a^b (\boldsymbol{v} \times \boldsymbol{B}) \cdot \mathrm{d}\boldsymbol{l}$$

特殊情况：

$$\varepsilon_i = Blv$$

若 $\varepsilon_{ab} > 0, V_a < V_b$，即电动势方向与积分路径一致；

若 $\varepsilon_{ab} < 0, V_a > V_b$，即电动势方向与积分路径相反。

动生电动势的计算方法：

(1) $\varepsilon_{ab} = \int_a^b (\boldsymbol{v} \times \boldsymbol{B}) \cdot \mathrm{d}\boldsymbol{l}$

(2) $\varepsilon_i = -\dfrac{\mathrm{d}\Phi}{\mathrm{d}t}$

注意：

(1) 动生电动势的非静电力来自洛伦兹力，洛伦兹力不做功但能把机械能转化为电能。

(2) 动生电动势的非静电场场强为

$$\boldsymbol{E} = \boldsymbol{v} \times \boldsymbol{B}$$

例 11.3　如图 11.6(a)所示，一直导线中通有电流 I，有一垂直于导线、长为 L 的金属棒 ab 在与导线同一平面内，以恒定速度 v 沿竖直方向向上移动，棒左端与导线的距离为 d，求任一 t 时刻金属棒中的动生电动势的大小和方向。

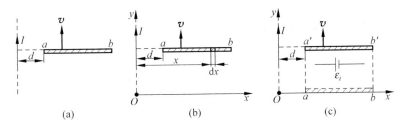

图 11.6　例 11.3 用图

解：以载流导线所在位置为原点(如图 11.6(b)所示)建立直角坐标系，长直载流导线产生的磁场磁感应强度 $B = \dfrac{\mu_0 I}{2\pi x}$，方向指里。

方法①

在距 O 点为 x 处，取线元 $\mathrm{d}\boldsymbol{l} = \mathrm{d}x\boldsymbol{i}$，该线元在磁场中运动时，它上面产生的电动势为

$$\mathrm{d}\varepsilon_i = \boldsymbol{v} \times \boldsymbol{B} \cdot \mathrm{d}\boldsymbol{l} = -Bv\mathrm{d}l = -\frac{\mu I}{2\pi x}v\mathrm{d}x$$

设积分路径从 $a \to b$，则金属棒 ab 上的电动势

$$\varepsilon_i = \int \mathrm{d}\varepsilon_i = \int_d^{d+L} -\frac{\mu_0 I}{2\pi x}v\mathrm{d}x = -\frac{\mu_0 I}{2\pi}v\ln\left(\frac{d+L}{d}\right)$$

ε_i 的指向是从 b 到 a，也就是 a 点的电势比 b 点高，即

$$V_b - V_a = -\frac{\mu_0 I}{2\pi}v\ln\left(\frac{d+L}{d}\right)$$

方法②

通过计算铜棒在单位时间所切割的磁感应线数来计算动生电动势。

如图 11.6(c)所示，设 $\Delta t = t - 0$，时间内金属棒由 ab 运动到 $a'b'$，取回路($abb'a'a$)绕向顺时针为 $a \to b \to b' \to a'$，则穿过回路的磁通量

$$\Phi = \int \boldsymbol{B} \cdot \mathrm{d}\boldsymbol{s} = \int_d^{d+L} \frac{\mu_0 I}{2\pi x}y\mathrm{d}x = \frac{\mu_0 I}{2\pi}y\ln\left(\frac{d+L}{d}\right)$$

式中 y 为 t 时刻金属棒所处的位置坐标。回路中产生的感应电动势

$$\varepsilon_i = -\frac{\mathrm{d}\Phi}{\mathrm{d}t} = -\frac{\mu_0 I}{2\pi}\ln\left(\frac{d+L}{d}\right) \cdot \frac{\mathrm{d}y}{\mathrm{d}t} = -\frac{\mu_0 I}{2\pi}v\ln\left(\frac{d+L}{d}\right)$$

其方向与回路绕向相反即逆时针,其中$\dfrac{\mathrm{d}y}{\mathrm{d}t}=v$。

例 11.4 如图 11.7 所示,已知铜棒长 L,在匀强磁场 $\boldsymbol{B}$ 中绕端点 O 以角速度 ω 沿逆时针方向旋转。

(1) 求铜棒中感生电动势的大小和方向;

(2) 若是半径为 L 的铜盘绕中心轴旋转,求中心与边缘之间的电势差;

(3) 求边缘 a、b 两点之间的电势差。

解:(1) 方法①

在距 O 点为 l 处取线元 $\mathrm{d}\boldsymbol{l}$,其速度大小 $v=\omega l$,方向垂直于导线,积分路径从 $O \to a$,

$$\mathrm{d}\varepsilon_i = \boldsymbol{v} \times \boldsymbol{B} \cdot \mathrm{d}\boldsymbol{l} = -B\omega l\,\mathrm{d}l$$

$(\boldsymbol{v} \times \boldsymbol{B})$ 方向从 $a \to O$,各小段的 $\mathrm{d}\varepsilon_i$ 的指向都是一样的,

$$\varepsilon_i = \int_0^a -B\omega l\,\mathrm{d}l = -\frac{1}{2}B\omega L^2$$

ε_i 的指向从 $a \to O$,即 O、a 两点电势差

$$V_O - V_a = \frac{1}{2}B\omega L^2$$

方法②:通过计算铜棒在单位时间所切割的磁感应线数来计算动生电动势。

设 Δt 内转过 $\Delta\theta$ 角度,取回路 $(OabO)$ 绕向顺时针为:$O \to a \to b \to O$,则

$$\Delta\Phi = B \cdot \frac{1}{2}L \cdot L\Delta\theta = \frac{1}{2}BL^2\Delta\theta$$

$$\varepsilon_i = -\frac{\mathrm{d}\Phi}{\mathrm{d}t} = -\lim_{\Delta t \to 0}\frac{\Delta\Phi}{\Delta t} = -\frac{1}{2}BL^2\frac{\mathrm{d}\theta}{\mathrm{d}t} = -\frac{1}{2}BL^2\omega$$

与回路绕行方向相反,即逆时针,ε_i 的指向从 $a \to O$。

(2) 若是铜盘,可以看成是由无数根并联的铜棒组成,结果同上。

(3) 边缘 a、b 两点之间的电势差相当于导体棒 Oa 与 Ob 并联,电势差

$$V_a - V_b = 0$$

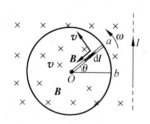

图 11.7 例 11.4 用图

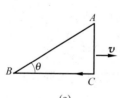

(a)

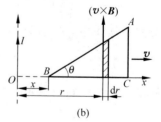

(b)

图 11.8 例 11.5 用图

例 11.5 如图 11.8(a)所示,无限长直导线,通以电流 I。有一与之共面的直角三角形线圈 ABC,已知 AB 边长为 L,AC 与长直导线平行,底角为 θ。若线圈以垂直于导线方向的速度 v 向右平移,当 B 点与长直导线的距离为 d 时,求线圈 ABC 内的感应电动势的大小和感应电动势的方向。

解:建立如图 11.8(b)所示坐标系,式中 x 是 t 时刻 B 点与长直导线的距离。

方法①

将三角形线圈看成三段运动导线,在直导线上取线元 $\mathrm{d}\boldsymbol{l}$,该处磁场 $B=\dfrac{\mu_0 I}{2\pi r}$,方向向内,线

元 $\mathrm{d}l$ 上有一个微元电动势 $\mathrm{d}\varepsilon_i = v \times \boldsymbol{B} \cdot \mathrm{d}l$，方向指向 A 端。导线上的电动势为各微元电动势的串联，即 BA 中动生电动势为

$$\varepsilon_{BA} = \int_B^A (v \times \boldsymbol{B}) \cdot \mathrm{d}l = \int_x^{x+L\cos\theta} \frac{\mu_0 Iv}{2\pi r} \cdot \frac{\mathrm{d}r}{\cos\theta} \cdot \cos\left(\frac{\pi}{2} - \theta\right)$$

$$= \frac{\mu_0 I}{2\pi} v \ln\left(\frac{x + L\cos\theta}{x}\right) \tan\theta$$

指向从 B 到 A；CA 中的动生电动势为

$$\varepsilon_{CA} = \int_C^A (v \times \boldsymbol{B}) \cdot \mathrm{d}l = \frac{\mu_0 Iv}{2\pi(x + L\cos\theta)} L\sin\theta$$

指向从 C 到 A；$\varepsilon_{BC} = 0$。

三角形内感应电动势为

$$\varepsilon_i = \varepsilon_{BA} + \varepsilon_{AC} + \varepsilon_{CB} = \frac{\mu_0 Iv}{2\pi}\left[\tan\theta \ln\left(\frac{x + L\cos\theta}{x}\right) - \frac{L\sin\theta}{(x + L\cos\theta)}\right]$$

$$= \frac{\mu_0 Iv}{2\pi}\tan\theta\left(\ln\frac{x + L\cos\theta}{x} - \frac{L\cos\theta}{x + L\cos\theta}\right)$$

当 $x = d$ 时，

$$\varepsilon_i = \frac{\mu_0 Iv}{2\pi}\tan\theta\left(\ln\frac{d + L\cos\theta}{d} - \frac{L\cos\theta}{d + L\cos\theta}\right)$$

方向为顺时针（$A \to C \to B \to A$）。

方法②

AB 边的方程为

$$y = (r - x)\tan\theta$$

选回路方向为顺时针（$A \to C \to B \to A$），三角形内磁通量为

$$\Phi = \int_x^{x+L\cos\theta} By\,\mathrm{d}x = \int_x^{x+L\cos\theta} \frac{\mu_0 I}{2\pi r}(r - x)\tan\theta\,\mathrm{d}r$$

$$= \frac{\mu_0 I}{2\pi}\left(L\cos\theta - x\tan\theta\ln\frac{x + L\cos\theta}{x}\right)$$

感应电动势为

$$\varepsilon_i = -\frac{\mathrm{d}\Phi}{\mathrm{d}t} = \frac{\mu_0 I}{2\pi}\tan\theta\left(\ln\frac{x + L\cos\theta}{x} - \frac{L\cos\theta}{x + L\cos\theta}\right) \cdot \frac{\mathrm{d}x}{\mathrm{d}t}, \quad \text{其中} \frac{\mathrm{d}x}{\mathrm{d}t} = v$$

当 $x = d$ 时，

$$\varepsilon_i = \frac{\mu_0 Iv}{2\pi}\tan\theta\left(\ln\frac{d + L\cos\theta}{d} - \frac{L\cos\theta}{d + L\cos\theta}\right)$$

方向为顺时针（$A \to C \to B \to A$）。

11.3　感生电动势

1. 感生(涡旋)电场 $E_i(E_\text{涡})$

麦克斯韦认为：即使不存在导体回路，变化的磁场在其周围也会激发一种电场，叫做感生电场，或涡旋电场。

1）感生电场的特点

（1）感生电场是由变化的磁场激发的。

（2）描述感生电场的电力线是闭合的，它是非保守场，即 $\oint_L \boldsymbol{E}_i \cdot \mathrm{d}\boldsymbol{r} \neq 0$，产生感生电动势的非静电力正是这一感生电场力。

（3）感生电场的性质：无源、有旋（非保守）。

（4）$\varepsilon_i = \oint_L \boldsymbol{E}_i \cdot \mathrm{d}\boldsymbol{r} = -\dfrac{\mathrm{d}\Phi}{\mathrm{d}t}$

在一般情形下，空间既存在感生电场也存在静电场，即

$$\boldsymbol{E} = \boldsymbol{E}_静 + \boldsymbol{E}_i$$

其中

$$\oint_L \boldsymbol{E}_静 \cdot \mathrm{d}\boldsymbol{r} = 0$$

所以当回路不变时

$$\oint_L \boldsymbol{E} \cdot \mathrm{d}\boldsymbol{r} = -\int_S \frac{\partial \boldsymbol{B}}{\partial t} \cdot \mathrm{d}\boldsymbol{S} \tag{1}$$

此即为电磁学的基本方程之一。

在稳恒条件下，$\dfrac{\mathrm{d}\Phi}{\mathrm{d}t}=0$ 或 $\dfrac{\partial \boldsymbol{B}}{\partial t}=0$，则

$$\oint_L \boldsymbol{E} \cdot \mathrm{d}\boldsymbol{r} = 0 \tag{2}$$

此即静电场的环路定理。

所以基本方程式（1）是静电场的环路定理式（2）在非稳恒条件下的推广。

2）感生电场的环流

由电动势定义及法拉第电磁感应定律得

$$\varepsilon_i = \oint_L \boldsymbol{E}_i \cdot \mathrm{d}\boldsymbol{r} = \oint_L (\boldsymbol{E}_静 + \boldsymbol{E}_i) \cdot \mathrm{d}\boldsymbol{r} = \oint_L \boldsymbol{E} \cdot \mathrm{d}\boldsymbol{r} = -\frac{\mathrm{d}\Phi}{\mathrm{d}t} = -\frac{\mathrm{d}}{\mathrm{d}t}\int_S \boldsymbol{B} \cdot \mathrm{d}\boldsymbol{S} = -\int_S \frac{\partial \boldsymbol{B}}{\partial t} \cdot \mathrm{d}\boldsymbol{S}$$

感生电场与静电场的比较见表 11.1。

表 11.1　感生电场与静电场比较

项　　目	静电场	感生电场
起源	静止电荷	变化磁场
高斯定律	$\oint_S \boldsymbol{E}_静 \cdot \mathrm{d}\boldsymbol{S} = \dfrac{1}{\varepsilon_0}\sum_i q_{i内}$	$\oint_S \boldsymbol{E}_感 \cdot \mathrm{d}\boldsymbol{S} = 0$
环路定理	$\oint_L \boldsymbol{E} \cdot \mathrm{d}\boldsymbol{r} = 0$	$\oint_L \boldsymbol{E} \cdot \mathrm{d}\boldsymbol{r} = -\displaystyle\int_S \frac{\partial \boldsymbol{B}}{\partial t} \cdot \mathrm{d}\boldsymbol{S}$
电场线	不闭合	闭合
性质	有源、无旋、保守场	无源、有旋、非保守（涡旋）场
特点	不能脱离源电荷存在	可以脱离"源"在空间传播
对电荷的作用	$\boldsymbol{F}_静 = q\boldsymbol{E}_静$	$\boldsymbol{F}_感 = q\boldsymbol{E}_感$
方向	由正电荷指向负电荷	由负电荷指向正电荷
联系	感生电场力作为产生感生电动势的非静电力，可以引起导体中电荷堆积，从而建立起静电场。在电源内部，静电场方向与感生电场方向相反，在电源外部二者反向	

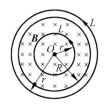

图 11.9　感生电场分析

3）无限长圆柱形空间中沿轴向的均匀磁场（设方向指里）随时间变化时产生的感生电场

由对称性分析可知：由于变化磁场是轴对称的，所以它激发的有旋电场也必然是轴对称的，而满足轴对称的有旋电场的电力线只能是绕对称轴的一族同心圆，且在同一圆周上，场强的大小 E 应处处相等。在垂直于圆柱轴向的截面取半径为 r 的回路 L，如图 11.9 所示，设回路绕向为逆时针，因为

$$\oint_L \boldsymbol{E}_i \cdot d\boldsymbol{r} = -\frac{d\Phi}{dt} = -\int_s \frac{\partial \boldsymbol{B}}{\partial t} \cdot d\boldsymbol{S} \tag{1}$$

$$2\pi r E_i = -\int_s \frac{\partial \boldsymbol{B}}{\partial t} \cdot d\boldsymbol{S} \tag{2}$$

感生电场强度为

$$E_i = -\frac{1}{2\pi r} \int_s \frac{\partial \boldsymbol{B}}{\partial t} \cdot d\boldsymbol{S}$$

$$E_i = \begin{cases} \dfrac{1}{2\pi r}\dfrac{\partial B}{\partial t}\pi r^2 = \dfrac{r}{2}\dfrac{\partial B}{\partial t}, & r \leqslant R \\[3mm] \dfrac{1}{2\pi r}\dfrac{\partial B}{\partial t}\pi R^2 = \dfrac{R^2}{2r}\dfrac{\partial B}{\partial t}, & r > R \end{cases}$$

当 $E_i > 0$ 时，$\boldsymbol{E}_i$ 的方向与回路绕向相同，反之则相反。

2. 感生电动势

导体回路不动，由于磁场变化产生的感应电动势叫做感生电动势。其表达式为

$$\varepsilon_i = \oint_L \boldsymbol{E}_i \cdot d\boldsymbol{r} = -\int_s \frac{\partial \boldsymbol{B}}{\partial t} \cdot d\boldsymbol{S}$$

注意：感生电动势、感生电场、感生电流方向一致。

例 11.6　如图 11.10 所示，在半径为 R 的长直载流螺线管内，充满磁感应强度为 $\boldsymbol{B}$ 的均匀磁场。有一底边长为 L 的等腰三角形金属框 Oab 放在垂直于磁场的横截面上。ab 与螺线管轴线的距离为 h。设磁场在增强，且 dB/dt 为已知常量，分别求 Oa、bO、ab 三边中感生电动势的大小和方向。

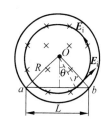

图 11.10　例 11.6 用图

解：方法①：用积分法求。

由上题可知，圆柱形磁场空间内的感生电场 $E_i = \dfrac{r}{2}\dfrac{dB}{dt}$，方向沿逆时针，且与同心圆环相切，即 Oa、bO 上任意一点的场强方向与该点径向路径垂直（$d\varepsilon_i = \boldsymbol{E}_i \cdot d\boldsymbol{r} = 0$），所以 Oa、bO 中电动势为 0。

ab 边中感生电动势为

$$\varepsilon_i = \int_a^b \boldsymbol{E} \cdot d\boldsymbol{r} = \int_{-L/2}^{L/2} \frac{r}{2}\frac{dB}{dt}dl\cos\theta = \int_{-L/2}^{L/2} \frac{r}{2}\frac{dB}{dt}dl \cdot \frac{h}{r} = \frac{dB}{dt}\frac{L}{2}\sqrt{R^2 - L^2/4}$$

即电动势沿 $a \rightarrow b$ 方向，b 点电势高。

方法②：利用电磁感应定律求解。

Oa、ab、bO 形成一个三角形闭合回路，设回路绕向为顺时针，则任意 t 时刻穿过该回路的磁通量为

$$\varPhi = \int \boldsymbol{B} \cdot \mathrm{d}\boldsymbol{S} = BS_{\triangle aOb} = \frac{L\ \sqrt{R^2 - L^2/4}}{2} B(t)$$

电动势为

$$\varepsilon_{\mathrm{i}} = -\frac{\mathrm{d}\varPhi}{\mathrm{d}t} = -\frac{L\ \sqrt{R^2 - L^2/4}}{2}\frac{\mathrm{d}B}{\mathrm{d}t}$$

回路电动势是逆时针方向,也即电动势指向沿 $a \to b$。

很显然,方法②比方法①简单。

例 11.7 在半径 $R = 1\mathrm{m}$ 的无限长圆柱空间内充满均匀磁场,方向垂直纸面向里,取一固定的等腰梯形回路 $abcd$,梯形所在平面的法向与圆柱空间的轴平行,位置如图 11.11 所示。设磁场以 $\dfrac{\mathrm{d}B}{\mathrm{d}t} = 100\mathrm{T/s}$ 的匀速率增加,已知 $\theta = \dfrac{1}{3}\pi$,$\overline{Oa} = \overline{Ob} = 40\mathrm{cm}$,求等腰梯形回路中感生电动势的大小和方向。

解: 设梯形回路 $abcd$ 中,包围变化磁场区域的面积为 S,选回路方向为顺时针($a \to b \to c \to d \to a$),由法拉第电磁感应定律得

$$\varepsilon = -\frac{\mathrm{d}\varPhi}{\mathrm{d}t} = -S\frac{\mathrm{d}B}{\mathrm{d}t} = -\left(\frac{1}{2}R^2\theta - \frac{1}{2}\overline{ab} \cdot \overline{Oa} \cdot \cos\frac{\theta}{2}\right)\frac{\mathrm{d}B}{\mathrm{d}t}$$

$$= -\left(\frac{1}{2}\times 1^2 \times \frac{\pi}{3} - \frac{1}{2}\times 0.4^2 \cos\frac{\pi}{6}\right)\times 100 = -45.5(\mathrm{V})$$

负号表示电动势方向与回路绕向相反,即逆时针绕向。

注意: 动生电动势和感生电动势的名称也是一个相对的概念,因为在不同的惯性系中,对同一个电磁感应过程的理解不同。

图 11.11 例 11.7 用图   图 11.12 例 11.8 用图

例 11.8 在一通有电流 I 的无限长直导线所在平面内,有一半径为 r、电阻为 R 的导线环,任意时刻环中心距直导线为 x,如图 11.12 所示,且 $x \gg r$。

(1) 当电流 I 固定时,若线圈以速度 v 向右平移时,求线圈中的感应电动势;

(2) 当 $x = a$ 固定时,若电流以速率 $\mathrm{d}I/\mathrm{d}t$ 增加,求线圈中的感应电动势;

(3) 当直导线的电流被切断后,沿着导线环流过的电量约为多少?

解: 按题意,线圈所在处磁场可看作匀场 $B = \dfrac{\mu_0 I}{2\pi x}$,且方向向里,设导线环回路沿顺时针方向,故穿过线圈的磁通量为

$$\varPhi \approx BS = \frac{\mu_0 I}{2\pi x} \cdot \pi r^2 = \frac{\mu_0 r^2 I}{2x}$$

(1) 线圈以速度 v 向右平移时,按法拉第电磁感应定律有

$$\varepsilon = -\frac{\mathrm{d}\varPhi}{\mathrm{d}t} = -\frac{\mathrm{d}}{\mathrm{d}t}\left(\frac{\mu_0 r^2 I}{2x}\right) = \frac{\mu_0 r^2 I}{2x^2}\frac{\mathrm{d}x}{\mathrm{d}t} = \frac{\mu_0 I r^2 v}{2x^2}$$

感应电动势为顺时针方向(也可由楞次定律判定)。

(2) 当 $x=a$ 固定,电流以速率 dI/dt 增加时,按法拉第电磁感应定律,线圈中的感应电动势为

$$\varepsilon = -\frac{d\Phi}{dt} = -\frac{\mu_0 r^2}{2a}\frac{dI}{dt}$$

感应电动势为逆时针方向(也可由楞次定律判定)。

(3) 当 $x=a$ 固定时,直导线切断电流的过程中,在导线环中有感生电动势,大小为 $\varepsilon = -\frac{d\Phi}{dt}$,感应电流为

$$i = -\frac{\varepsilon}{R} = -\frac{1}{R}\frac{d\Phi}{dt}$$

沿导线环流过的电量为

$$q = \int i\,dt = -\frac{1}{R}\int \frac{d\Phi}{dt}dt = -\frac{1}{R}\Delta\Phi = -\frac{1}{R}(0-\Phi)$$

$$\approx BS \cdot \frac{1}{R} = \frac{\mu_0 I}{2\pi a}\cdot\pi r^2\frac{1}{R} = \frac{\mu_0 I r^2}{2aR}$$

例 11.9　一载有电流 $I=I_0\cos\omega t$ 的无限长直导线与一具有 N 匝的矩形线框处在同一平面内,I_0 与 ω 均为正值恒量,电流流向、线框位置、尺寸如图 11.13 所示,当矩形线框以速度 v 向右运动时,求矩形线框中的感应电动势。

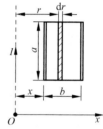

提示:长直载流导线的磁场 $B=\frac{\mu_0 I}{2\pi r}$,$dS=a\,dr$ 选线圈回路绕向为顺时针,则穿过线圈的磁通量为

$$\Phi = \int d\Phi = \int_S \boldsymbol{B}\cdot d\boldsymbol{S} = \int_x^{x+b}\frac{\mu_0 I}{2\pi r}a\,dr = \frac{\mu_0 Ia}{2\pi}\ln\frac{x+b}{x}$$

图 11.13　例 11.9 用图

$$\varepsilon_i = -N\frac{d\Phi}{dt} = -\frac{N\mu_0 a}{2\pi}\left[\frac{dI}{dt}\ln\frac{x+b}{x} + \frac{d}{dt}\left(\ln\frac{x+b}{x}\right)\right]$$

$$I = I_0\cos\omega t$$

$$\varepsilon = \frac{N\mu_0 I_0 a}{2\pi}\left[\omega\sin\omega t\cdot\ln\frac{x+b}{x} + \cos\omega t\cdot\frac{b}{(x+b)x}\frac{dx}{dt}\right]$$

$$= \frac{N\mu_0 I_0 a}{2\pi}\left[\omega\sin\omega t\cdot\ln\frac{x+b}{x} + \frac{bv}{(x+b)x}\cos\omega t\right]$$

上式中第一项为感生电动势,第二项为动生电动势。

11.4　自　　感

1. 自感现象

由于回路中电流产生的磁通量发生变化,而在自身回路中激发感应电动势的现象,称为自感现象,见图 11.14,相应的电动势称为自感电动势。

2. 自感系数

$L=\Psi/i$,俗称"电磁惯性",$\Psi=\Phi_1+\Phi_2+\cdots+\Phi_N$ 为全磁通或磁通链。

图 11.14　自感现象

3. 自感电动势

当回路不变形,周围磁介质不变,自感电动势为

$$\varepsilon_L = -L\frac{\mathrm{d}i}{\mathrm{d}t}$$

例 11.10 求长直螺线管(见图 11.15)的自感系数 L 为多少? 已知直螺线管长 l、半径 R、匝数 N、所充磁介质磁导率 μ。

解:设回路通有电流 I,螺线管内磁场 $B = \mu\dfrac{NI}{l}$,通过管内的全磁通

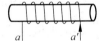

图 11.15 例 11.10 用图

$$N\Phi = \mu\frac{IN^2S}{l}$$

按定义 $N\Phi = LI$,所以

$$L = \frac{N\Phi}{I} = \mu\frac{N^2S}{l} = \mu\frac{\pi R^2 N^2}{l}$$

又 $n = \dfrac{N}{l}$,$Sl = V$,所以,$L = \mu n^2 V$,式中 V 为螺线管体积。

11.5 互   感

1. 互感现象

由于一个回路中电流变化,引起另一个回路中磁通量变化并激起感应电动势的现象称为互感现象(见图 11.16)。相应的电动势称为互感电动势。

2. 互感系数

设两个回路的位置固定不变,周围介质的磁导率也不改变(铁磁质除外),则由回路 1 中的电流 i_1 所产生的穿过回路 2 的磁通链 $\boldsymbol{\Psi}_{21}$ 与 i_1 成正比,即

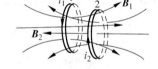

图   11.16

$$\boldsymbol{\Psi}_{21} = M_{21}i_1$$

比例系数 M_{21} 叫做回路 1 对 2 的互感系数,简称互感(与 i_1 无关)。

同理,$\boldsymbol{\Psi}_{12} = M_{12}i_2$,理论和实验都可证明,$M_{21} = M_{12} = M$,对于 N_1 和 N_2 匝的两回路

$$M = N_2\Phi_{21}/i_1 = N_1\Phi_{12}/i_2$$

3. 互感电动势

当 i_1 变化时,在回路 2 中产生互感电动势为

$$\varepsilon_{21} = -\frac{\mathrm{d}\boldsymbol{\Psi}_{21}}{\mathrm{d}t} = -M_{21}\frac{\mathrm{d}i_1}{\mathrm{d}t}（在 M_{21} \text{ 不变情况下}）$$

同理

$$\varepsilon_{12} = -\frac{\mathrm{d}\boldsymbol{\Psi}_{12}}{\mathrm{d}t} = -M_{12}\frac{\mathrm{d}i_2}{\mathrm{d}t}$$

例 11.11 如图 11.17(a)所示,一导体棒 ab 在均匀磁场中沿金属导轨向右作匀加速运动,磁场方向垂直导轨所在平面。若导轨电阻忽略不计,并设铁芯磁导率为常数,则达到稳定

后在电容器 C 的 M 极板上带正电荷还是负电荷？电荷电量是否变化？

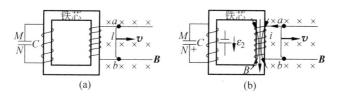

图 11.17 例 11.11 用图

解： 因为导线 ab 中感应电流流向沿 $b \rightarrow a$，且含 ab 闭合回路中磁通量增加，由于加速度运动，所以感应电流增大，线圈中磁通量增加，由于互感，根据楞次定律，左边线圈感生电动势方向指下，如图 11.17(b) 所示，所以 N 极板带正电荷。

对右边回路，感应电动势 $\varepsilon_1 = vBl$，设 ab 长 l，其中感应电流

$$i = \frac{\varepsilon_1}{R} = \frac{vBl}{R}$$

由于互感，右边感应电流产生的磁场穿过左边线圈磁链数 $\Psi = Mi = M\dfrac{vBl}{R}$ 且增加，左边感生电动势为

$$\varepsilon_2 = -\frac{d\Psi}{dt} = -\frac{MBl}{R}\frac{dv}{dt}$$

由于金属导轨向右作匀加速运动，因此 ε_2 为常数，所以 M 上带有定量的负电荷。

例 11.12 一圆环形线圈 a 由 N_a 匝细线绕成，半径 R_a 很小。将其放在另一个匝数为 N_b、半径为 R_b $(R_b \gg R_a)$ 的圆环形线圈 b 中心，两线圈同轴，如图 11.18 所示。求：(1)两线圈的互感系数；(2)当线圈 a 中的电流以 $\dfrac{di}{dt} = C$，C 为大于零的常量增加时，线圈 b 内磁通量的变化率；(3)线圈 b 的感生电动势。

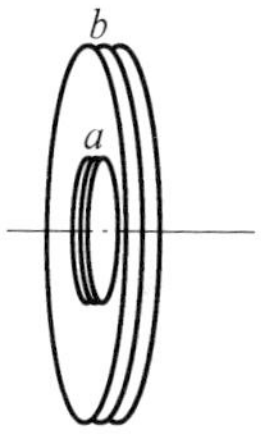

解：(1) 线圈 b 在轴心处产生的磁场

$$B_b = \frac{\mu_0 i_b}{2R_b}N_b$$

图 11.18 例 11.12 用图

穿过线圈 a 的磁通量及全磁通分别为

$$\Phi_{ab} \approx B_b S_a, \quad \Psi_{ab} = N_a \Phi_{ab} = B_b S_a N_a = \frac{\pi N_a N_b \mu_0 i_b R_a^2}{2R_b}$$

两线圈的互感系数

$$M = \frac{\Psi_{ab}}{i_b} = \frac{\pi N_a N_b \mu_0 R_a^2}{2R_b}$$

(2) 线圈 a 在轴心处产生的磁场 $B_a = \dfrac{\mu_0 i_a}{2R_a}N_a$，通过线圈 b 内磁通量

$$\Phi_{ba} = \Phi_{ab} \approx B_a S_a$$

线圈 b 内磁通量的变化率

$$\frac{d\Phi_{ba}}{dt} = \frac{\mu_0 N_a S_a}{2R_a}\frac{di_a}{dt} = \frac{\mu_0 \pi R_a N_a}{2}$$

（3）线圈 b 的感生电动势

$$\varepsilon_{ba} = -M\frac{\mathrm{d}i_a}{\mathrm{d}t} = -\frac{\pi N_a N_b \mu_0 R_a^2 C}{2R_b}$$

负号说明线圈 b 中感生电动势方向与线圈 a 中电流流向相反。

例 11.13 如图 11.19 所示，一长直螺线管其截面积为 S，长为 l，共 N_1 匝，另一截面积也

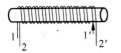

图 11.19 例 11.13 用图

为 S 共 N_2 匝的长直螺线管与其共轴放置，所充磁介质磁导率 μ，求它们的互感系数。

解：设线圈 1 中通以电流 I，它所产生的磁场

$$B = \mu nI = \mu\frac{N_1 I}{l}$$

该磁场通过线圈 2 的磁链数

$$\Psi_2 = N_2\Phi = \mu\frac{N_1 N_2 I}{l}S$$

则互感系数

$$M = \frac{N_2\Phi}{I} = \mu\frac{N_1 N_2}{l}S = \mu n_1 n_2 lS = \sqrt{L_1 L_2}$$

例 11.14 两线圈的自感分别是 L_1 和 L_2，互感为 M。

（1）顺串见图 11.20(a)，求 1、2′ 之间的自感系数；

（2）反串见图 11.20(b)，求 1、2 之间的自感系数。

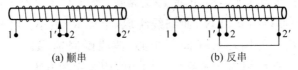

(a) 顺串   (b) 反串

图 11.20 例 11.14 用图

解：（1）由于顺串联，L_1 和 L_2 中的电流流向相同，1、2′ 间总磁通为

$$\Phi = \Phi_{11} + \Phi_{12} + \Phi_{22} + \Phi_{21}$$
$$= L_1 I_1 + MI_2 + L_2 I_2 + MI_1$$

串联时，$I_1 = I_2 = I$，则

$$\Phi = (L_1 + 2M + L_2)I$$

由 $L = \dfrac{\Phi}{I}$，得 $L = L_1 + L_2 + 2M$。

（2）由于反串联，L_1 和 L_2 中的电流流向相反，1、2 间总磁通为

$$\Phi = \Phi_{11} - \Phi_{12} + \Phi_{22} - \Phi_{21} \quad （设与电流构成右手系为正）$$
$$= L_1 I_1 - MI_2 + L_2 I_2 - MI_1$$

反串时，$I_1 = I_2 = I$，则

$$\Phi = (L_1 - 2M + L_2)I$$

同理 $L = \dfrac{\Phi}{I}$，得

$$L = L_1 + L_2 - 2M$$

这里 Φ_{11}、Φ_{22} 总是大于零，而 Φ_{12}、Φ_{21} 的正负要根据电流来判断。

4.计算自感系数 L 和互感系数 M 的一般步骤

（1）先假设回路通有电流 I，并求出磁场 $\boldsymbol{B}$ 的分布；

（2）求全磁通（磁通链）Ψ；

（3）利用定义：$L = \dfrac{\Psi}{I}$，$M = \dfrac{\Psi}{I}$。

11.6　磁场能量

1. 自感磁能

$$W_{\mathrm{m}} = \int_0^I Li\,\mathrm{d}i = \frac{1}{2}LI^2$$

磁能密度

$$w_{\mathrm{m}} = \frac{1}{2}\boldsymbol{B} \cdot \boldsymbol{H} = \frac{1}{2}\frac{B^2}{\mu} = \frac{1}{2}\mu H^2$$

2. 某磁场空间的磁能

$$W_{\mathrm{m}} = \int_V w_{\mathrm{m}}\,\mathrm{d}V$$

电场能量与磁场能量的比较见表 11.2。

表 11.2　电场能量与磁场能量比较

电场能量		磁场能量	
电容器储能	$\dfrac{1}{2}CU^2 = \dfrac{1}{2}QU = \dfrac{Q^2}{2C}$	自感线圈储能	$\dfrac{1}{2}LI^2$
电场能量密度	$w_{\mathrm{c}} = \dfrac{1}{2}\boldsymbol{E} \cdot \boldsymbol{D} = \dfrac{1}{2}\varepsilon E^2 = \dfrac{1}{2}\dfrac{D^2}{\varepsilon}$	磁场能量密度	$w_{\mathrm{m}} = \dfrac{1}{2}\boldsymbol{B} \cdot \boldsymbol{H} = \dfrac{1}{2}\dfrac{B^2}{\mu} = \dfrac{1}{2}\mu H^2$
电场能量	$W_{\mathrm{m}} = \int_V w_{\mathrm{c}}\,\mathrm{d}V$	磁场磁能	$W_{\mathrm{m}} = \int_V w_{\mathrm{m}}\,\mathrm{d}V$

例 11.15　截面为矩形的螺绕环共 N 匝，尺寸如图 11.21 所示，下半部矩形表示螺绕环的截面，在螺绕环的轴线上有一无限长直导线。求：

（1）螺绕环的自感系数；

（2）长直导线与螺绕环的互感系数；

（3）在螺绕环内通以电流 I，螺绕环内的磁能。

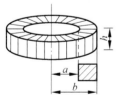

图 11.21　例 11.15 用图

解：（1）设螺绕环内通以电流 I，选半径为 r 的同轴圆环为安培环路，由安培环路定理得

$$\oint_L \boldsymbol{B} \cdot \mathrm{d}\boldsymbol{r} = 2\pi r B = \mu_0 N I$$

螺绕环内的磁场为

$$B = \frac{\mu_0 N I}{2\pi r}$$

穿过一匝矩形线圈的磁通量

$$\Phi = \int \boldsymbol{B} \cdot \mathrm{d}\boldsymbol{S} = \int_a^b \frac{\mu_0 NI}{2\pi r} h \, \mathrm{d}r = \frac{\mu_0 NIh}{2\pi} \ln \frac{b}{a}$$

通过螺绕环的全磁通为

$$\Psi = N\Phi = \frac{\mu_0 N^2 Ih}{2\pi} \ln \frac{b}{a}$$

由自感系数的定义,自感系数为

$$L = \frac{\Psi}{I} = \frac{N\Phi}{I} = \frac{\mu_0 N^2 h}{2\pi} \ln \frac{b}{a}$$

（2）载流 I 的长直导线的磁场

$$\oint_L \boldsymbol{B} \cdot \mathrm{d}\boldsymbol{r} = 2\pi r B = \mu_0 I, \quad B = \frac{\mu_0 I}{2\pi r}$$

该磁场穿过一匝矩形线圈的磁通量

$$\Phi = \int \boldsymbol{B} \cdot \mathrm{d}\boldsymbol{S} = \int_a^b \frac{\mu_0 I}{2\pi r} h \, \mathrm{d}r = \frac{\mu_0 Ih}{2\pi} \ln \frac{b}{a}$$

通过螺绕环的全磁通

$$\Psi = N\Phi = \frac{\mu_0 NIh}{2\pi} \ln \frac{b}{a}$$

由互感系数的定义,它们的互感系数为

$$M = M_{21} = \frac{\Psi_{21}}{I_1} = \frac{N\Phi}{I} = \frac{\mu_0 Nh}{2\pi} \ln \frac{b}{a}$$

（3）在螺绕环内通以电流 I,螺绕环内的磁能

$$W_m = \frac{1}{2} LI^2 = \frac{\mu_0 N^2 h}{4\pi} I^2 \ln \frac{b}{a}.$$

第 12 章 电磁场和电磁波

【教学目标】

1. 重点

确切理解位移电流的概念,了解麦克斯韦方程组的物理意义。

2. 难点

如何引入位移电流的概念,并正确地理解和运用。

3. 基本要求

(1) 理解麦克斯韦电磁场理论的两个基本假设:
① 变化的电场激发磁场;② 变化的磁场激发电场。
(2) 理解位移电流的基本概念,明确位移电流的实质是变化的电场与介质中电荷的微观运动。
(3) 掌握麦克斯韦方程组的积分形式及物理意义。
(4) 了解电磁波的产生和某些重要特性。

【内容概要】

12.1 位 移 电 流

为了将稳恒磁场的安培环路定理推广到非稳恒磁场,麦克斯韦提出又一重要假设:位移电流概念。

1. 位移电流定义

通过某个平面(或曲面)的位移电流就是通过该平面(或曲面)的电位移通量对时间的变化率。即 $I_D = \dfrac{\partial \Phi_D}{\partial t}$,$\Phi_D = \displaystyle\int_S \boldsymbol{D} \cdot \mathrm{d}\boldsymbol{S}$ 为电位移通量。就电流的磁效应而言,变化的电场与电流等效。

2. 位移电流密度

$$\boldsymbol{j}_D = \frac{\partial \boldsymbol{D}}{\partial t}, \quad I_D = \int_S \boldsymbol{J}_D \cdot \mathrm{d}\boldsymbol{S} = \int_S \frac{\partial \boldsymbol{D}}{\partial t} \cdot \mathrm{d}\boldsymbol{S}$$

3. 位移电流物理意义

电位移矢量 $\boldsymbol{D}$ 与电场强度 $\boldsymbol{E}$、电极化强度 $\boldsymbol{P}$ 之间的关系

$$\boldsymbol{D} = \varepsilon_0 \boldsymbol{E} + \boldsymbol{P}$$

$$\boldsymbol{j}_D = \frac{\partial \boldsymbol{D}}{\partial t} = \varepsilon_0 \frac{\partial \boldsymbol{E}}{\partial t} + \frac{\partial \boldsymbol{P}}{\partial t}$$

由此可见,位移电流取决于空间电场变化和电介质分子中电荷的微观运动。

真空中:

$$\frac{\partial \boldsymbol{P}}{\partial t} = 0, \quad \boldsymbol{j}_D = \varepsilon_0 \frac{\partial \boldsymbol{E}}{\partial t}$$

揭示出变化电场与电流的等效关系。

4. 传导电流与位移电流的比较(见表 12.1)

表 12.1　传导电流与位移电流的比较

项　　目		传导电流 I_0	位移电流 I_D
不同点	起源	电子或离子相对于导体的定向运动或带电物体的机械运动	变化电场和极化电荷的微观运动
	热效应	产生焦耳热	无焦耳热。介质发热是分子间摩擦所致
	依存环境	只在导体中存在	在导体、电介质、真空中均存在
相同点		都能激发磁场	

5. 电流分类

(1) 传导电流:电子或离子相对于导体的定向运动所形成的电流。

(2) 运流电流:带电物体的机械运动所形成的电流,也常归类到传导电流。

(3) 位移电流:把变化的电场看作为等效电流。

(4) 全电流:传导电流(含运流电流)、位移电流的代数和。即

$$I = I_{传导} + I_{位移}$$

12.2　全电流安培环路定理

$$\oint_L \boldsymbol{H} \cdot \mathrm{d}\boldsymbol{l} = \sum_{(L内)} I_全 = \sum_{(L内)} (I_0 + I_D) = \oint_S \left(\boldsymbol{j} + \frac{\partial \boldsymbol{D}}{\partial t} \right) \cdot \mathrm{d}\boldsymbol{S}$$

其中

$$\boldsymbol{H} = \boldsymbol{H}_{传导} + \boldsymbol{H}_{位移}$$

在空间没有传导电流的情况下有

$$\oint_L \boldsymbol{H}_{位移} \cdot \mathrm{d}\boldsymbol{r} = \int_S \frac{\partial \boldsymbol{D}}{\partial t} \cdot \mathrm{d}\boldsymbol{S} = \frac{\mathrm{d}\Phi_D}{\mathrm{d}t},$$

与感生电场环路定理比较可得

$$\oint_L \boldsymbol{E}_{感} \cdot \mathrm{d}\boldsymbol{r} = -\int_S \frac{\partial \boldsymbol{B}}{\partial t} \cdot \mathrm{d}\boldsymbol{S} = -\frac{\mathrm{d}\Phi_B}{\mathrm{d}t}$$

二者形式上是对称的,相差负号反映了能量转化和守恒的规律,即磁场增加则电场减弱。

12.3　麦克斯韦方程组及意义

1. 介质中麦克斯韦方程组及意义

介质中麦克斯韦方程组及意义见表 12.2。

表 12.2　介质中的麦克斯韦方程组及意义

项目		高斯定律		环路定理	
		积分式	微分式	积分式	微分式
电场	静电场	$\oint_S \boldsymbol{D}_{静电} \cdot \mathrm{d}\boldsymbol{S} = \int_V \rho_{自由}\,\mathrm{d}V$	$\nabla \cdot \boldsymbol{D}_{静电} = \rho_{自由}$	$\oint_L \boldsymbol{E}_{静电} \cdot \mathrm{d}\boldsymbol{r} = 0$	$\nabla \times \boldsymbol{E}_{静电} = \boldsymbol{0}$
	感生电场	$\oint_S \boldsymbol{D}_{感生} \cdot \mathrm{d}\boldsymbol{S} = 0$	$\nabla \cdot \boldsymbol{D}_{感生} = 0$	$\oint_L \boldsymbol{E}_{感生} \cdot \mathrm{d}\boldsymbol{r} = -\int_S \dfrac{\partial \boldsymbol{B}}{\partial t} \cdot \mathrm{d}\boldsymbol{S}$	$\nabla \times \boldsymbol{E}_{感生} = -\dfrac{\partial \boldsymbol{B}}{\partial t}$
	一般电场	$\oint_S \boldsymbol{D} \cdot \mathrm{d}\boldsymbol{S} = \int_V \rho_0\,\mathrm{d}V$ $\boldsymbol{D} = \boldsymbol{D}_{静电} + \boldsymbol{D}_{感生}$	$\nabla \cdot \boldsymbol{D} = \rho_{自由}$	$\oint_L \boldsymbol{E} \cdot \mathrm{d}\boldsymbol{r} = -\int_S \dfrac{\partial \boldsymbol{B}}{\partial t} \cdot \mathrm{d}\boldsymbol{S}$ $\boldsymbol{E} = \boldsymbol{E}_{静电} + \boldsymbol{E}_{感生}$	$\nabla \times \boldsymbol{E} = -\dfrac{\partial \boldsymbol{B}}{\partial t}$
	意义	静电场有源,感生电场无散		除静电荷产生电场外,变化的磁场也产生感生电场。静电场保守、无旋,感生电场非保守、有旋	
磁场	稳恒	$\oint_S \boldsymbol{B}_{传导} \cdot \mathrm{d}\boldsymbol{S} = 0$	$\nabla \cdot \boldsymbol{B}_{传导} = 0$	$\oint_L \boldsymbol{H} \cdot \mathrm{d}\boldsymbol{r} = \int_S \boldsymbol{J}_{传导} \cdot \mathrm{d}\boldsymbol{S}$	$\nabla \times \boldsymbol{H}_{传导} = \boldsymbol{J}_{传导}$
	非稳恒	$\oint_S \boldsymbol{B} \cdot \mathrm{d}\boldsymbol{S} = 0$ $\boldsymbol{B} = \boldsymbol{B}_{传导} + \boldsymbol{B}_{位移}$	$\nabla \cdot \boldsymbol{B} = 0$	$\oint_L \boldsymbol{H} \cdot \mathrm{d}\boldsymbol{r} = \int_S \left(\boldsymbol{J}_{传导} + \dfrac{\partial \boldsymbol{D}}{\partial t}\right) \cdot \mathrm{d}\boldsymbol{S}$ $\boldsymbol{H} = \boldsymbol{H}_{传导} + \boldsymbol{H}_{位移}$	$\nabla \times \boldsymbol{H} = \boldsymbol{J}_{传导} + \dfrac{\partial \boldsymbol{D}}{\partial t}$
	意义	目前自然界中没发现磁单极,磁场是无散场		除传导电流产生磁场外,变化的电场等效位移电流也产生磁场。磁场非保守、有旋	

方程中各量关系:

$$D = \varepsilon_0 \varepsilon_r E, \quad j = \gamma E(\gamma \text{ 为电导率}), \quad \boldsymbol{B} = \mu_0 \mu_r \boldsymbol{H}$$

2. 真空中麦克斯韦方程组及意义

$$(1)\oint_S \boldsymbol{E} \cdot \mathrm{d}\boldsymbol{S} = \frac{\sum_i q_i}{\varepsilon_0} = \frac{1}{\varepsilon_0}\int_V \rho \mathrm{d}V$$

意义:电场的高斯定律,电荷和变化磁场都产生电场,前者电力线从正电荷出发,终止于负电荷,但后者电力线闭合,其通量为零,有电荷存在的场点,散度不为零。

$$(2)\oint_S \boldsymbol{B} \cdot \mathrm{d}\boldsymbol{S} = 0$$

磁场的高斯定律,或磁通连续定理,它说明目前自然界中没有磁单极存在。磁场是无散涡旋场,磁感应线是闭合的。

$$(3)\oint_L \boldsymbol{E} \cdot \mathrm{d}\boldsymbol{r} = -\oint_S \frac{\partial \boldsymbol{B}}{\partial t} \cdot \mathrm{d}\boldsymbol{S}$$

法拉第电磁感应定律,它说明变化的磁场和电场的关系。除静电荷产生电场外,变化的磁场也产生电场——感生电场(或涡旋电场)。

$$(4)\oint_L \boldsymbol{B} \cdot \mathrm{d}\boldsymbol{r} = \mu_0 \int_S \left(\boldsymbol{J} + \varepsilon_0 \frac{\partial \boldsymbol{E}}{\partial t}\right) \cdot \mathrm{d}\boldsymbol{S}$$

一般形式下的安培环路定理,它说明磁场和电流及变化电场的关系。除传导电流产生磁场外,变化的电场等效位移电流也产生磁场。

3. 直角坐标系下的算符

（1）∇——梯度算符：

$$\nabla = \frac{\partial}{\partial x}\boldsymbol{i} + \frac{\partial}{\partial y}\boldsymbol{j} + \frac{\partial}{\partial z}\boldsymbol{k}$$

作用在标量 φ 上，

$$\nabla\varphi = \frac{\partial\varphi}{\partial x}\boldsymbol{i} + \frac{\partial\varphi}{\partial y}\boldsymbol{j} + \frac{\partial\varphi}{\partial z}\boldsymbol{k}$$

（2）∇·——散度算符，作用在矢量 $\boldsymbol{A}$ 上，

$$\nabla \cdot \boldsymbol{A} = \frac{\partial A_x}{\partial x} + \frac{\partial A_y}{\partial y} + \frac{\partial A_z}{\partial z}$$

$$\nabla \cdot \boldsymbol{A} = \lim_{\Delta V \to 0}\frac{\oint_S \boldsymbol{A} \cdot \mathrm{d}\boldsymbol{S}}{\Delta V}$$ ——单位体积的通量，ΔV 为 S 面包围的体积。

（3）∇×——旋度算符，作用在矢量 A 上，

$$\nabla \times \boldsymbol{A} = \begin{vmatrix} \boldsymbol{i} & \boldsymbol{j} & \boldsymbol{k} \\ \dfrac{\partial}{\partial x} & \dfrac{\partial}{\partial y} & \dfrac{\partial}{\partial z} \\ A_x & A_y & A_z \end{vmatrix}$$

$$\nabla \times \boldsymbol{A} = \lim_{S \to 0}\frac{\oint_L \boldsymbol{A} \cdot \mathrm{d}\boldsymbol{l}}{S} \cdot \boldsymbol{n}$$ ——单位面积的环流，S 为以 L 为边界的曲面。$\boldsymbol{n}$ 为 S 的法向，其方向与回路绕向成右螺旋关系。

4. 数学定理

（1）高斯定理

$$\oint_S \boldsymbol{A} \cdot \mathrm{d}\boldsymbol{S} = \int_V (\nabla \cdot \boldsymbol{A})\mathrm{d}V$$

（2）斯托克斯定理

$$\oint_L \boldsymbol{A} \cdot \mathrm{d}\boldsymbol{r} = \int_S (\nabla \times \boldsymbol{A}) \cdot \mathrm{d}\boldsymbol{S}$$

12.4 电磁波的性质及能量

（1）横波性与偏振性，电场 $\boldsymbol{E}$、磁场 $\boldsymbol{H}$、传播速度 $\boldsymbol{u}$ 相互垂直且成右手螺旋关系。（见图 12.1）；

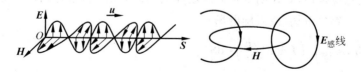

图 12.1 电磁波的传播过程

（2）$\boldsymbol{E}$、$\boldsymbol{H}$ 同步变化；

（3）$\varepsilon^{1/2}E = \mu^{1/2}H$；

（4）电磁波速 $u = 1/(\varepsilon\mu)^{1/2}$，真空中 $u = c = 1/(\varepsilon_0\mu_0)^{1/2}$；

（5）电磁波的能流密度矢量：$\boldsymbol{S} = \boldsymbol{E} \times \boldsymbol{H}$（坡印廷矢量）。

12.5　圆形平行板电容器内电场随时间变化时产生的磁场

$$H = -\frac{r}{2}\frac{\mathrm{d}D}{\mathrm{d}t}\left(\text{或}\frac{r}{2}\frac{\mathrm{d}D}{\mathrm{d}t}\right), \quad 0 < r \leqslant R; \quad H = -\frac{R^2}{2r}\frac{\mathrm{d}D}{\mathrm{d}t}\left(\text{或}\frac{R^2}{2r}\frac{\mathrm{d}D}{\mathrm{d}t}\right), \quad r \geqslant R$$

（正负号与所选回路的方向有关）

例 12.1　如图 12.2（a）所示，半径为 R 的两块圆形金属板组成平行板电容器,中间充满介电常数为 ε_r、磁导率为 μ_r 的各向同性磁介质,充电时板间电场强度的时间变化率 $\mathrm{d}E/\mathrm{d}t$ 为大于零的常量,不计边缘效应。求：

（1）两板间的位移电流密度大小；

（2）两板间距离两板中心轴线为 r 的各点磁感应强度的大小。

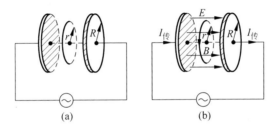

图 12.2　例 12.1 用图

解：（1）位移电流密度

$$j_D = \frac{\partial D}{\partial t} = \varepsilon_0\varepsilon_r\frac{\partial E}{\partial t}$$

（2）由介质中的安培环路定理

$$\oint_L \boldsymbol{H} \cdot \mathrm{d}\boldsymbol{r} = I_0 + \frac{\mathrm{d}\Phi_e}{\mathrm{d}t}$$

L 选与极板同轴且平行极板平面的回路,如图 12.2（b）所示,传导电流 $I_0 = 0$。当 $r < R$ 时,由全电路安培环路定理得

$$2\pi r H = \pi r^2 \frac{\mathrm{d}D}{\mathrm{d}t}$$

$$H = \frac{r}{2}\frac{\mathrm{d}D}{\mathrm{d}t}$$

$$B = \mu_0\mu_r H = \frac{r}{2}\mu_0\mu_r\frac{\mathrm{d}D}{\mathrm{d}t}$$

当 $r > R$ 时,

$$2\pi r H = \pi R^2 \frac{\mathrm{d}D}{\mathrm{d}t}$$

$$H = \frac{R^2}{2r}\frac{\mathrm{d}D}{\mathrm{d}t}$$

$$B = \mu_0 H = \mu_0\varepsilon_0\frac{R^2}{2r}\frac{\mathrm{d}E}{\mathrm{d}t}$$

第4篇 波动光学篇

第13章 光的干涉

【教学目标】

1. 重点

掌握光程差的概念,会用其分析杨氏双缝干涉和薄膜干涉现象及规律。

2. 难点

光的空间相干性和时间相干性的理解。

3. 基本要求

(1) 掌握光的干涉现象及其产生的条件;了解获得相干光的三种方法,即波阵面分割法、振幅分割法和分振动面法。

(2) 掌握杨氏双缝干涉条纹的分布规律及波动理论对条纹规律的解释。

(3) 掌握光程的概念和光程差与位相差的关系,能用光程差分析劈尖以及牛顿环实验中条纹的分布规律。

(4) 掌握增透膜、增反膜的工作原理和应用。

(5) 了解迈克耳孙干涉仪的工作原理,会运用基本理论去解释光的干涉现象的某些应用。

(6) 了解光的空间相干性和时间相干性。

【内容概要】

13.1 光的单色性 光的相干性

1. 光的单色性

具有单一频率的光波称为单色光,严格的单色光是不存在的。任何光源所发出的光波都有一定的频率(或波长)范围,在此范围内,各种频率(波长)所对应的强度是不同的。以波长(或频率)为横坐标,强度为纵坐标,可以直观地表示出这种强度与波长间的关系,称为光谱曲线,如图13.1所示。

谱线所对应的波长范围越窄,则光的单色性越好。设谱线波长为 λ,强度为 I_0,通常将强度下降到 $I_0/2$ 时两点之间的波长范围 $\Delta\lambda$ 当作谱线宽度,它是标志谱线单色性好坏的物理量。普通单色性光

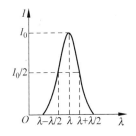

图 13.1 光谱曲线

源,如钠光灯等的谱线宽度为 $0.1 \sim 10^{-3}$ nm,激光的谱线宽度只有 10^{-9} nm,甚至更小。

2. 光的相干性

实际光的相干条件如下:

(1) 必要条件:频率相同的两光波在相遇点有相同的振动方向和固定的位相差。

(2) 充分条件:

① 两光波在相遇点所产生的振动的振幅相差不能太大(由可见度定义);

② 两光波在相遇点的光程差不能太大(波列长度=相干长度)。

3. 相干光的获得

实现光干涉的基本思想是将光源发出的各个光波列分别分解成两个子光波列,然后让两个子光波列在同一个区域相遇而发生干涉。由于在相遇区域内的两个子光波列是从同一个光波列分解出来的,它们的频率和偏振方向完全相同。而在相遇地点的相位差决定于两个子光波列在分开后的路程和介质环境,若能保证光源的各个光波列被分解后两个子光波列的路程和介质环境都是一样的,则所有光波列在干涉地点的干涉结果都是相同的,因此干涉图样就是稳定的。比如,一个光波列分解后的两个子光波列在某点处是干涉加强(明条纹),则所有其他光波列在该点的干涉都是加强(明条纹)。所以,从同一光波列分解出来的子光波列形成的光束互称为相干光。

获得相干光的方法通常有分波振面(如杨氏双缝干涉)、分振幅(如薄膜干涉)、分振动面(如偏振光的干涉)三种。

4. 光的相干叠加与非相干叠加

对于光波,振动矢量(简称光矢量)主要是指电场 $\boldsymbol{E}$。

设两列相干光振动表达式为

$$E_1 = E_{10}\cos(\omega t - \varphi_1), \quad E_2 = E_{20}\cos(\omega t - \varphi_2)$$

合成光矢量 $\boldsymbol{E} = \boldsymbol{E}_1 + \boldsymbol{E}_2$。因为两光矢量是同方向,所以

$$E = E_0\cos(\omega t - \varphi)$$

其中

$$E_0 = \sqrt{E_{10}^2 + E_{20}^2 + 2E_{10}E_{20}\cos(\varphi_2 - \varphi_1)}$$

$$\varphi = \arctan\frac{E_{10}\sin\varphi_1 + E_{20}\sin\varphi_2}{E_{10}\cos\varphi_1 + E_{20}\cos\varphi_2}$$

在观察的时间间隔 $\tau(\tau \gg$ 光的振动周期$)$内,平均光强 I 是正比于 $\overline{E_0^2}$ 的,即

$$I \propto \overline{E_0^2} = \frac{1}{\tau}\int_0^\tau E_0^2\,\mathrm{d}t$$

$$= \frac{1}{\tau}\int_0^\tau [E_{10}^2 + E_{20}^2 + 2E_{10}E_{20}\cos(\varphi_2 - \varphi_1)]\,\mathrm{d}t$$

$$= E_{10}^2 + E_{20}^2 + 2E_{10}E_{20}\frac{1}{\tau}\int_0^\tau \cos(\varphi_2 - \varphi_1)\,\mathrm{d}t$$

对非相干光 $\int_0^\tau \cos(\varphi_2 - \varphi_1)\,\mathrm{d}t = 0$,所以 $\overline{E_0^2} = E_{10}^2 + E_{20}^2$,光强 $I = I_1 + I_2$。

对相干光:两束光有恒定的位相差,即 $\Delta\varphi = \varphi_2 - \varphi_1$ 为常量,合成后光强度为

$$I = I_1 + I_2 + 2\sqrt{I_1 I_2}\cos(\varphi_2 - \varphi_1)$$

I 与位相差有关,屏幕上各点的强度重新分布,有些地方:$I < I_1 + I_2$;有些地方:$I > I_1 + I_2$。

若 $I_1 = I_2$,则

$$I = 2I_1[1 + \cos(\Delta\varphi)] = 4I_1\cos^2\frac{\Delta\varphi}{2}$$

光强 I 随位相差变化的分布曲线如图 13.2 所示。

讨论:

当 $\Delta\varphi = 0, \pm 2\pi, \pm 4\pi, \cdots$ 时,$I = I_{max} = 4I_1$

当 $\Delta\varphi = \pm\pi, \pm 3\pi, \cdots$ 时,$I = I_{min} = 0$

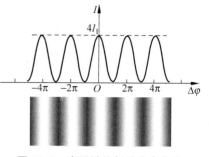

图 13.2　光强随位相差分布曲线

13.2　杨氏双缝干涉(分波振面)

1. 实验装置及现象

1) 实验装置

在传统的杨氏双缝实验中,用单色平行光照射一窄缝 S,窄缝相当于一个线光源。S 后放有与 S 平行且对称的两平行的狭缝 S_1 和 S_2,两缝之间的距离很小(0.1mm 数量级)。两窄缝处在 S 发出光波的同一波阵面上,构成一对初相相同的等强度的相干光源。它们发出的相干光在相遇的空间叠加相干。在双缝的后面放一个观察屏,可以在屏幕上观察到明暗相间的对称的干涉条纹,如图 13.3 所示。现代物理实验中,通常是直接把激光束投射到双缝上,即可在屏上观察到干涉条纹。

2) 现象

(1) 干涉条纹是以双缝中垂面为对称面,与狭缝几何形状相似、等间距的明暗相间的条纹。

(2) 用不同的单色光源做实验时,条纹间距不同:波长短,条纹密;波长长,条纹疏。

(3) 用白光做实验,除中央条纹是白色外,两侧是由紫到红的彩色条纹。

2. 实验原理

双缝 S_1、S_2 间距为 d,M 是双缝的中点,屏幕与双缝间距为 D,且 $D \gg d$,P_0 是双缝中垂面与屏幕的交点,以 P_0 为原点,向上为坐标轴正向,按图 13.4 所示建立坐标系。

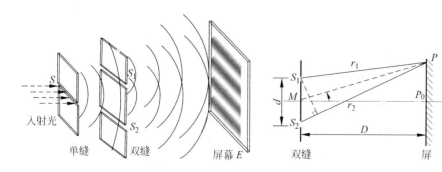

图 13.3　双缝实验装置　　　　图 13.4　杨氏双缝干涉原理分析

从 M 点引屏幕上 P 点的连线,设 MP 与 MO 的夹角为 θ。

1) 波程差

从 S_1、S_2 同一时刻发出的同相位的光到达屏幕上 P 点的波程差

$$\delta = r_2 - r_1 \approx d\sin\theta \approx d\tan\theta = \frac{dy}{D} = \begin{cases} \pm k\lambda, & k = 0,1,2,\cdots \text{明条纹} \\ \pm(2k-1)\dfrac{\lambda}{2}, & k = 1,2,\cdots \text{暗条纹} \end{cases}$$

2) 对应的位相差

$$\Delta\varphi = 2\pi\frac{\delta}{\lambda} = \frac{2\pi}{\lambda} \cdot d \cdot \frac{y}{D} = \begin{cases} \pm 2k\pi, & k = 0,1,2,\cdots \text{明条纹} \\ \pm(2k-1)\dfrac{\pi}{2}, & k = 1,2,\cdots \text{暗条纹} \end{cases}$$

3) 明暗纹位

$$y = \begin{cases} \pm k\dfrac{D\lambda}{d}, & k = 0,1,2,\cdots \text{明条纹} \\ \pm(2k-1)\dfrac{D\lambda}{2d}, & k = 1,2,\cdots \text{暗条纹} \end{cases}$$

4) 条纹间距

$$\Delta y = \frac{D}{d}\lambda$$

13.3 光程和光程差

两光束在同一媒质中传播时。位相差 $\Delta\varphi$ 和几何路程或波程差 δ 之间的关系为

$$\Delta\varphi = 2\pi\frac{\delta}{\lambda}$$

但当两束光通过不同的媒质时,则条纹不仅与波程差 δ 有关,而且与媒质的性质有关。

设光在真空中的波速为 c,频率为 ν,波长为 λ,媒质的折射率为 n,列表比较光在介质中传播的几何距离与同一时间内相当于真空中传播的几何距离的关系如表 13.1 所示。

表 13.1 光程意义

比较项目	频率	波速	波长	时间	Δt 时间内光传播几何距离
真空	ν	c	λ	$\Delta t = x/(c/n)$	答案 $\Delta t \cdot c = nx$
介质	ν	c/n	λ/n	$\Delta t = x/(c/n)$	x

1. 光程定义

光波在媒质中的几何路程 x 与相应折射率 n 的乘积即 nx 为光波在某一媒质中的光程,记为 $\delta = nx$。

2. 光程的意义

同一频率的光波在折射率为 n 的媒质中传播的几何路程 x 相当于同一时间内在真空中传播的路程 nx。

3. 光程差

光程差即两束光的光程之差,记

$$\Delta = n_2 r_2 - n_1 r_1 \quad （见图 13.5）$$

注意：薄透镜具有等光程性,或平行光经薄透镜会聚不产生附加光程差即物点与像点间各光线等光程,平行光经薄透镜会聚时各光线的光程相等(见图 13.6)。

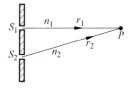

图 13.5　光程差分析

4. 位相差与光程差的关系

$$\Delta\varphi = 2\pi \frac{\Delta}{\lambda}$$

其中 λ 是真空中的波长。

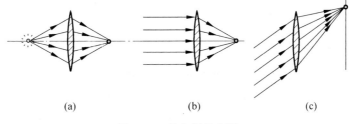

(a)　　　　　　　(b)　　　　　　　(c)

图 13.6　等光程示意图

5. 时间差与光程差的关系

$$\Delta t = \Delta / c = 光程差/真空中光速$$

6. 干涉条件

$$\Delta\varphi = 2\pi \frac{\Delta（光程差）}{\lambda（真空中）} = \begin{cases} \pm 2k\pi, & k = 0,1,2,\cdots 加强 \\ \pm(2k+1)\pi, & k = 0,1,2,\cdots 减弱 \end{cases}$$

或

$$\Delta = \begin{cases} k\lambda, & k = 0,1,2,\cdots 加强 \\ (2k+1)\dfrac{\lambda}{2}, & k = 0,1,2,\cdots 减弱 \end{cases}$$

7. 光的半波损失

在研究驻波时知道,若波从波疏介质入射到波密介质表面反射时,反射波将发生相位突变或半波损失。光的反射也同样可能有半波损失现象发生。光从光疏介质入射到光密介质分界面而产生反射时,反射光也会产生半波损失。半波损失不是光在介质内传播过程中产生的,而是在反射的瞬间在界面上发生的,常称为附加光程差。在光程和光程差的计算中必须考虑附加光程差 $\lambda/2$。

例 13.1　如图 13.7 所示,用很薄的云母片($n=1.58$)覆盖在双缝实验中的一条缝上,这时屏幕上的零级明条纹移到原来的第 9 级明条纹的位置上。如果入射光波长为 580nm,试问此云母片的厚度为多少?

解：设云母片的厚度为 l,没有云母片时,S_1、S_2 到 P 点的光程差为

$$r_2 - r_1 = 9\lambda$$

有云母片时,S_1、S_2 到 P 点的光程差为

$$r_2 - r_1 - (n-1)l = 0$$

$$l = k\frac{\lambda}{n-1} = 9 \times \frac{580 \times 10^{-9}}{1.58 - 1} = 9 \times 10^{-6}(\text{m})$$

例 13.2 在双缝干涉实验中,单色光源 S_0 到两狭缝 S_1 和 S_2 的距离分别为 l_1 和 l_2,并且 $l_1 - l_2 = 2\lambda$,λ 为入射光的波长,双缝之间的距离为 d,双缝到屏幕的距离为 D,如图 13.8 所示。求:(1)零级明条纹到屏幕中央点 P_0 的距离;(2)相邻明条纹间的距离。

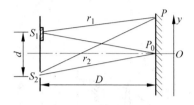 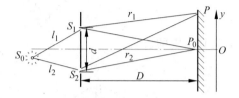

图 13.7　例 13.1 用图　　　　　　　　　　图 13.8　例 13.2 用图

解:(1) 设 P_0 点上方 y 处的 P 点为零级明条纹,则

$$(l_2 + r_2) - (l_1 + r_1) = 0$$

$$r_2 - r_1 = l_1 - l_2 = 2\lambda$$

又

$$r_2 - r_1 \approx d \cdot \frac{y}{D}$$

所以

$$y = \frac{D(r_2 - r_1)}{d} = \frac{2D\lambda}{d}$$

(2) 在屏上距 P_0 点为 y 处的任意点,光程差为

$$\delta = (l_2 + r_2) - (l_1 + r_1) = d\frac{y}{D} - 2\lambda$$

明纹条件为

$$\delta = \pm k\lambda, \quad k = 0,1,2,3,\cdots$$

得

$$y_k = (\pm k\lambda + 2\lambda) \cdot \frac{D}{d}$$

相邻明纹间距

$$\Delta y = y_{k+1} - y_k = \frac{D\lambda}{d}$$

13.4　干涉条纹的可见度　光波的时间相干性和空间相干性

为了描述干涉花样的强弱对比,需要引入可见度的概念。

1. 可见度

1) 定义

$$V = \frac{I_{\max} - I_{\min}}{I_{\max} + I_{\min}}$$

两束相干光叠加的合振幅平方及光强分别为

$$A^2 = A_1^2 + A_2^2 + 2A_1A_2\cos\Delta\varphi, \quad I = I_1 + I_2 + 2\sqrt{I_1I_2}\cos\Delta\varphi$$

当 $\Delta\varphi = \pm 2k\pi, k = 0, 1, 2, \cdots$ 时,

$$I_{max} = (\sqrt{I_1} + \sqrt{I_2})^2$$

当 $\Delta\varphi = \pm(2k+1)\pi, k = 0, 1, 2\cdots$ 时,

$$I_{min} = (\sqrt{I_1} - \sqrt{I_2})^2$$

可见度另一定义:

$$V = \frac{2A_1A_2}{A_1^2 + A_2^2}$$

当 $A_1 = A_2$, 即 $I_1 = I_2$ 时, $I_{max} = 4I_1, I_{min} = 0, V = 1$;

当 $A_1 \neq A_2$, 即 $I_1 \neq I_2$ 时, $I_{min} \neq 0, V < 1$。

讨论: 当 $I_{min} = 0, V = 1$ 时, 条纹反差最大, 清晰, 如图 13.9(a)所示; 当 $I_{max} \approx I_{min}, V = 0$ 时, 条纹模糊不清不可分辨, 如图 13.9(b)所示。

一般情况 $V \geqslant 0.7$ 时, 条纹便可分辨。

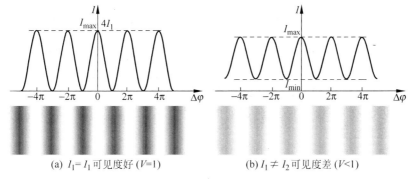

(a) $I_1 = I_2$ 可见度好 ($V=1$) (b) $I_1 \neq I_2$ 可见度差 ($V<1$)

图 13.9 可见度对比

2) 光源的非单色性对干涉条纹的影响

下面以杨氏实验为例说明光源的非单色性对干涉条纹的影响。设光源的波长为 λ, 其谱线宽度为 $\Delta\lambda$。

各级明纹中心位置

$$y = \pm k\frac{D\lambda}{d}, \quad k = 0, 1, 2, \cdots$$

第 k 级明纹宽度

$$\Delta y = \frac{kD}{d}\left[\left(\lambda + \frac{\Delta\lambda}{2}\right) - \left(\lambda - \frac{\Delta\lambda}{2}\right)\right] = \frac{kD\Delta\lambda}{d}$$

随着干涉级次的提高, 同一级干涉条纹的宽度增大, 条纹的可见度相应地降低。当波长为 $\lambda_2 = \lambda + \frac{\Delta\lambda}{2}$ 的第 k 级与波长为 $\lambda_1 = \lambda - \frac{\Delta\lambda}{2}$ 的第 $k+1$ 级条纹重合时, 条纹的可见度降为零, 无法观察到条纹。

3) 干涉的最大级次(干涉条纹的可见度降为 $V \rightarrow 0$ 对应的级次) k_M

$$k_M\left(\lambda + \frac{\Delta\lambda}{2}\right) = (k_M + 1)\left(\lambda - \frac{\Delta\lambda}{2}\right), \quad k_M \approx \frac{\lambda}{\Delta\lambda}$$

2.时间相干性——(光场的)纵向相干性(反映原子发光的断续性)

严格的单色光是具有确定的频率和波长的简谐波,它在时间和空间上都是无始无终的,形成了无限长波列。然而从微观机制看,实际的光源中的原子或分子等微观客体,每次发射的光波波列都是有限长的。即使在非常稀薄的气体中相互作用几乎可以忽略的情况下,它们发射的波列所持续的时间也不会超过 10^{-8} s。

1)相干长度

双缝到第 k_M 级明条纹中心的最大光程差:

$$\delta_{\max} = k_M\lambda = \frac{\lambda^2}{\Delta\lambda}$$

光源的单色性决定产生干涉条纹的最大光程差。

相干光必须来自同一个原子或分子的同一次发射的波列,而这种波列的长度 L 是有限的。

对于有一定波长范围的非单色光源,波列的长度 L 至少应等于最大光程差,才有可能观察到 k_M 级以下的干涉条纹,由此可得波列的长度

$$L = r_2 - r_1 = \delta_{\max} = k_M\lambda = \frac{\lambda^2}{\Delta\lambda}$$

如图 13.10 所示。波列的长度与光源的谱线宽度成反比。即光源的谱线宽度越窄,波列的长度越长,光源的单色性就越好。

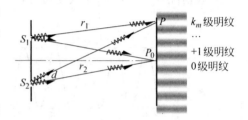

图 13.10　光的纵向相干性

2)相干时间

两列相干波到达某点的时间差小于或等于 $\Delta t = \dfrac{L}{c} = \dfrac{\lambda^2}{\Delta\lambda \cdot c}$ 时,才能产生干涉。

$\tau = L/c$ 称相干时间。

3.空间相干性——横向相干性

光的空间相干性与光源的线度有关。

1)光源的线度对干涉条纹的影响

如果光源有一定的宽度,我们可以把它看成由很多线光源构成,各个线光源在屏幕上形成各自的干涉花样,这些干涉花样具有一定的位移,位移量的大小与线光源 S 到双缝的距离有关。这些干涉花样的非相干叠加,使总的干涉花样模糊不清,甚至会使干涉条纹的可见度降为零。

下面讨论两条线光源的情况:

设光源宽度为 d',光源中心及两端点对应的线光源分别为 S、S'、S'',若 S' 的干涉花样的最大值与 S 的干涉花样的最小值重合时,干涉条纹的可见度降为零,见图 13.11。

设光源到双缝的距离为 r_0,S' 到 S_1 和 S_2 的距离分别为 l_1 和 l_2,从 S_2 作 S_1S' 的垂线,垂足为 C,即当光程差为 $\delta = l_1 - l_2 \approx d\sin\alpha \approx d\alpha = \lambda/2$ 时,可见度为零。此时有

$$\alpha \approx \frac{d'/2}{r_{01}} = \frac{d/2}{r_{02}}$$

应用合比定理,则得

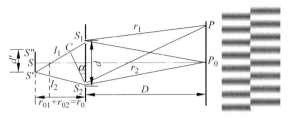

图 13.11　光的空间相干性

$$\alpha = \frac{d'/2}{r_{01}} = \frac{d/2}{r_{02}} = \frac{d'/2+d/2}{r_{01}+r_{02}} = \frac{d'/2+d/2}{r_0}.$$

或

$$r_0 = r_{01} + r_{02} \approx \frac{d'/2}{\alpha} + \frac{d/2}{\alpha} = \frac{1}{2\alpha}(d'+d)$$

$$\delta = l_1 - l_2 \approx d\sin\alpha \approx d\alpha = \frac{d}{2r_0}(d'+d) \approx \frac{dd'}{2r_0} = \frac{\lambda}{2}(略去了二阶小量)$$

2）光源的临界宽度

$$d_0 = d' = \frac{\lambda r_0}{d}$$

对于临界宽度为 d_0 的光源，可求得所对应的双缝之间最大距离

$$d_{max} = \frac{\lambda r_0}{d_0}$$

若双缝之间的距离等于或大于 d_{max} 时，则观察不到干涉条纹，即光场中狭缝 S_1 和 S_2 处的光矢量在同一时刻无确定的位相关系，由于 S_1 和 S_2 发出的光波来自同一光源，故与宽度为 d_0 的光源对应的光场空间相干性差。若使双缝 S_1 和 S_2 之间的距离小于 d_{max}，则屏幕上能观察到条纹，说明 S_1 和 S_2 的光场这时是相干的，或者说这时光场具有空间相干性。综上所述，光场的空间相干性是描述光场中在光的传播路径上空间横向两点在同一时刻光振动的关联程度，所以又称横向相干性。

注意：光的空间相干性和时间相干性是不能严格分开的。

总结决定可见度的主要因素如下：

（1）振幅比；

（2）光源的宽度；

（3）光源的单色性。

注意：影响干涉条纹可见度大小的因素很多，对于理想的相干点光源发出的光来讲，主要因素是振幅比。

例 13.3　波长为 600nm 的单色平行光射在间距为 0.2mm 的双狭缝上，通过其中一个缝的能量为另一个的 2 倍，在离狭缝 50cm 的光屏上形成干涉图样，试求：（1）干涉条纹的间距；（2）可见度。

解：（1）$\Delta y = \frac{D}{d}\lambda$

$$= \frac{500}{0.2} \times 600 = 1.5 \times 10^6 = 1.5(mm) = 0.15(cm)$$

（2）可见度

$$V = \frac{I_{\max} - I_{\min}}{I_{\max} + I_{\min}}$$

$$= \frac{(I_1 + I_2 + 2\sqrt{I_1 I_2}) - (I_1 + I_2 - 2\sqrt{I_1 I_2})}{(I_1 + I_2 + 2\sqrt{I_1 I_2}) + (I_1 + I_2 - 2\sqrt{I_1 I_2})}$$

$$= \frac{2\sqrt{I_1 I_2}}{I_1 + I_2} = \frac{2\sqrt{2}}{3} \approx 0.943$$

13.5　薄膜干涉（分振幅方法）

1. 光学薄膜概述

（1）光学薄膜：光学厚度（折射率与几何厚度之积）在（可见）光源相干长度以内的介质薄膜。

（2）薄膜分类：据光学介质薄膜所处环境的光学性质不同，可作如下分类。

① 光密膜（$n_1 < n_2 > n_3$）；

② 光疏膜（$n_1 > n_2 < n_3$）；

③ 过渡膜（$n_1 < n_2 < n_3$ 或 $n_1 > n_2 > n_3$）等。

其中，n_2 为光学膜的折射率，n_1 为入射光所在媒质的折射率，n_3 为透射光所在媒质的折射率。

2. 干涉原理

已知图 13.12 中的膜厚为 e，入射角为 i，当入射光在膜上下表面一次反射光 a、b 是平行的时，则光程差

$$\delta = n_2(\overline{AB} + \overline{CB}) - n_1 \overline{AD} + \delta'$$

$$\delta' = \begin{cases} 0, & n_1 < n_2 < n_3 ; n_1 > n_2 > n_3 \\ \dfrac{\lambda}{2}, & n_1 < n_2 \text{ 且 } n_2 > n_3 ; n_1 > n_2 \text{ 且 } n_2 < n_3 \end{cases}$$

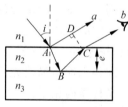

图 13.12　薄膜干涉原理

满足下列干涉条件：

$$\delta = 2e\sqrt{n_2^2 - n_1^2 \sin^2 i} + \delta' = \begin{cases} k\lambda, & k = 0,1,2,\cdots \text{ 相长} \\ (2k+1)\dfrac{\lambda}{2}, & k = 0,1,2,\cdots \text{ 相消} \end{cases}$$

$$\delta' = \begin{cases} 0, & \text{过渡膜} \\ \lambda/2(-\lambda/2), & \text{光疏膜或光密膜} \end{cases}$$

注意 k 的实际取值视 δ' 的取值而定。

对透射光，也有干涉现象：

$$\delta'' = 2e\sqrt{n_2^2 - n_1^2 \sin^2 i} + \delta' - \frac{\lambda}{2} = \begin{cases} k\lambda, & k = 0,1,2,\cdots \text{ 相长} \\ (2k+1)\dfrac{\lambda}{2}, & k = 0,1,2,\cdots \text{ 相消} \end{cases}$$

例 13.4　一油轮漏出的油（折射率 $n_2 = 1.20$）污染了某海域，在海水（$n_3 = 1.30$）表面形成一层薄薄的油污。

（1）如果太阳正位于海域上空，一直升飞机的驾驶员从机上向下观察，他所正对的油层厚

度为 460nm,则他将观察到油层呈什么颜色?

(2) 如果一潜水员潜入该区域水下,又将看到油层呈什么颜色?

解:(1) 根据该油膜所处环境,该油膜属于过渡膜,因此光程差为

$$\delta_r = 2en_2 = k\lambda$$

由此可得

$$\lambda = \frac{2n_2e}{k}, \quad k = 1, 2, \cdots$$

当 $k=1$ 时,$\lambda = 2n_2e = 1104$(nm);

当 $k=2$ 时,$\lambda = n_2e = 552$(nm),在可见光范围呈绿色;

当 $k=3$ 时,$\lambda = \frac{2}{3}n_2e = 368$(nm)。

(2) 透射光的光程差

$$\delta_t = 2en_2 + \lambda/2$$

$k=1$ 时,$\lambda = \frac{2n_2e}{1-1/2} = 2208$(nm);

$k=2$ 时,$\lambda = \frac{2n_2e}{2-1/2} = 736$(nm),在可见光范围呈红色;

$k=3$ 时,$\lambda = \frac{2n_2e}{3-1/2} = 441.6$(nm),在可见光范围呈紫色;

$k=4$ 时,$\lambda = \frac{2n_2e}{4-1/2} = 315.4$(nm)。

3. 两种特殊情况

1) 等倾干涉

等倾干涉装置、现象及光路图如图 13.13 所示。当薄膜折射率 n_2 和厚度 e 均为常数时,光程差 δ 只决定于光在薄膜上的入射角 i。

(1) 定义:当 n_2、e 为常数时,如果入射角 i 相同导致光程差 δ 相同,导致光强度相同而形成同一级干涉条纹,则称其为等倾干涉。

(2) 特点:

① 光源的大小对等倾干涉条纹的可见度没有影响,但是条纹的强度会因此大大加强,使干涉花样更加明显,所以在观察等倾干涉条纹时,常采用扩展光源。

② 等倾干涉条纹的形状是圆形,半径 $r_环 = f\tan i$(f 是透镜的焦距)。

③ 等倾干涉条纹定位于无限远(或定位于焦平面上)。

④ 中央干涉条纹级次高,随着半径增加,级次降低。

⑤ 内疏外密。

例 13.5 白光照射在空气中厚度为 $0.34\mu m$、折射率为 1.33 的平行薄膜上。当视线与膜法线成 $60°$ 和 $30°$ 角时观察点各呈什么颜色?

解: $\delta = 2e\sqrt{n_2^2 - n_1^2\sin^2 i_1} + \frac{\lambda}{2} = k\lambda$

$$2e\sqrt{n^2 - \sin^2 i_1} = (2k-1)\frac{\lambda}{2}, \quad \lambda = \frac{4e\sqrt{n^2 - \sin^2 i_1}}{2k-1}$$

当 $i_1 = 60°$ 时,$k=2$,波长 $\lambda = 457.6$nm,呈紫色。

当 $i_1 = 30°$ 时,$k=1$,波长 $\lambda = 558.7$nm,呈绿色。

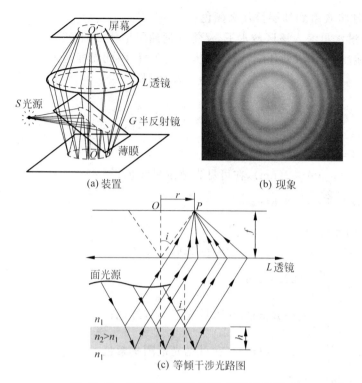

(a) 装置   (b) 现象

(c) 等倾干涉光路图

图 13.13　等倾干涉实验装置、现象及原理

2）等厚干涉

（1）定义：当透明薄膜为折射率 n_2 且夹角 θ 很小的劈尖形状时，如果光源距膜较远或观察干涉条纹所用的仪器孔缝很小，使得在整个视面内光线的入射角 i 可看作为不变，则反射光在相遇点的位相差只决定于产生强反射光的薄膜的厚度 e。即：n_2 和入射角 i 为常数，薄膜的厚度 e 相同→光程差 δ 相同→光强度 I 相同→形成同一级干涉条纹→称为等厚干涉。

（2）特点：

① 扩展的面光源，使得干涉条纹比较明亮。

② 等厚干涉条纹的形状决定于薄膜上厚度相同的点的轨迹。

③ 当劈形板很薄时，只要 i 不是很大，则可认为干涉条纹位于膜的表面。

总结：对于平行薄膜和劈形膜，当照射光是扩展光源时，所产生的干涉条纹都有一定的位置，这种干涉统称为定域干涉。当照射光是点光源时，与光源在同一旁的空间的任一点都可以得到一定的干涉，称此干涉为不定域干涉。

13.6　等倾干涉——增透膜与增反膜

（1）增透膜：其目的是使反射光减弱，透射光增强。

当光在膜上下表面反射条件相同时，即对于过渡膜，增透膜的光学厚度：

$$en_2 = \lambda/4$$

（2）增反膜：其目的是使反射光加强。

当光在膜上下表面反射条件相同时，增反膜的光学厚度：

$$en_2 = \lambda/2$$

例 13.6 在折射率为 $n_3 = 1.52$ 的棱镜表面涂一层折射率为 $n_2 = 1.38$ 的增透膜,放在空气中,白光垂直射到膜的表面。为使反射光中的波长为 550nm 的成分相消,增透膜的厚度应取何值?

解: 由题意 $n_1 = 1 < n_2 = 1.38 < n_3 = 1.52$,该膜属于过渡膜,则光在上、下表面反射光程差为

$$\delta = 2n_2 e$$

由干涉相消的条件

$$\delta = \frac{2k+1}{2}\lambda, \quad k = 0, 1, 2, \cdots$$

得到

$$2n_2 e = \frac{2k+1}{2}\lambda$$

当 $k = 0$ 时,膜的最小厚度

$$e = \frac{\lambda}{4n_2} = 99.64(\text{nm})$$

因此当薄膜厚度为 99.64nm 的奇数倍时,反射光相消,透射光增强。

例 13.7 一片玻璃($n_3 = 1.5$)表面附有一层油膜($n_2 = 1.32$),今用一波长连续可调的单色光束垂直照射油面。当波长为 485nm 时,反射光干涉消失。当波长增为 679nm 时,反射光再次干涉相消。求油膜的厚度 $h = ?$

解: 设 $\lambda_1 = 485\text{nm}, \lambda_2 = 679\text{nm}, n_1 = 1, n_2 = 1.32, n_3 = 1.50$,反射光干涉消失满足条件

$$2n_2 h = (2k_1 + 1)\frac{\lambda_1}{2}, \quad 2n_2 h = (2k_2 + 1)\frac{\lambda_2}{2}$$

由于 λ_1、λ_2 连续消失,所以 $k_2 = k_1 - 1$,即

$$(2k_1 + 1)\frac{\lambda_1}{2} = (2k_1 - 1)\frac{\lambda_2}{2}, \quad \frac{2k_1 + 1}{2k_1 - 1} = \frac{\lambda_2}{\lambda_1} = \frac{679}{485}$$

解得

$$k_1 = 3, \quad k_2 = 2$$

油膜的厚度

$$h = \frac{2k_1 + 1}{2n_2}\frac{\lambda_1}{2} = \frac{(2 \times 3 + 1)}{2 \times 1.32}\frac{485 \times 10^{-9}}{2} = 6.43 \times 10^{-7}(\text{m})$$

13.7 等厚干涉——劈尖干涉 牛顿环

1. 劈尖干涉

1) 实验装置及现象

如图 13.14 所示,用两个透明介质片就可以形成一个劈尖。若两个透明介质片是放置在空气之中,它们之间的空气就形成一个空气劈尖;若放置在某透明介质之中,就形成一个介质劈尖。用透明的介质做成的这种夹角 θ 很小的劈形薄膜上形成的干涉叫劈尖干涉,它是一种等厚干涉。

在劈尖上方观察干涉图形,劈尖的等厚条纹是一

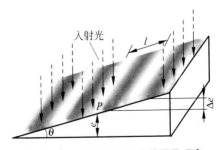

图 13.14 劈尖干涉实验装置及现象

些与底棱边平行的、均匀分布、明暗相间的直条纹,如图 13.14 所示。

2) 实验原理

假设劈尖放在空气中,用单色平行光垂直照射到劈尖上,在劈尖上、下表面的反射光将相互干涉,形成干涉条纹。一般在实验中我们采用的是光线准垂直入射。由于劈尖的夹角很小,劈尖的上下两个面上的反射光都可视为与劈尖垂直,如图 13.14 所示。设某一 P 点处薄膜的厚度为 e,以单色平行光垂直($i \approx 0$)入射空气膜($n_1 > n_2 = 1, n_3 > n_2$),光程差

$$\delta = 2e \sqrt{n_2^2 - n_1^2 \sin^2 i} + \frac{\lambda}{2}, \quad i = 0$$

(1) 干涉条件:

$$\delta = 2e + \frac{\lambda}{2} = \begin{cases} k\lambda, & k = 1, 2, 3, \cdots, \text{明条纹} \\ (2k+1)\frac{\lambda}{2}, & k = 0, 1, 2, \cdots, \text{暗条纹} \end{cases}$$

(2) 对于空气劈尖,底棱边是 0 级暗纹的中心。对于介质劈尖,底棱边是 0 级暗纹中心还是 0 级明纹中心,涉及半波损失分析,与介质折射率排列的情况和观察方向有关,要具体分析。

(3) 相邻明(暗)条纹厚度:

$$\Delta e = e_{k+1} - e_k = \frac{\lambda}{2}$$

(4) 相邻明(暗)条纹间距:

$$l = \frac{\lambda}{2\sin\theta} \approx \frac{\lambda}{2\theta}$$

θ 小,条纹疏;θ 大,条纹密。

3) 劈尖干涉的应用

常利用等厚干涉进行精密测量。

(1) 测细丝的直径

可利用劈尖干涉来测定细丝直径、薄片厚度等微小长度。将细丝夹在两块平板玻璃之间,构成一个空气劈尖,用波长为 λ 的单色光垂射劈尖,通过测距显微镜测出细丝和底棱边之间出现的条纹数 N,即可得到细丝的直径 $d = N\frac{\lambda}{2}$。通过细丝的直径还可以算出劈尖的夹角,$\theta = \arctan\frac{d}{L}$,$L$ 为劈尖长度,故劈尖也可以作为测量微小角度的工具。

例 13.8 用空气劈尖干涉来测定细丝直径,所用单色光的波长 $\lambda = 589.0$nm,金属丝与劈尖顶点间的距离 $L = 28.880$mm,30 条明纹间得距离为 4.295mm,求金属丝的直径 d。

解:相邻两条明纹的间距 $l = \frac{4.295}{30-1}$mm,其间空气层的厚度差为 $\lambda/2$,即 $l\sin\theta = \frac{\lambda}{2}$,其中 θ 为劈尖夹角,因为 θ 很小,所以 $\sin\theta \approx \frac{d}{L}$,代入数据得

$$d = \frac{L}{l}\frac{\lambda}{2} = \frac{28.88}{\frac{4.295}{30-1}} \times \frac{1}{2} \times 589.0 = 57427 \text{(nm)}$$

(2) 测量长度的微小改变

如图 13.15 所示,干涉膨胀仪主要部分为一个熔融水晶制成的环,它的热膨胀系数极小。当单色平行光垂直照射到平晶上表面时,就能观察到等厚干涉纹,当膨胀仪被加热时,就能观

察到条纹移动,相对于一个固定的考察点,每移过一个条纹,表明样品膨胀了 $\lambda/2$。当移动 N 个条纹时,样品膨胀 $\Delta h = N\dfrac{\lambda}{2}$,由此可以算出样品的热膨胀系数等。

由于 $\Delta h/h = \alpha \Delta t$,$h$ 是样品原长度,Δt 是变化的温度,则热膨胀系数

$$\alpha = \frac{\Delta h}{h} \Delta t = \frac{N\lambda}{2h\Delta t}$$

(3) 检查光学元件的表面

利用空气劈尖的等厚干涉条纹可以检测工件表面极小的加工纹路。

在经过精密加工的工件表面上放一光学平面玻璃(平晶),使其间形成空气劈形膜,见图 13.16。

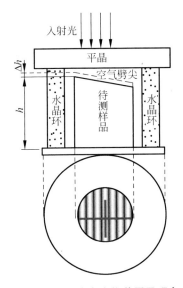

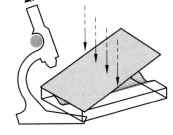

图 13.15　干涉膨胀仪装置及现象　　图 13.16　用劈尖干涉实验原理检查光学元件表面的平整度

用波长为 λ 的单色光照射玻璃表面,并在显微镜下观察到干涉条纹。若等厚干涉条纹是一组平行的、等间距的直线,则工件表面就已经打磨好了,见图 13.17(a);若干涉条纹出现弯曲,则还有凹凸缺陷,见图 13.17(b)、(c),凹凸的形状和程度都可以从等厚条纹的分布分析出来。

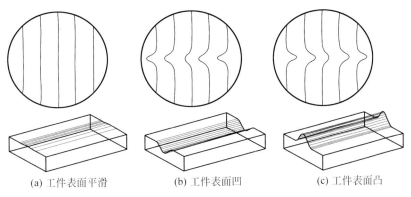

(a) 工件表面平滑　　　　(b) 工件表面凹　　　　(c) 工件表面凸

图 13.17　用单色光照射时工件及对应的干涉纹

试根据干涉条纹弯曲方向,判断工件表面是凹的还是凸的;求工件表面凹凸深度。

例 13.9 一空气劈尖装置如图 13.18(a)所示,该装置的下面是一个待测工件,

其上面是一个标准的平晶,在钠黄光的垂直照射下观测到如图下方显示的干涉花样和有关线度,据此,你能对工件表面的形貌作出怎样的结论?并说明原因。设光波长为 600nm,根据图所示求出凹凸深度 H。

解:如图 13.18(b)所示,弯曲处对应工件表面呈凹状,因为等厚干涉条纹,对同一级明纹劈尖膜厚度 e_k 相同,按图 13.18(c)所示由相似三角形可得

$$\frac{a/2}{a} = \frac{H}{\lambda/2}$$

凹下深度

$$H = \frac{1}{4}\lambda = \frac{600}{4} = 150(\text{nm})$$

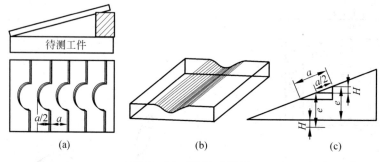

$$(a) \qquad\qquad (b) \qquad\qquad (c)$$

图 13.18 例 13.9 用图

(4)测量膜的厚度

例 13.10 在半导体器件生产中,为精确地测定硅片上的 SiO_2 薄膜厚度,将薄膜一侧腐蚀成劈尖形状,如图 13.19 所示。用波长为 600nm 的钠黄光从空气中垂直照射到 SiO_2 薄膜的劈尖边缘部分,共看到 5 条暗纹且第 5 条暗纹恰好位于图中 A 处,试求此 SiO_2 薄膜的厚度 $e = ?$(硅的折射率为 $n_3 = 3.42$,SiO_2 的折射率为 $n_2 = 1.50$)。

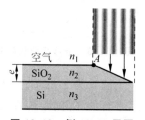

图 13.19 例 13.10 用图

解:利用暗纹条件来计算薄膜厚度。

设 SiO_2 薄膜的厚度为 e,此薄膜上、下表面反射光的光程差为

$$\delta = 2n_2 e$$

由暗纹条件

$$\delta = 2n_2 e = (2k+1)\frac{\lambda}{2}$$

由题意可得 $k = 4$,代入上式得

$$e = \frac{(2k+1)\frac{\lambda}{2}}{2n_2} = \frac{(2k+1)\lambda}{4n_2} = \frac{(2 \times 4 + 1) \times 600}{4 \times 1.5} = 900(\text{nm})$$

2. 牛顿环

1)实验装置及现象

在一块平的玻璃片 B 上,放一曲率半径 R 较大的平凸透镜 A,如图 13.20(a)所示,在玻璃

片和凸透镜之间形成一厚度不等的空气薄膜叫牛顿环薄膜。

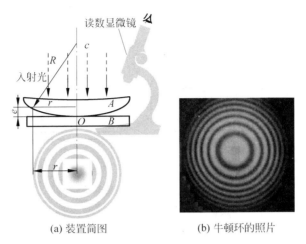

(a) 装置简图　　　　　　　　(b) 牛顿环的照片

图 13.20　牛顿环实验装置及现象

用单色平行光垂直照射薄膜,就可以观察到在透镜表面上的一组以接触点 O 为中心的同心圆环的干涉条纹,称为牛顿环干涉。薄膜的每一个局部都可以看作一个小的劈尖,但在不同的地方它们的夹角不等,故条纹的间距不相同,中心要稀疏一些,边上要密集一些。

2) 实验原理

由图 13.20(a)中的直角三角形得到

$$R^2 = r^2 + (R-e)^2$$

其中 r 为牛顿环干涉条纹的半径。透镜的半径 R 一般为米的量级,而膜厚 e 一般为微米量级,忽略二阶小量,近似得

$$e \approx \frac{r^2}{2R}$$

$$\begin{cases} r = \sqrt{\dfrac{(2k-1)R\lambda}{2}}, & k=1,2,3,\cdots,\text{明环} \\ r = \sqrt{kR\lambda}, & k=1,2,3,\cdots,\text{暗环} \end{cases}$$

3) 牛顿环的特点

(1) 牛顿环不等间距。从干涉条纹的半径公式可以看出,由于 $r \propto \sqrt{k}$,故 k 越大(r 越大),条纹越密,即离中心越远的高级次条纹越密。

(2) 透镜和玻璃板的接触点,即薄膜厚度 $e=0$ 处仍为零级暗纹中心。但由于接触处不可能为一点,所以一般为一个暗斑,称为 0 级暗斑。

(3) 中央级别低,边缘级别高(与等倾干涉相反)。

4) 牛顿环干涉的应用

(1) 牛顿环常用来测量透镜的曲率半径及光的波长。

波长 $\lambda = \dfrac{r_{k+m}^2 - r_k^2}{mR}$,透镜曲率半径 $R = \dfrac{r_{k+m}^2 - r_k^2}{m\lambda}$,其中 m 为整数。

(2) 测量微小长度的变化。对于空气薄膜,保持玻璃片不动,使透镜向上平移,则可观察到牛顿环逐渐缩小并在中心处消失;若透镜向下平移,牛顿环将自中心处冒出并扩大。注意到每移过一个条纹对应于厚度 $\lambda/2$ 的变化,只要数出从中心处冒出或消失的条纹数 N,就可计算出透镜移动的距离 $d = N\lambda/2$。

（3）利用牛顿环来检验工件表面，特别是球面的平整度。

如图 13.21 所示，在标准模具上施加压力时，如果环内缩，要打磨透镜边缘部分；如果环外扩，要打磨中央部分。

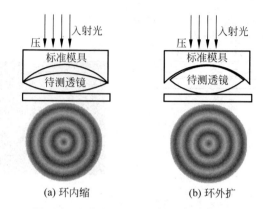

(a) 环内缩   (b) 环外扩

图 13.21　牛顿环在光学冷加工中的应用

（4）测折射率。

例 13.11　用氦氖激光器发出的波长为 633nm 的单色光做牛顿环实验，测得第 k 级暗环的半径为 5.63mm，第 $k+10$ 级暗环的半径为 7.96mm，求平凸透镜的曲率半径 R。

解：设第 k 级和 $k+10$ 暗环的半径分别为

$$r_k = \sqrt{kR\lambda}, \quad r_{k+10} = \sqrt{(k+10)R\lambda}$$

则曲率半径

$$R = \frac{r_{k+10}^2 - r_k^2}{10\lambda} = \frac{7.96^2 - 5.63^2}{10 \times 633 \times 10^{-6}}$$
$$= 5 \times 10^3 (\mathrm{mm}) = 5.0(\mathrm{m})$$

例 13.12　当牛顿环干涉仪中透镜与玻璃之间由空气充以某种液体时，测得某条明纹的直径由 140mm 变为 12mm，求该液体的折射率 n。

解：设所测明纹为第 k 级，则该级明纹的直径先后分别为

$$d_j = 2r_j = 2\sqrt{\left(k - \frac{1}{2}\right)R\lambda}$$

$$d_{jn} = 2r_{jn} = 2\sqrt{\left(k - \frac{1}{2}\right)R\frac{\lambda}{n}}$$

$$n = \frac{d_j^2}{d_{jn}^2} = \left(\frac{14}{12}\right)^2 = 1.36$$

即为所测液体的折射率。

例 13.13　如图 13.22(a)所示，牛顿环装置的平凸透镜与平板玻璃间有一小缝隙 e_0。现用波长为 λ 的单色光垂直照射，已知平凸透镜的曲率半径为 R，求反射光形成的牛顿环的各暗环半径。

解：设暗条纹半径为 r，如图 13.22(b)，由几何关系可得

$$e \approx \frac{r^2}{2R}$$

光程差为

$$2(e + e_0) + \frac{\lambda}{2} = (2k+1)\frac{\lambda}{2} \quad （k 为大于零的整数）$$

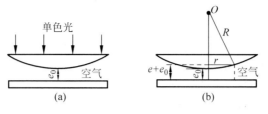

图 13.22　例 13.13 用图

$$2\left(\frac{r^2}{2R}+e_0\right)=k\lambda$$

$$r=\sqrt{R(k\lambda-2e_0)}\quad(k\text{ 为大于 }2e_0/\lambda\text{ 的正整数})$$

13.8　迈克耳孙干涉仪

1. 实验装置(见图 13.23)

用分振幅法利用两个平面镜形成等效的空气薄膜产生双光束干涉,产生干涉条纹用于精密测量。M_1 和 M_2 为两片精密磨光的平面反射镜。其中 M_2 是固定的,称为定臂;M_1 由螺丝杆控制,可在支架上作微小移动,称为动臂。G_1 和 G_2 是两块材料相同、厚度相等的均匀平行玻璃片,与光路的夹角精确地等于 45°。G_1 的下表面镀有半透明的薄膜,其作用是使入射光一半反射一半透射,使两束光的强度大致相等,称为反光板。G_2 用作补偿光程,称为补偿板。

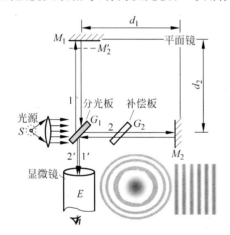

图 13.23　迈克耳孙干涉实验装置及现象

2. 实验原理

来自光源 S 的光线,折射进入 G_1 后,一部分在半透膜上反射,向 M_1 传播,图 13.23 中为光线 1。光线 1 经 M_1 反射后,再通过 G_1 向 E 处传播,为光线 $1'$。另一部分是经半透膜透射的光线 2,经 G_2 向 M_2 传播,再反射回半透膜后向 E 处传播,图 13.23 中即光线 $2'$。向 E 处传播的两束相干光将产生干涉。

由于光线 1 和光线 2 都是两次通过同样的玻璃片 G_1 和 G_2,在玻璃中的光程相互抵消可以不必计算(故 G_2 称为补偿板)。两束光的光程差为

$$\delta=2(d_1-d_2)+\delta'$$

其中 d_1 和 d_2 为两束光在空气中通过的距离,乘以 2 是由于存在反射。附加光程差 δ' 取决于

是否有半波损失的情况,是一个为 0 或 $\lambda/2$ 的常数,其数值与周围介质有关。

从光程差的表达式来看,它与一个厚度为 $e=(d_1-d_2)$ 的空气薄膜的光程差完全相同。如果观察者从 E 处向平面镜 M_1 的方向看去,透过半透膜可以看到平面镜 M_1 和平面镜 M_2 经半透膜反射形成的虚像 M_2'。观察者会认为,M_1 和 M_2' 构成了一个空气薄膜,光线 1 是在膜的上表面 M_1 上反射,而光线 2 是在膜的下表面 M_2' 反射,两束反射光叠加产生干涉。如果 M_1 与 M_2 严格地相互垂直,即 $M_2' /\!/ M_1$,此薄膜为厚度不变的薄膜;如果 M_1 与 M_2 不绝对垂直,此薄膜为劈形薄膜。

对 M_2'、M_2 这样的空气层,光程差

$$n_1 = n_2 = 1$$
$$\delta = 2e\cos i$$

式中 i 为折射角,也等于入射角。

当 S 为面光源,两个平面镜垂直时($M_1 \perp M_2$),即 $M_2' /\!/ M_1$,可看到等倾干涉条纹;当两个平面镜不垂直时,可看到等厚干涉条纹。

结论:

(1) 干涉条纹移动一条相当于空气薄膜厚度改变 $\lambda/2$,当条纹的移动数为 N,则平面镜 M_1 平移的距离为

$$\Delta d = N\frac{\lambda}{2}$$

(2) 当在光路中插入折射率为 n、厚度为 x 的媒质时,若条纹移动数 N,则

$$(n-1)x = N\frac{\lambda}{2}$$

例 13.14 迈克耳孙干涉仪可用来测量单色光的波长,当某次测得可动反射镜移动距离 $\Delta d = 0.3220\text{mm}$ 时,测得某单色光的干涉条纹移过 $N = 1024$ 条,则该单色光波的波长为多少纳米?

解:迈克耳孙干涉仪明条纹移动条数 N 与可动反射镜移动距离 Δd 存在关系

$$\Delta d = N \cdot \frac{\lambda}{2}$$

则

$$\lambda = \frac{2\Delta d}{N} = 628.9(\text{nm})$$

例 13.15 如图 13.24 所示为用双缝干涉来测定空气折射率 n 的装置。实验前,在长度为 l 的两个相同密封玻璃管内都充以一大气压的空气。现将上管中的空气逐渐抽去,(1)则光屏上的干涉条纹将向什么方向移动?(2)当上管中空气完全抽到真空,发现屏上波长为 λ 的干涉条纹移过 N 条,计算空气的折射率。

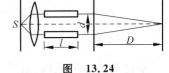

图 **13.24**

解:(1)当上面的空气被抽去,它的光程减小,所以它将通过增加路程来弥补,条纹向下移动。

(2)当上管中空气完全抽到真空,发现屏上波长为 λ 的干涉条纹移过 N 条,可列出:

$$l(n-1) = N\lambda$$

得

$$n = \frac{N\lambda}{l} + 1$$

第 14 章 光 的 衍 射

【教学目标】

1. 重点

（1）掌握用波带法分析夫琅禾费单缝衍射明、暗纹分布规律的方法,理解中央明纹半角宽的定义。

（2）熟练地运用单缝衍射的明、暗纹条件和光栅方程及其有关知识解决衍射中的某些问题（如计算波长、条纹的位置及光栅常数）。

2. 难点

菲涅耳波带法解释单缝衍射现象。

3. 基本要求

（1）了解产生光波衍射现象的条件。

（2）理解惠更斯-菲涅耳原理。

（3）掌握单缝夫琅禾费衍射的分布规律,能用菲涅耳波带法对此分布规律进行解释,会分析缝宽及波长对衍射条纹分布的影响。

（4）了解多光束干涉的规律,从而进一步理解光栅谱线形成的原因。

（5）掌握光栅方程及光栅光谱的缺级条件,会分析光栅常数及波长对光栅衍射条纹分布的影响。

（6）掌握光学仪器的分辨本领。

【内容概要】

14.1 光的衍射原理

1. 惠更斯-菲涅耳原理

在波的传播过程中,波阵面（波前）上的每一点都可以看作是发射子波的波源,在其后的任一时刻,这些子波的包迹就成为新的波阵面,这就是惠更斯原理。菲涅耳在此基础上认为,从同一波阵面上各点发出的子波,也可以相互叠加产生干涉现象,运用相干叠加概念发展了的惠更斯原理称为惠更斯-菲涅耳原理。

2. 衍射与干涉的区别

干涉是有限个分立相干波叠加,衍射是无限多个连续分布的子波源相干叠加。

注意:应用惠更斯-菲涅耳原理原则上可以定量地描述光通过各种障碍物所产生的各种衍射现象,但对于一般的衍射问题,需要复杂的积分计算。而对于具有某种对称性的障碍物,如圆孔狭缝等,可以巧妙地把波阵面分成一些波带,通过分析及简单的代数运算即能得出各半波带所发射子波的叠加形成的条纹分布规律。

14.2　衍射分类

1. 菲涅耳衍射

在菲涅耳衍射中,光源到障碍物(缝),或障碍物到屏的距离为有限远,这类衍射的数学处理比较复杂。菲涅耳衍射的示意图如图 14.1(a)所示。

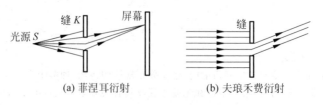

(a) 菲涅耳衍射　　　　(b) 夫琅禾费衍射

图 14.1　衍射分类

2. 夫琅禾费衍射

在夫琅禾费衍射中,光源到障碍物(缝),以及障碍物到屏的距离都是无限远。这时入射光和衍射光均可视为平行光,其示意图如图 14.1(b)所示。在实验室中,常需用凸透镜来实现夫琅禾费衍射。

14.3　单缝夫琅禾费衍射

1. 单缝夫琅禾费衍射装置及现象(见图 14.2)

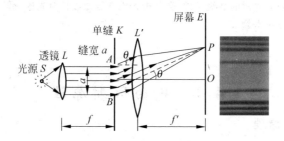

图 14.2　单缝夫琅禾费衍射装置及现象

衍射角 θ 为衍射光线与波面法线夹角,$-90° \leqslant \theta \leqslant 90°$,设 θ 从法线逆时针转动为正,顺时针转动为负。

2. 菲涅耳半波带法

把按 θ 角衍射的平行光分成许多个带子,每个带子边缘两束光的光程差为 $\lambda/2$,当光线垂直照射在单缝上时,经单缝的两端 A 和 B 点发出的子波到 P 点的最大光程差在图 14.3 中为线段 AC 的长度

$$\delta = BC = a\sin\theta$$

则半波带数目

$$N = \frac{\delta}{\lambda/2} = \frac{2a\sin\theta}{\lambda}$$

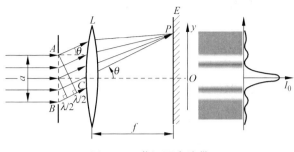

图 14.3　菲涅耳半波带

讨论：

（1）当 $N=0$ 时，衍射角 $\theta=0$，所有光线等光程经透镜聚焦在屏幕 O 点，对应中央明纹中心。

（2）当 N 为偶数时，按 θ 角衍射的光被分成偶数个半波带，相邻两个半波带中对应光线位相差为 π，两两相消经过透镜聚焦在屏上 P 点则为暗。

（3）当 N 为奇数时，按 θ 角衍射的光被分成奇数个半波带，剩下一个半波带中的衍射光线未被抵消，经过透镜聚焦在屏上 P 点则为明。

（4）$N\neq$ 整数，对应非明、非暗纹中心的其余位置，光强介于明暗之间。

例 14.1　如图 14.4 所示，在单缝夫琅禾费衍射中，波长为 λ 的单色光垂直入射在单缝上。若对应于会聚在 P 点的衍射光线在缝宽 a 处的波阵面恰好分成 3 个半波面带，图中 $\overline{AQ_1}=\overline{Q_1Q_2}=\overline{Q_2B}$，则光线 1 与光线 2 在 P 点的相位差为多少？光线 1 与光线 4 在 P 点的波程差为多少？

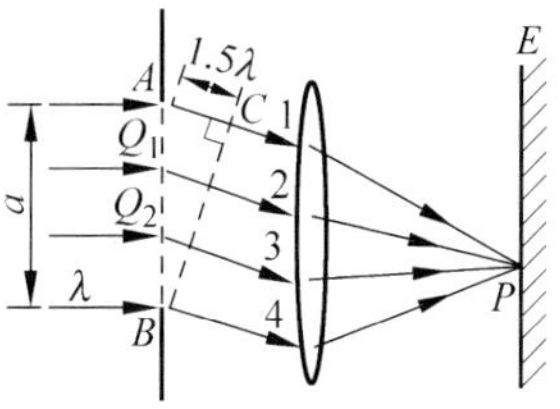

解：菲涅耳半波带法中，相邻半波带中两条相对应的光线到达屏上相遇时光程差为 $\lambda/2$，所以光线 1 与光线 2 在 P 点的相位差为 π，光线 1 与光线 4 在 P 点的波程差为

$$\overline{AC}=3\cdot\frac{\lambda}{2}=1.5\lambda$$

图 14.4　例 14.1 用图

例 14.2　单缝的夫琅禾费衍射实验中，屏上第 3 级暗条纹所对应的单缝处波面可划分为几个半波带？若将缝宽缩小一半，原来第 3 级暗纹处将是第几级明纹？

解：由单缝衍射暗纹公式 $a\sin\theta=k\lambda$，当 $k=3$ 时，$a\sin\theta=3\lambda=6\cdot\dfrac{\lambda}{2}$，即划分为 6 个半波带。若将缝缩小一半，$\dfrac{a}{2}\sin\theta=3\cdot\dfrac{\lambda}{2}$ 划分为 3 个半波带，由 $2k+1=3$，$k=1$，可知原来第 3 级暗纹处将是第 1 级明纹。

3. 单缝(缝宽为 a)夫琅禾费衍射明纹、暗纹条件

（1）当光线垂直照射在单缝上时：

$$a\sin\theta\begin{cases}=0, & \text{中央明纹中心}\\[2mm]=\pm 2k\dfrac{\lambda}{2}, & k=1,2,3,\cdots,\text{暗纹中心}\\[2mm]\approx\pm(2k+1)\dfrac{\lambda}{2}, & k=1,2,3,\cdots,\text{明纹中心}\end{cases}$$

由于实际情况干涉纹出现在 θ 很小的位置，因此 $y=f\tan\theta\approx f\sin\theta$，所以

$$
y\begin{cases}
=0, & \text{中央明纹中心}\\[2mm]
=\pm k\dfrac{f\lambda}{a}, & k=1,2,3,\cdots,\text{暗纹中心}\\[2mm]
\approx\pm(2k+1)\dfrac{f\lambda}{2a}, & k=1,2,3,\cdots,\text{明纹中心}
\end{cases}
$$

条纹宽度（相邻暗纹中心间的距离定义为明纹宽度）

$$
\Delta y = y_{k+1} - y_k = \frac{f\lambda}{a}
$$

（2）当光线以入射角 θ_0 斜照射在单缝上时，经单缝的两端 A 和 B 衍射的光线光程差为

$$
\delta = a\sin\theta \pm a\sin\theta_0
$$

"＋"对应如图 14.5(a)所示，"－"对应如图 14.5(b)所示。

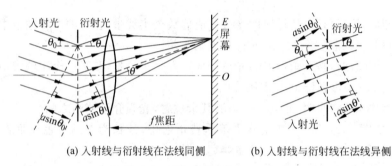

(a) 入射线与衍射线在法线同侧　　　　(b) 入射线与衍射线在法线异侧

图 14.5　光线斜照射在单缝上

若规定 θ_0 从入射光法线顺时针转动为正，逆时针转动为负，衍射明、暗纹公式为

$$
a\sin\theta + a\sin\theta_0\begin{cases}
=0, & \text{中央明纹中心}\\[2mm]
=\pm 2k\dfrac{\lambda}{2}, & k=1,2,3,\cdots,\text{暗纹中心}\\[2mm]
\approx\pm(2k+1)\dfrac{\lambda}{2}, & k=1,2,3,\cdots,\text{明纹中心}
\end{cases}
$$

注意：明条纹亮度分布不均匀。中央明纹集中大部分能量，全部入射光线参与干涉相长。明条纹级次越高亮度越弱。第 1 级明纹中心有 1/3 入射光线参与干涉相长，第 2 级明纹中心有 1/5 入射光线参与干涉相长，……依次类推。

（3）中央明纹宽度

在两个正负 1 级暗纹中心之间为中央明纹（或 0 级明纹）范围，中央明纹的角位置满足

$$
-\lambda \leqslant a\sin\theta \leqslant \lambda
$$

线位置为

$$
-\frac{f\lambda}{a} \leqslant y \leqslant \frac{f\lambda}{a}
$$

中央明纹角宽度

$$
\Delta\theta_0 \approx 2\frac{\lambda}{a}\text{（见图 14.6）}
$$

中央明纹宽度

$$
\Delta y_0 \approx \frac{2f\lambda}{a}\quad\text{（中央明纹的宽度为次级条纹宽的两倍）}
$$

例 14.3 有一单缝,宽 $a=0.10\text{mm}$,在缝后放一焦距为 $f=50\text{cm}$ 的会聚透镜。用波长 $\lambda=546.0\text{nm}$ 的平行绿光垂直照射单缝,见图 14.6。

求:位于透镜焦平面处的屏幕上中央明纹半角宽度、中央明纹宽度、任意相邻两暗条纹之间的距离。

解: 由单缝暗纹条件

$$a\sin\theta = k\lambda, \quad k = \pm 1, \pm 2, \cdots$$

中央明纹半角宽度($k=1$)

$$\theta_0 \approx \sin\theta_0 = \frac{\lambda}{a} = \frac{546.0 \times 10^{-6}}{0.10} = 5.46 \times 10^{-3}(\text{rad})$$

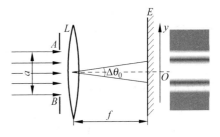

图 14.6 中央明纹的宽度

$$\sin\theta \approx \tan\theta = \frac{y}{f}$$

第 k 级暗纹公式

$$y_k = k \cdot \frac{f\lambda}{a}$$

中央明纹宽度

$$\Delta y_0 = y_1 - y_{-1} \approx 2f\theta_0 = 2\frac{f\lambda}{a} = 5.46(\text{mm})$$

第 k 级和第 $k+1$ 级暗纹之间的距离

$$\Delta y_0 = y_{k+1} - y_k = \frac{f\lambda}{a} = 2.73(\text{mm})$$

4. 振幅矢量叠加法(定量)求光强分布

将宽度为 a 的入射光划分为 N 个等宽(a/N)的狭窄波带,如图 14.7(a)中波带 AB_1、B_1B_2、B_2B_3、$\cdots$沿 θ 角衍射的光强集中于图中所示光线,两相邻光线光程差

$$\delta = \frac{a}{N}\sin\theta \quad (\text{见图 } 14.7(\text{b}))$$

位相差

$$\Delta\varphi = 2\pi\frac{\delta}{\lambda} = \frac{2\pi}{\lambda}\frac{a}{N}\sin\theta$$

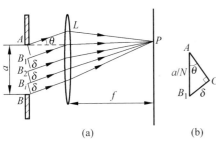
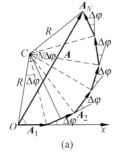
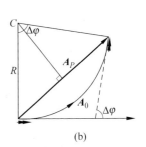

(a) (b) (a) (b)

图 14.7 振幅矢量叠加法计算单缝衍射光强 **图 14.8 振幅矢量叠加法计算合振幅矢量图**

每条光线在屏上引起的光振动振幅相等:

$$A_1 = A_2 = \cdots = A_N$$

用多边形法则进行 N 个大小相等、两两依次位相差为 $\Delta\varphi$ 的光振动的叠加,如图 14.8(a) 所示,合振动振幅可如下求得:

$$A_1 = 2R\sin\frac{\Delta\varphi}{2}, \quad A = 2R\sin\frac{N\Delta\varphi}{2}$$

两式中消去 R 得 P 点合振幅

$$A = A_1 \frac{\sin\frac{N\Delta\varphi}{2}}{\sin\frac{\Delta\varphi}{2}} \approx A_1 \frac{\sin\frac{N\Delta\varphi}{2}}{\frac{\Delta\varphi}{2}} = NA_1 \frac{\sin\frac{N\Delta\varphi}{2}}{\frac{N\Delta\varphi}{2}}$$

当 $\Delta\varphi \to 0$,$A_0 = NA_1$,即中央明纹中心处振幅。

当 $N \to \infty$ 时,N 个相接的矢量将变为一个圆弧,如图 14.8(b) 所示。且有

$$\Delta\Phi = N\Delta\varphi = \frac{2\pi}{\lambda} \cdot a\sin\theta, \quad A_P = 2R\sin\frac{\Delta\Phi}{2}$$

$A_0 = R\Delta\Phi$ 即中央明纹中心处振幅,消去 R 得 P 点合振幅

$$A_P = 2\frac{A_0}{\Delta\Phi}\sin\frac{\Delta\Phi}{2} = \frac{A_0}{\Delta\Phi/2}\sin\frac{\Delta\Phi}{2}$$

令

$$u = \frac{\Delta\Phi}{2} = \frac{N\Delta\varphi}{2} = \frac{N}{2}\frac{2\pi\delta}{\lambda} = \frac{\pi a\sin\theta}{\lambda}, \quad A = A_0\frac{\sin u}{u}, \quad I = I_0\left(\frac{\sin u}{u}\right)^2$$

式中 $I_0 = (NA_1)^2$,即中央明纹光强。

作光强曲线,令 $\dfrac{\partial I}{\partial u} = 0$,得图 14.9。

讨论:

(1) 主极大(中央明纹中心)位置

$\theta = 0$ 处,

$u = 0 \to \dfrac{\sin u}{u} = 1 \to I = I_0 = I_{\max} = N^2 A_1^2$

(2) 暗纹角位置

由 $u = k\pi$,$k = \pm 1, \pm 2, \pm 3, \cdots$ 时,$\sin u = 0$,$I = 0$,即

$$u = \frac{\pi a\sin\theta}{\lambda} = k\pi, \quad a\sin\theta = \pm k\lambda,$$

$$\sin\theta = \pm\frac{\lambda}{a}, \pm\frac{2\lambda}{a}, \pm\frac{3\lambda}{a}, \cdots$$

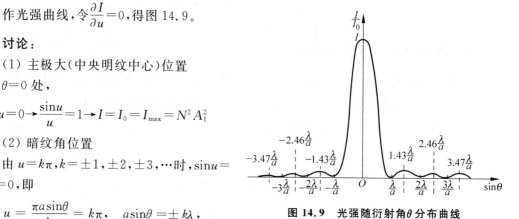

图 14.9　光强随衍射角 θ 分布曲线

(3) 次极大位置

由

$$\frac{\mathrm{d}}{\mathrm{d}u}I_P = \frac{\mathrm{d}}{\mathrm{d}u}\left(\frac{\sin^2 u}{u^2}\right) = 0$$

$$\frac{\mathrm{d}}{\mathrm{d}u}\left(\frac{\sin^2 u}{u^2}\right) = \frac{2u^2\sin u\cos u - 2u\sin^2 u}{u^4} = \frac{2\sin u(u\cos u - \sin u)}{u^4} = 0$$

因此由 $u = \tan u$,利用作图法得明纹角位置:

$$\sin\theta = 0, \pm 1.43\frac{\lambda}{a}, \pm 2.46\frac{\lambda}{a}, \cdots \quad (\text{见图 14.9})$$

即

$$\sin\theta \approx \pm 1.5\frac{\lambda}{a}, \pm 2.5\frac{\lambda}{a}, \cdots, \pm(2k+1)\frac{\lambda}{2}, \quad k = 1,2,3,\cdots$$

与半波带法所得结果近似相等。

14.4　圆孔夫琅禾费衍射与光学仪器的分辨本领

1. 圆孔夫琅禾费衍射装置及现象（见图 14.10）

2. 圆孔夫琅禾费衍射的光强分布

$$I_P = A_0^2 \left[1 - \frac{1}{2}m^2 + \frac{1}{3}\left(\frac{m^2}{2!}\right)^2 - \frac{1}{4}\left(\frac{m^3}{3!}\right)^2 + \frac{1}{5}\left(\frac{m^4}{4!}\right)^2 - \cdots \right]^2$$

其中 $m = \dfrac{\pi R\sin\theta}{\lambda}$，$R$ 为圆孔的半径。

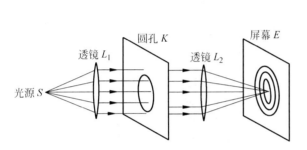

图 14.10　圆孔夫琅禾费衍射装置及现象

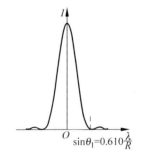

图 14.11　圆孔衍射的光强分布曲线

中央主极大值位置：

$$\sin\theta_0 = 0 \quad （如图 14.11 所示）$$

第 1 极小值位置：

$$\sin\theta_1 = 0.610\frac{\lambda}{R}$$

3. 圆孔夫琅禾费衍射和爱里斑

1）爱里斑

当单色平行光垂直照射到半径与波长相比拟的圆孔时，在位于透镜焦平面所在的屏幕上将出现环形衍射斑，中央是一个较亮的圆斑，它集中了全部衍射光强的 84%，称为中央亮斑或爱里斑，外围是一组同心的暗环和明环，且强度随 θ 角增大而迅速下降，如图 14.12 所示。

2）爱里斑半角宽度

爱里斑半角宽度即第 1 级暗环的衍射角 θ_1，如图 14.12 所示。

$$\theta_1 \approx \sin\theta_1 = 0.610\frac{\lambda}{R} = 1.22\frac{\lambda}{D}$$

式中 R、D 分别为圆孔的半径和直径。

3）爱里斑的半径

$$r = f\tan\theta_1 \approx f\sin\theta_1 = 0.610\frac{\lambda}{R}f = 1.22\frac{\lambda}{D}f \quad （如图 14.13 所示）$$

由上式看出,衍射孔直径 D 越大,爱里斑越小;光波波长 λ 越短,爱里斑也越小。

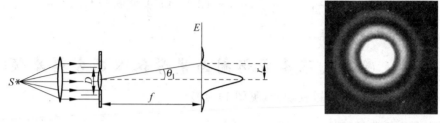

图 14.12 爱里斑半角宽度 θ_1 和半径 r 图 14.13 爱里斑

4. 光学仪器的分辨本领

1）透镜最小分辨角

瑞利准则:如果一个斑光强最大的地方正好是另一个斑光强最小的地方,也即一个斑的中心正好是另一个斑的边缘,此时两个斑之间的最小光强约为中央最大光强的 80%,对于大多数人来说,恰好能辨别出是两个光点,这个标准称为瑞利准则。如图 14.14 所示,两物点恰能分辨时,两爱里斑中心的距离正好是爱里斑的半径。

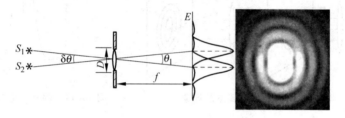

图 14.14 瑞利准则

因此,两个相邻物点的最小分辨角

$$\delta\theta = \theta_1 = 0.610\frac{\lambda}{R} = 1.22\frac{\lambda}{D}$$

对于光学仪器来说,最小分辨角越小越好。

2）光学仪器的分辨率

$$R = 1/\delta\theta = \frac{D}{1.22\lambda}$$

例 14.4 在通常的环境下,人眼瞳孔直径约为 3mm,以波长 $\lambda = 550\text{nm}$ 视觉感受最灵敏的黄绿光来讨论,问人眼的最小分辨角是多大？ 如果竹帘上两根竹丝之间的距离为 2.0mm,问人离开竹帘多远恰能分辨清楚？

解:人眼的最小分辨角为

$$\delta\theta = 1.22\frac{\lambda}{D} = 1.22 \times \frac{550 \times 10^{-9}}{3.0 \times 10^{-3}} = 2.2 \times 10^{-4}\,(\text{rad})$$

设人离开竹帘的距离为 f,竹帘上相邻两根竹丝的间距为 Δs,对人眼来说,张角 $\Delta\theta$ 为

$$\Delta\theta \approx \frac{\Delta s}{f}$$

当恰能分辨时,应有

$$\Delta\theta = \delta\theta$$

则

$$f \approx \frac{\Delta s}{\delta \theta} = \frac{2.0 \times 10^{-3}}{2.2 \times 10^{-4}} = 9.1 (\mathrm{m})$$

即人眼能分辨竹帘上竹丝的最远距离约为 9m。

14.5　光　栅　衍　射

1. 光栅概念

1) 光栅的定义

广义地说,具有周期性的空间结构或光学性能(如透射率、折射率)的衍射屏,统称为光栅。

2) 光栅分类

(1) 透射光栅,反射光栅;

(2) 平面光栅,凹面光栅;

(3) 黑白光栅,正弦光栅(见图 14.15(b));

(4) 一维光栅,二维光栅,三维光栅。

另外还有闪耀光栅、天然光栅等。

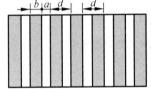
a—透光部分的宽度
b—不透光部分的宽度
d=a+b—光栅常数

(a) 平行、等宽、等间距的多狭缝形成透射光栅

(b) 正弦光栅

图　14.15

在一块不透明的障板上刻出一系列等宽等间隔的平行狭缝——称一维透射光栅。在一块很平的铝面上刻一系列等间隔的平行槽纹称反射光栅。晶体由于内部原子排列具有空间周期性而成为天然光栅(三维)。用空间光栅(也称为空间编码器)将彩色景物记录到一张黑白胶片上(这一过程称为将彩色景物编码,所得的黑白透明片称为编码片)并通过再现(称为解码)装置再现彩色景物称黑白光栅。

3) 光栅常数

设光栅缝宽为 a,每条刻痕的宽度为 b,则 $a+b=d$ 称为光栅常数,如图 14.15(a)所示。

4) 光栅密度

光栅密度即单位长刻痕数。若每厘米刻痕为 5000 条,则光栅常数为

$$d = a + b = 1/5000 (\mathrm{cm}) = 2 \times 10^{-3} (\mathrm{mm})$$

2. 夫琅禾费透射光栅衍射装置及现象(见图 14.16)

3. 垂直照射透射光栅衍射强度公式

如图 14.17(a)所示,单缝衍射的狭缝平行于屏幕平移时,由于屏上衍射条纹是按衍射角分布的,所以屏上衍射条纹不变化,根据此结果将光栅衍射视为 N 个相同单缝衍射相干叠加,用振幅矢量法合成。相邻两单缝光程依次相差为 $\delta = d\sin\theta$,见图 14.17(b),位相依次相差为

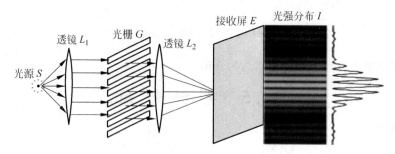

图 14.16   夫琅禾费透射光栅衍射装置及现象

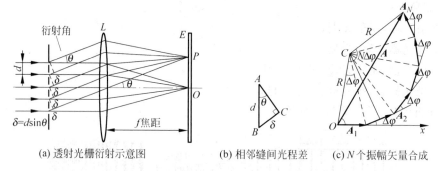

(a) 透射光栅衍射示意图   (b) 相邻缝间光程差   (c) N 个振幅矢量合成

图 14.17   振幅矢量叠加法计算光栅衍射光强

$$\Delta\varphi = \frac{2\pi d \sin\theta}{\lambda}$$

由前文可知每个单缝沿 θ 角方向衍射光经透镜聚焦在屏上 P 点的光振幅为

$$A_1 = A_0 \frac{\sin u}{u}$$

其中，$u = \frac{\pi a \sin\theta}{\lambda}$；$A_0$ 为单缝中央主极大光矢量振幅。由图 14.17(c)可见，N 个相同单缝沿 θ 角方向衍射光相干叠加，合振幅为

$$A = 2R \sin\frac{N\Delta\varphi}{2}$$

又

$$A_1 = 2R \sin\frac{\Delta\varphi}{2}$$

由上面两式消去 R 可得

$$A = A_1 \frac{\sin\dfrac{N\Delta\varphi}{2}}{\sin\dfrac{\Delta\varphi}{2}}$$

令 $v = \frac{\pi d \sin\theta}{\lambda}$，光强公式即为

$$I = A^2 = I_0 \left(\frac{\sin u}{u}\right)^2 \left(\frac{\sin Nv}{\sin v}\right)^2$$

其中 I_0 为单缝中央主极大光强。前一部分 $I_0 \left(\dfrac{\sin u}{u}\right)^2 = I_1 = A_1^2$ 表示单缝衍射的光强分布，它

来源于单缝衍射,是整个衍射图样的轮廓,叫做单缝衍射因子;后一部分 $\left(\dfrac{\sin Nv}{\sin v}\right)^2$ 来源于缝间干涉,叫做缝间干涉因子。综上所述,光栅衍射的光强是单缝衍射因子和缝间干涉因子的乘积,也可以说单缝衍射因子对干涉主极大起调节作用。

4. 光强分布特点

1) 光栅衍射明纹中心主极大的角位置公式

当 $v=\dfrac{\pi d\sin\theta}{\lambda}=k\pi$,即

$$d\sin\theta = k\lambda$$

$$\Delta\varphi = \frac{2\pi d\sin\theta}{\lambda} = 2k\pi, \quad k = 0, \pm 1, \pm 2, \cdots$$

时,对应振幅矢量图 14.18(a),此时,缝间干涉因子取极大值

$$\left(\frac{\sin Nv}{\sin v}\right)^2 = N^2$$

光强

$$I = I_0\left(\frac{\sin u}{u}\right)^2 N^2 = N^2 I_1$$

（1）光栅方程

$$d\sin\theta = k\lambda, \quad k = 0, \pm 1, \pm 2, \cdots$$

即明纹主极大角位值

$$\theta = \arcsin k\lambda/d, \quad k = 0, \pm 1, \pm 2, \cdots$$

（2）中央明纹主极大角位置

当 $k=0$ 时 $\theta=0$, $u=\dfrac{\pi a\sin\theta}{\lambda}=0$,单缝衍射因子 $I_0\left(\dfrac{\sin u}{u}\right)^2=I_0$ 取极大值。

光强 $I=I_0\left(\dfrac{\sin u}{u}\right)^2 N^2=N^2 I_0$ 称中央明纹主极大光强,见图 14.18(b)。

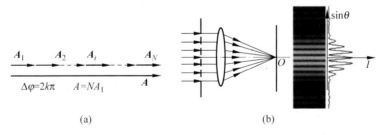

图 14.18　主极大对应相邻两个波带振动位相差为 2π 整数倍时的合振动

（3）最大衍射级次

由于 $|\sin\theta|=|k\lambda/d|\leqslant 1$,所以光栅衍射主极大的最高级次 $|k_{max}|\leqslant |d/\lambda|$。

2) 暗纹角位置公式

当 $Nv=\dfrac{N\pi d\sin\theta}{\lambda}=k'\pi$ 时,$k'=0, \pm 1, \pm 2, \cdots \neq Nk$,

缝间干涉因子 $\left(\dfrac{\sin Nv}{\sin v}\right)^2=0$,光强 $I=0$,即当 $N\Delta\varphi=2k'\pi$, $k'=\pm 1, \pm 2, \pm 3, \cdots \neq Nk$ 时

（见图 14.19）：

$$N\Delta\varphi = N \cdot \frac{2\pi d\sin\theta}{\lambda} = 2k'\pi, \quad k' = 0, \pm 1, \pm 2, \cdots \neq Nk$$

$$\sin\theta = \frac{k'}{N}\frac{\lambda}{d}, \quad k' = \pm 1, \pm 2, \pm 3, \cdots \neq Nk \text{——暗纹角位置}$$

3）次极大角位置

对应 $\sin\theta \neq k\lambda/d, k=0, \pm 1, \pm 2, \cdots$，同时 $\sin\theta \neq \frac{k'}{N}\frac{\lambda}{d}(k'=\pm 1, \pm 2, \cdots \neq Nk)$ 的其余位置。

按振幅矢量合成，不正好为直线（$\Delta\varphi \neq 2k\pi$），也不正好闭合（$N\Delta\varphi \neq 2k'\pi$）的其余位置（见图 14.20）。

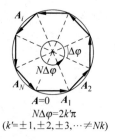

$A=0 \quad A_1$
$N\Delta\varphi = 2k'\pi$
$(k'=\pm 1, \pm 2, \pm 3, \cdots \neq Nk)$

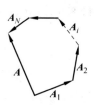

**图 14.19 暗纹对应相邻两个波带振动的位相差
为 2π 整数倍的 N 分之一时的合振动**　　**图 14.20 次极大对应相邻两个波带振动的
位相差的合振动**

4）光栅衍射的主明纹之间的暗纹数目（见表 14.1）

由此可见，在光栅的两个主极大明纹之间，有 $N-1$ 个暗纹。在这些暗纹的中心位置处所有缝的衍射光干涉的结果是完全相消的，总光强为零。

在 k 级明纹旁边两条暗纹的级次分别是 $kN-1$ 和 $kN+1$，角位置满足

$$\sin\theta = \frac{(kN-1)}{Nd}\lambda \quad \text{和} \quad \sin\theta = \frac{(Nk+1)}{Nd}\lambda$$

表 14.1 光栅衍射的主明纹之间的暗纹数目

主明纹公式 $\sin\theta = k\lambda/d$ ($k=0, \pm 1,$ $\pm 2, \cdots$)	$k=0$		$k=1$		$k=2$		$\cdots$		k	
暗纹公式 $\sin\theta = \frac{k'}{N}\frac{\lambda}{d}$ ($k'=\pm 1,$ $\pm 2, \cdots \neq Nk$)	$k' \neq 0$	$k'=1,$ $2, \cdots,$ $N-1$	$k' \neq N$	$k'=N$ $+1, \cdots,$ $2N-1$	$k' \neq 2N$	$k'=2N$ $+1, \cdots,$ $3N-1$	$\cdots$	$k'=(k-1)N$ $+1, (k-1)N$ $+2, \cdots, kN$ -1	$k' \neq kN$	$k'=kN+$ $1, \cdots, (k+$ $1)N-1,$

5）主明纹的角宽度

第 k 级主明纹的角宽度：在 $kN-1$ 和 $kN+1$ 两条暗纹之间，由暗纹公式

$$\sin(\theta+\Delta\theta) - \sin\theta = \frac{kN+1}{N}\frac{\lambda}{d} - \frac{kN-1}{N}\frac{\lambda}{d} = \frac{2\lambda}{Nd}$$

即

$$\cos\theta \cdot \Delta\theta = \frac{kN+1}{N}\frac{\lambda}{d} - \frac{kN-1}{N}\frac{\lambda}{d} = \frac{2\lambda}{Nd}, \Delta\theta = \frac{2\lambda}{Nd\cos\theta} \propto \frac{\lambda}{Nd}$$

因此缝数 N 越大,明纹越细越亮。

$k' = \pm 1$ 级暗纹之间称中央明纹宽度。

6) 光栅衍射的主明纹之间的次明纹数目

在光栅的两个主极大明纹之间,有 $N-1$ 个暗纹,相邻两暗纹之间有一个次级明纹,所以共还有 $N-2$ 个次级明纹。

5. 干涉和衍射的区别与联系

从本质上讲干涉和衍射都是波的相干叠加。没有区别。通常干涉指的是有限多的子波的相干叠加;衍射指的是无限多的子波的相干叠加。实际情况是:二者常常同时存在。

6. 谱线的缺级

1) 缺级的条件

在单缝衍射调制下的多缝干涉光强分布使得光栅的各个主极大的强度不同,特别是当多光束干涉的主极大位置恰好为单缝衍射的暗纹中心时,将产生抑制性的调制,这些主极大将在屏上消失,这种现象称为缺级现象。缺级的条件由下面一系列条件决定:

多缝干涉的主极大条件

$$d\sin\theta = k\lambda, \quad k = 0, \pm 1, \pm 2, \cdots$$

单缝衍射的极小条件

$$a\sin\theta = m\lambda, \quad m = \pm 1, \pm 2, \pm 3, \cdots$$

两式相除得缺级条件为:当 $k = \dfrac{d}{a}m$ 时,$m = \pm 1, \pm 2, \cdots$ 发生缺级,即若 d/a 为整数比 k/m 时,光栅多缝干涉的 k 级主极大的位置恰为单缝衍射 m 级暗纹的位置,k 级主极大将不再出现,发生缺级。如果 $d/a = k/m$,则 $k = md/a$,$m = \pm 1, \pm 2, \cdots$ 这些级次的主极大都将缺级。例如当 $d/a = k/m = 2/1$ 时,$\pm 2, \pm 4, \pm 6, \pm 8, \cdots$ 等级次的主极大不再出现,发生缺级。当 $d/a = 3/2$ 时,$\pm 3, \pm 6, \pm 9, \cdots$ 等级次的主极大出现缺级。

2) 缺级条件证明

由光栅方程明纹主极大角位值

$$\theta = \arcsin k\lambda/d, \quad k = 0, \pm 1, \pm 2, \cdots$$

代入单缝衍射因子

$$\frac{\sin u}{u} = \frac{\sin(\pi a\sin\theta/\lambda)}{(\pi a\sin\theta/\lambda)} = \frac{\sin(k\pi a/d)}{(k\pi a/d)}$$

可知,当 $ka/d = m = \pm 1, \pm 2, \pm 3, \cdots$ 即 $k = md/a =$ 不为零整数时,$\dfrac{\sin u}{u} = 0$,即对应 θ 角衍射光光强 $I = 0$,出现缺级现象。

7. 光栅方程应用

1) 垂直入射

如图 14.21 所示为光栅衍射的示意图。当一束平行光垂直入射到光栅上时,各缝将发出各自的单缝衍射光,沿 θ 方向的衍射光通过透镜会聚到在焦平面的观察屏上的同一点 P。θ 称为衍射角,也是 P 点对透镜中心的角位置。这些衍射光在 P 点实现多光束干涉(每个缝都在此处有衍射光),所以光栅衍射的结果应该是单缝衍射和多缝干涉的总效果。由图 14.21 可见,相邻两缝的衍射光在 P 点光程差为 $\delta = d\sin\theta$,当相邻两缝光程差 $\delta = d\sin\theta = \pm k\lambda$,$k = 0, 1, 2, \cdots$ 时,相邻两缝发出的衍射光在 P 点同相,干涉相长。由于所有的缝都彼此平行等间距排列,类推可知,此时所有缝的衍射光在 P 点也都彼此同位相,实现干涉相长,屏上出现明纹,称为光栅衍射主极大,对应的明纹称为光栅衍射的主明纹。上式为计算光栅主极大的公式,也称为光栅方程,即

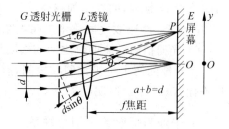

图 14.21　光线垂直照射透射光栅

$$d\sin\theta = \pm k\lambda, \quad k = 0, 1, 2, \cdots \text{——主明纹}$$

当入射光是白光时,除中央条纹是白色外,其他条纹都是从紫到红的彩色光谱。光谱随着级数增加而增宽,在较高级次的光谱中,有部分要彼此重合。

缺级条件:

衍射明纹

$$d\sin\theta = (a+b)\sin\theta = \pm k\lambda, \quad k = 0, 1, 2, \cdots$$

衍射暗纹

$$a\sin\theta = \pm k'\lambda, \quad k' = 1, 2, 3, \cdots$$

当 $k = \dfrac{a+b}{a}k'$($k' = 1, 2, 3, \cdots$)时,发生缺级即令 $M = \dfrac{a+b}{a}$,则 $\pm M$、$\pm 2M$、$\pm 3M$,$\cdots$ 等级缺级。

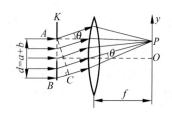

图 14.22　例 14.5 用图

例 14.5　如图 14.22 所示,已知平面透射光栅狭缝的宽度为 1.582×10^{-3}mm,若以波长 632.8nm 的 He-Ne 激光垂直入射在此光栅上,发现第 4 级缺级,会聚透镜的焦距为 15cm,试求:

(1) 屏幕上第 1 级亮条纹与第 2 级亮条纹的距离;

(2) 屏幕上所呈现的全部亮条纹数。

解:(1) 设透射光栅中相邻两缝间透明部分的宽度均等于 a,光栅常数 $d = a + b$,当 $d = 4a$ 时,级数为 $\pm 4, \pm 8, \pm 12, \cdots$ 的谱线都消失,即缺级,故光栅常数 d 为

$$d = 4a = 6.328 \times 10^{-3} (\text{mm})$$

由光栅方程可知第 1 级亮条纹与第 2 级亮条纹距中央亮条纹的角距离(即衍射角)分别为

$$\sin\theta_1 = \frac{\lambda}{d}, \quad \sin\theta_2 = \frac{2\lambda}{d}$$

若会聚透镜的焦距为 f,则第 1 级亮条纹与第 2 级亮条纹距中央亮条纹的线距离分别为

$$y_1 = f\tan\theta_1, \quad y_2 = f\tan\theta_2$$

当很小时,$\tan\theta \approx \sin\theta$,则在屏幕上第 1 级与第 2 级亮条纹的间距近似为

$$\Delta y \approx f\frac{2\lambda}{d} - f\frac{\lambda}{d} = 15 \times \frac{632.8}{6328} = 1.5 (\text{cm})$$

(2) 由光栅方程 $d\sin\theta = k\lambda$($k = 0, \pm 1, \pm 2, \pm 3, \cdots$)得

$$|k_{\max}| < \frac{d}{\lambda}\sin\frac{\pi}{2} = \frac{6 \times 10^3}{600} = 10$$

考虑到缺级 $k = \pm 4, \pm 8$,则屏幕上显现的全部亮条纹数为 $2 \times (9-2) + 1 = 15$,即:0,

$\pm 1, \pm 2, \pm 3, \pm 5, \pm 6, \pm 7, \pm 9$ 共 15 条谱线。

2）斜入射时

$$(a+b)(\sin\theta \pm \sin\theta_0) = \pm k\lambda, \quad k = 0,1,2,\cdots$$

其中 θ_0 为入射光与光栅法线的夹角。当入射线与衍射线在法线同侧时，取"＋"号；当入射线与衍射线在法线异侧时取"－"号，如图 14.23 所示。

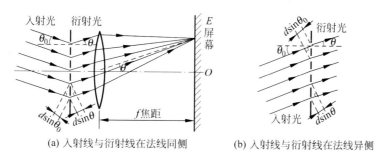

(a) 入射线与衍射线在法线同侧　　　(b) 入射线与衍射线在法线异侧

图 14.23　光线斜照射透射光栅

例 14.6　当波长为 $\lambda = 500\text{nm}$ 的平行光以 $\theta_0 = 30°$ 斜入射到光栅常数为 $d = 0.01\text{mm}$ 的光栅上时，求：(1)0 级谱线的衍射角；(2)屏幕上 O 点两侧可能见到的谱线的最高级次和总谱线条数。

解：由斜入射光栅方程：

$$d(\sin\theta \pm \sin\theta_0) = k\lambda, \quad k = 0, \pm 1, \pm 2, \cdots$$

当 $k = 0$ 时，0 级明纹衍射角在 $\theta = \theta_0 = \pm 30°$，见图 14.24。

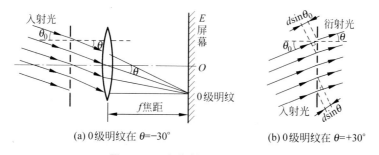

(a) 0 级明纹在 $\theta = -30°$　　　(b) 0 级明纹在 $\theta = +30°$

图 14.24　光线斜照射透射光栅

由上式可得

$$\sin\theta = \frac{k\lambda}{d} \mp \sin\theta_0$$

由于 $|\sin\theta| < 1$，则 $\left|\frac{k\lambda}{d} \mp 0.5\right| < 1$。

$$由 \frac{k\lambda}{d} + 0.5 < 1 \Rightarrow k_+ < 10, \frac{k\lambda}{d} + 0.5 > -1 \Rightarrow k_- > -30$$

$$由 \frac{k\lambda}{d} - 0.5 < 1 \Rightarrow k_+ < 30, \frac{k\lambda}{d} - 0.5 > -1 \Rightarrow k_- > -10$$

所以屏幕上可见到 $0, +1, +2, \cdots, +9, -1, -2, \cdots, -29$ 共 $1+9+29=39$ 条谱线；或 $0, +1, +2, \cdots, +29, -1, -2, \cdots, -9$ 共 $1+9+29=39$ 条谱线。

14.6　光　栅　光　谱

1. 光谱定义

单色光在光栅上的衍射形成一系列明亮的线状主极大,称为线状光谱。若入射光为复色光,不同波长的光同一级主极大的位置不同,衍射光强在屏上按波长展开,称为光栅光谱,见图14.25。

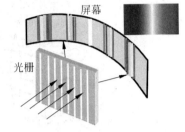

图 14.25　光栅光谱

例 14.7　用白光(白光所含光波波长范围为 400～760nm)照射一光栅,通过透镜将衍射光谱聚焦于屏幕上,透镜与屏幕的距离为 0.8m。

(1)试说明第 1 级光谱能否出现完整的不重叠的光谱;

(2)第 2 级光谱从哪一个波长开始与第 3 级光谱发生重叠?

解:(1)设 $\lambda = 400\text{nm}$,$\lambda' = 760\text{nm}$,设光栅常数为 d,对第 k 级条纹有

$$d\sin\theta_k = k\lambda, \quad d\sin\theta'_k = k\lambda', \quad k = 0, \pm1, \pm2, \pm3, \cdots$$

对第 $k+1$ 级条纹有

$$d\sin\theta_{k+1} = (k+1)\lambda$$

要求不重叠,则应满足

$$\sin\theta'_k < \sin\theta_{k+1}$$

即

$$\frac{k\lambda'}{d} < \frac{(k+1)\lambda}{d}, \quad k\lambda' < (k+1)\lambda$$

代入数值可得

$$760k < 400(k+1)$$

只有 $k=1$ 时上式才成立。由上面推导可知,不论光栅常数如何,第 1 级,也只有第 1 级光谱完整不重叠。

(2)设第 2 级光谱中波长为 λ_x 的谱线与第 3 级光谱中波长为 $\lambda = 400\text{nm}$ 的谱线发生重叠,它们应满足对应同一位置处光程差相等,即

$$2\lambda_x = 3\lambda$$

得

$$\lambda_x = \frac{3}{2} \times 400 = 600(\text{nm})$$

即第 2 级光谱从 600nm 波长开始与第 3 级光谱发生重叠。

例 14.8　一束波长 400～700nm 的复色平行光垂直入射到光栅常数为 $2\mu\text{m}$ 的透射平面光栅上,在光栅后放一透镜,透镜的焦平面上放一屏。若在屏上得到该波段的第 1 级光谱的长度为 50mm,问物镜的焦距 f 为多少?

解:由光栅方程,$d\sin\theta = k\lambda$,对第 1 级光谱,$k=1$,该波段最短和最长的波长分别为 $\lambda_1 = 400\text{nm}$ 和 $\lambda_2 = 700\text{nm}$,分别对应于衍射角 θ_1 和 θ_2,则

$$\sin\theta_1 = \frac{\lambda_1}{d} = \frac{400 \times 10^{-9}}{2 \times 10^{-6}} = 0.2, \quad \theta_1 = 11.54°$$

$$\sin\theta_2 = \frac{\lambda_2}{d} = \frac{700 \times 10^{-9}}{2 \times 10^{-6}} = 0.35, \quad \theta_2 = 20.49°$$

该波段的第 1 级光谱长度为

$$\Delta y = f(\tan\theta_2 - \tan\theta_1)$$

已知 $\Delta y = 50\text{mm}$，故所求焦距为

$$f = \frac{\Delta y}{\tan\theta_2 - \tan\theta_1} = \frac{50 \times 10^{-3}}{\tan 20.49° - \tan 11.54°} = \frac{50 \times 10^{-3}}{0.37 - 0.20} = 0.29(\text{m})$$

2. 谱线的半角宽度

每一条谱线(主最大)的角宽度以上下(左右)两侧附加第 1 最小值的位置为范围。从主最大的中心到其一侧的附加第 1 最小值之间的角距离称每一谱线的半角宽度 $\Delta\theta$，见图 14.26。

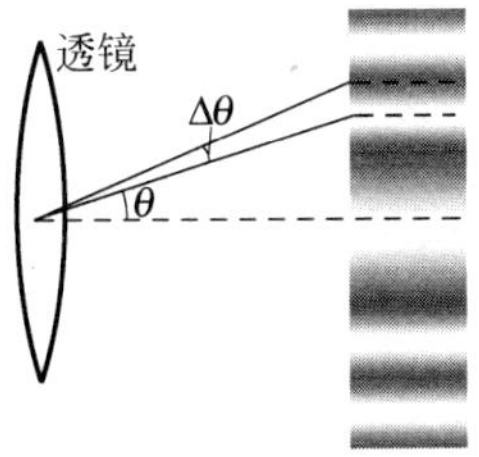

第 K 级主极大 $d\sin\theta = k\lambda$，与 k 级主极大相邻的极小为

$$Nd\sin(\theta + \Delta\theta) = Nk\lambda + \lambda$$

其中 N 是光栅缝数。由上两式可得

$$d[\sin(\theta + \Delta\theta) - \sin\theta] = \frac{\lambda}{N}$$

图 14.26　谱线的半角宽度

即由微分意义

$$\Delta\sin\theta = \cos\theta\Delta\theta = \frac{\lambda}{Nd}$$

谱线的半角宽度

$$\Delta\theta = \frac{\lambda}{Nd\cos\theta}$$

3. 光栅的分辨本领

光栅的分辨本领是指把波长靠得很近的两条谱线分辨清楚的本领。

设 $\delta\theta$ 表示波长相近的两条谱线的角间距。由 $d\sin\theta = k\lambda$，对此式两边同时微分得

$$d\cos\theta\delta\theta = k\delta\lambda$$

由此可得

$$\delta\theta = k\frac{\delta\lambda}{d\cos\theta}$$

当(波长相近的两条谱线的角间距)$\delta\theta = \Delta\theta$(谱线的半角宽度)，是两谱线刚能分辨的瑞利判据，见图 14.27。则得两条谱线对透镜中心所张的最小分辨角为

$$\delta\theta = k\frac{\delta\lambda}{d\cos\theta} = \Delta\theta = \frac{\lambda}{Nd\cos\theta}$$

由此可得光栅分辨本领

$$R = \frac{\lambda}{\delta\lambda} = kN$$

两个点光源圆孔衍射的分辨情况见图 14.27。

例 14.9 钠黄光包括波长为 $\lambda = 589.0\text{nm}$ 和 $\lambda' = 589.6\text{nm}$ 的两条谱线,使用长 15cm、每毫米内有 1200 条缝的光栅,求:第一级光谱中 $\lambda = 589.0\text{nm}$ 谱线的角位置、一级光谱中两条谱线的角间隔和半角宽各是多少。

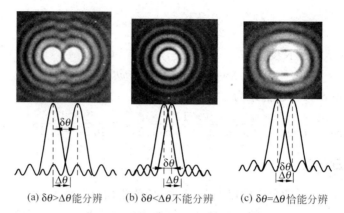

(a) $\delta\theta > \Delta\theta$ 能分辨　　(b) $\delta\theta < \Delta\theta$ 不能分辨　　(c) $\delta\theta = \Delta\theta$ 恰能分辨

图 14.27　两个点光源圆孔衍射的分辨情况

解：光栅常数

$$d = \frac{1}{1200}(\text{mm}) = 833(\text{nm})$$

由光栅方程可得第一级谱线的角位置

$$\theta_1 = \arcsin\frac{\lambda}{d} = \arcsin(589.0 \times 1200 \times 10^{-6}) = \arcsin 0.7068 = 44.975° = 44°58.5'$$

一级光谱中两条谱线的角间隔

$$\delta\theta = k\frac{\delta\lambda}{d\cos\theta_k} = 1 \times \frac{0.6}{\cos 44.975°} \times 1200 \times 10^{-6} = 3.5'$$

谱线的半角宽度

$$\Delta\theta = \frac{\lambda}{Nd\cos\theta} = \frac{589.0}{150 \times 10^6\cos 44.975°} = 5.55 \times 10^{-6}(\text{rad}) = 0.019'$$

例 14.10　按以下要求设计一块光栅：

① 使波长 600 nm 的第二级谱线的衍射角小于 30°，并能分辨其 0.02nm 的波长；

② 色散尽可能大；

③ 第三级谱线缺级。

则计算出该光栅的：(1)缝数 N；(2)光栅常数 d；(3)缝宽 a；(4)光栅总宽度 L；(5)用这块光栅总共能看到 600nm 的几条谱线？

解：(1)光栅分辨本领 $R = \dfrac{\lambda}{\delta\lambda} = kN$，所以

$$N = \frac{\lambda}{k\delta\lambda} = \frac{600}{2 \times 0.02} = 15000(\text{条})$$

(2)由 $d\sin\theta = k\lambda$，则

$$d = \frac{k\lambda}{\sin\theta} = \frac{2 \times 600 \times 10^{-6}}{\sin 30°} = 2.4 \times 10^{-3}(\text{mm})$$

(3)由第三级谱线缺级可知 $d = 3a$，所以

$$a = \frac{d}{3} = 0.8 \times 10^{-3}(\text{mm})$$

(4) $L = Nd = 15000 \times 2.4 \times 10^{-3} = 36(\text{mm})$

(5) $k_{\max} = \dfrac{d}{\lambda} = \dfrac{2.4 \times 10^{-3}}{600 \times 100^{-6}} = 4$

总共能看到 $0, \pm 1, \pm 2$ 共 5 条谱线。

第15章 光的偏振

【教学目标】

1. 重点

了解偏振光的定义及产生偏振光的几种主要方法,熟练掌握马吕斯定律、布儒斯特定律及其有关计算。

2. 难点

其一是椭圆偏振光产生的机理和波片的作用,其二是理解偏振光干涉的规律。

3. 基本要求

(1) 了解自然光和偏振光,理解偏振片的起偏和检偏,掌握马吕斯定律,对一般问题能进行熟练计算。
(2) 理解反射和折射时光的偏振,掌握布儒斯特定律。
(3) 了解光的双折射现象,了解尼科耳棱镜的工作原理,理解 1/4 波片和半波片的功用。
(4) 掌握单轴晶体的光轴、主截面和振动面的意义,寻常光和非常光的性质。
(5) 了解椭圆和圆偏振光的产生机理和波片的作用,以及检验它们与部分偏振光、自然光的方法。
(6) 了解偏振光的干涉。
(7) 理解用波片和检偏器产生和检验各种偏振光的原理和方法。
(8) 分析偏振光干涉光强的计算。
(9) 了解旋光现象及其应用。

【内容概要】

15.1 光的偏振状态

1. 机械波的偏振现象

机械波的偏振现象(见图 15.1)。

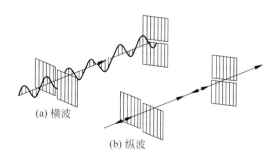

(a) 横波

(b) 纵波

图 15.1 机械波穿过狭缝时横波有偏振现象

2. 光的偏振现象

在一个垂直于光传播方向的平面内考察,光振动的方向不一定是各向同性的,可能在某一个方向振动强,在另一个方向弱(甚至为零),这称为光的偏振现象。

3. 线偏振光(完全偏振光)的定义

如果一束光的电矢量 E 只沿一个固定的方向振动,我们把这样的光称为线偏振光(或完全偏振光),电矢量 E 与光传播方向 K 所组成的平面称为振动面,如图 15.2 所示。

4. 自然光定义

在一个与光传播方向垂直的平面内考察,电矢量沿各方向的平均值相等,没有哪一个方向的光振动较其他方向占优势,如图 15.3 所示,这种光叫做自然光,自然光是非偏振的。

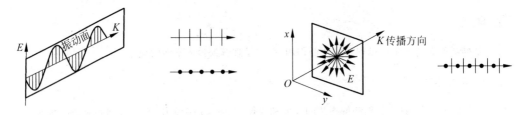

图 15.2　线偏振光的振动及表示　　　　　图 15.3　自然光的振动及表示

注意:自然光以两互相垂直的互为独立的(无确定的相位关系)振幅相等的光振动表示,并各具有一半的振动能量。即

$$I = I_x + I_y, \quad I_x = I_y = I/2$$

5. 部分偏振光

在垂直于光传播方向的平面内,电矢量的振动方向沿各个方向分布,但沿某一方向的振动最强,沿它的垂向振动最弱,如图 15.4 所示。

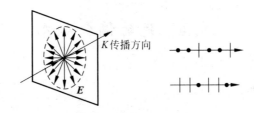

图 15.4　部分偏振光的振动及表示

15.2　椭圆偏振光和圆偏振光

光矢量 E 在沿着光的传播方向前进的同时,还绕着传播方向均匀转动。如果光矢量的大小不断改变,使其端点描绘出一个椭圆,这种光称椭圆偏振光。如果光矢量的大小保持不变,这种光称圆偏振光,如图 15.5 所示。

迎着光传播的方向观察,电矢量端点描出的椭圆沿顺(逆)时针方向,则为右(左)旋椭圆偏振光。

椭圆或圆偏振光可以用两列频率相同、振动方向相互垂直、相位差恒定且沿同一方向传播的线偏振光的叠加描述。

沿 x、y 方向振动的电场强度表达式分别为

$$E_x = A_x \cos(\omega t - kz), \quad E_y = A_y \cos(\omega t - kz + \Delta\varphi)$$

其中,ω 为振动频率,k 为波矢,$\Delta\varphi$ 为沿 y 方向振动与沿 x 方向振动的位相差。

$$\frac{E_x^2}{A_x^2} + \frac{E_y^2}{A_y^2} - \frac{2E_x E_y}{A_x A_y} \cos\Delta\varphi = \sin^2\Delta\varphi \tag{1}$$

当 $\Delta\varphi = \varphi_y - \varphi_x = \dfrac{\pi}{2}$ 时,式(1)变为

$$\frac{x^2}{A_x^2} + \frac{y^2}{A_y^2} = 1, \quad y \text{ 超前 } x \text{ 为 } \pi/2$$

质点按顺时针方向(或右旋)作椭圆运动,如图 15.6(a)所示。

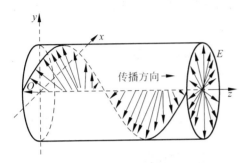

图 15.5　部分偏振光的振动及表示

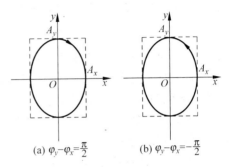

(a) $\varphi_y - \varphi_x = \dfrac{\pi}{2}$　　　(b) $\varphi_y - \varphi_x = -\dfrac{\pi}{2}$

图 15.6　椭圆偏振光

当 $\Delta\varphi = \varphi_y - \varphi_x = -\dfrac{\pi}{2}$ 时,式(1)变为

$$\frac{x^2}{A_x^2} + \frac{y^2}{A_y^2} = 1, \quad y \text{ 落后 } x \text{ } \pi/2$$

质点按逆时针方向(或左旋)作椭圆运动,见图 15.6(b)。

当 $A_x = A_y$ 时,式(1)为圆方程。

15.3　线偏振光的获得与检验

1. 偏振片及其偏振化方向

某些晶体物质具有光的各向异性,如电气石等,这些晶体具有选择吸收性能,对入射光在某个方向的光振动分量有强烈的吸收,而对该方向垂向的分量却吸收很少,因而只有沿吸收少的这个方向的光振动分量能够通过晶体。具有这种光学特性的晶体称为"二向色性"物质。若将这种晶体物质做成涂料定向涂敷于透明材料上,就制成了偏振片。在偏振片上的标志"↕"表示允许通过的光振动方向,称为偏振化方向。只有沿着这个方向振动的光波列才能通过偏振片,振动方向与其垂直的光波列将被吸收。

2. 起偏与检偏

由自然光获得偏振光称为起偏。检查一光束是否是偏振的过程称为检偏。

15.4　马吕斯定律

令 E_0 和 E 分别表示入射偏振光电矢量的振幅和透过检偏器的偏振光的振幅,由图 15.7可知,当入射光的振动方向与检偏器的偏振化方向 OP 成 α 角时,有

$$E = E_0 \cos\alpha$$

因光强与振幅的平方成正比,透射的偏振光和入射偏振光光强
之比为

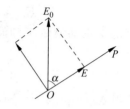

$$\frac{I}{I_0} = \frac{E^2}{E_0^2} = \cos^2\alpha$$

即有 $I = I_0\cos^2\alpha$,这就是马吕斯定律。

图 15.7   马吕斯定律用图

讨论:

(1) 当 $\alpha = 0, \pi$ 时 $I = I_0$,即入射偏振光电矢量方向与偏振片的偏振化方向平行时,透射光最强;

(2) 当 $\alpha = \dfrac{\pi}{2}$ 时 $I = 0$,即入射偏振光电矢量方向与偏振片的偏振化方向垂直时,出现消光现象。

例 15.1   平行放置两偏振片,使它们的偏振化方向成 $60°$ 的夹角。

(1) 如果两偏振片对光振动平行于其偏振化方向的光线均无吸收,则让自然光垂直入射后,其透射光强与入射光强之比是多少?

(2) 如果两偏振片对光振动平行于其偏振化方向的光线分别吸收了 10% 的能量,则透射光强与入射光强之比是多少?

(3) 今在这两偏振片之间平行地插入另一偏振片,使它的偏振化方向与前两个偏振片均成 $30°$ 角,则透射光强与入射光强之比又是多少? 先按无吸收情况计算,再按有吸收(均吸收 10%)情况计算。

解:(1) 设入射的自然光光强为 I_0,经过第一偏振片后光强为 I_0',经过第二偏振片后光强为 I,则

$$I_0' = \frac{1}{2}I_0, \quad I = I_0'\cos^2\alpha = \frac{1}{2}I_0\cos^2 60° = \frac{1}{8}I_0, \quad \frac{I}{I_0} = \frac{1}{8} = 12.5\%$$

(2) $I_0' = \dfrac{1}{2}I_0 \times 90\%$,$I = I_0'\cos^2\alpha \times 90\% = \dfrac{1}{2}I_0\cos^2 60° \times (90\%)^2$

$$\frac{I}{I_0} = \frac{1}{8} \cdot (90\%)^2 = 10.1\%$$

(3) 同理,无吸收时,设通过第二、三块偏振片的光强分别为 I_0'' 和 I,则

$$I_0' = \frac{1}{2}I_0, \quad I_0'' = I_0'\cos^2 30° = \frac{3}{8}I_0$$

$$I = I_0''\cos^2 30° = I_0''\frac{3}{4} = \frac{9}{32}I_0$$

$$\frac{I}{I_0} = \frac{9}{32} = 28.1\%$$

有吸收时:

$$\frac{I}{I_0} = 28.1\% \times (90\%)^3 = 20.5\%$$

15.5   反射和折射时光的偏振

1. 实验现象

一般情况下,自然光入射到两种介质的界面上时,产生的反射光和折射光都是部分偏振光,反射光中垂直于入射面的光振动较强,折射光中平行于入射面的光振动较强。

2. 布儒斯特定律

实验还指出,反射光和折射光的强度以及偏振化的程度都与入射角的大小有关。特别是,当入射角满足 $\tan i_0 = n_2/n_1$,即反射光与折射光相互垂直时,反射光为垂直入射面振动的完全偏振光,折射光仍为部分偏振光。i_0 又称为布儒斯特角(或起偏角)。

15.6 偏振光的应用

光的偏振在科学技术及工业生产中有着广泛的应用。比如在机械工业中,利用偏振光的干涉来分析机件内部应力分布情况,这就是光测弹性力学的课题。在化工厂里,我们可以利用偏振光测量溶液的浓度。偏光干涉仪、偏光显微镜在生物学、医学、地质学等方面有着重要的应用。在航海、航空方面则制出了偏光天文罗盘。

1. 旋光现象的应用

(1) 旋光现象:线偏振光通过某些物质后,其振动面(偏振面)将以光的传播方向为轴发生旋转的现象称旋光现象,其实验装置如图 15.8 所示。

起偏器 A 旋光液体   检偏器 B

图 15.8 旋光实验装置图

迎着光看,随着空间传播,光矢量顺时针旋转称右旋旋光物质,逆时针旋转称左旋旋光物质。

(2) 旋光现象的解释:

因为线偏振光在旋光晶体中沿光轴传播时可分解成左旋和右旋圆偏振光,它们的传播速度略有不同,所以经过旋光物质时产生不同的相位滞后,从而使合成线偏振光的电矢量具有一定角度的旋转。

(3) 旋光性物质:能够使线偏振光的振动面发生旋转的物质(如石英晶体、糖溶液、酒石酸溶液等)。

(4) 旋光色散:旋光度(偏振面所能旋转的角度)随着入射波长而变的现象。

(5) 应用:测物质浓度(如量糖计)

偏振光通过旋光物质后振动面所转过的角度为 $\Delta\theta$,旋光溶液中

$$\Delta\theta = aCl$$

式中,a 为与旋光物质有关的常量,称旋光系数;C 为浓度,l 为光在溶液中所经过的路程。

旋光晶体中

$$\Delta\theta = al$$

式中,a 为与旋光物质及入射光的波长有关的常量。

2. 振动面的磁致旋转(测磁感应强度)

(1) 磁致旋光性:线偏振光通过处于通电螺线管磁场中的物质时会产生旋转的性质,见

图 15.9。振动面所转过的角度

$$\Delta\theta = KlB$$

式中，K 为与物质性质有关的常数，l 为螺线管长度，B 为磁感应强度大小。

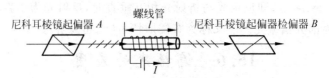

图 15.9　振动面的磁致旋转现象

（2）磁致旋光现象是由外磁场存在时物质的原子或分子中的电子进动造成的。

3. 观看立体电影

在拍摄立体电影时，用两个摄影机，两个摄影机的镜头相当于人的两只眼睛，它们同时从不同方向分别拍下同一物体的两个画像制成电影胶片，放映时用两台放像机把两个画像同时映在银幕上。如果设法使观众的一只眼睛只能看到其中一个画面，就可以使观众获得立体感。为此，在放映时，每个放像机镜头上放一个偏振片，两个偏振片的偏振化方向相互垂直，观众戴上用偏振片做成的眼镜，左眼偏振片的偏振化方向与左面放像机上的偏振化方向相同，右眼偏振片的偏振化方向与右面放像机上的偏振化方向相同，这样，银幕上的两个画面分别通过两只眼睛观察，在人的脑海中就形成立体化的影像了。

第16章 量子物理基础

【教学目标】

1. 重点

(1) 黑体辐射、普朗克假设、玻尔量子假设、德布罗意假设。
(2) 微观粒子的波粒二象性和波函数及其统计解释。
(3) 薛定谔方程、无限深方势阱、势垒穿透、谐振子。

2. 难点

(1) 光的波粒二象性。
(2) 物质波波函数的意义。
(3) 薛定谔方程、无限深方势阱、势垒穿透、谐振子。
(4) 理解薛定谔建立波动方程的思路及其形式。
(5) 不含时薛定谔方程的应用(无限深势阱、势垒穿透、谐振子)。
(6) 隧穿效应。

3. 基本要求

(1) 掌握黑体辐射的实验结果及普朗克量子假设的意义。
(2) 理解光和微观粒子的波粒二象性理论。
(3) 了解19世纪末物理学的困难,玻尔理论。
(4) 理解氢原子光谱的实验规律及玻尔氢原子理论。
(5) 了解德布罗意的物质波假设及其正确性的实验证实,了解实物粒子的波粒二象性。
(6) 理解描述物质波动性的物理量(波长、频率)和粒子性的物理量(动量、能量)间的关系。
(7) 了解波函数及其统计解释,了解一维坐标动量不确定关系。了解一维定态薛定谔方程。
(8) 掌握波函数的性质及薛定谔方程和定态薛定谔方程。
(9) 熟悉求解定态薛定谔方程的基本方法和步骤。掌握一维问题的简单应用,指出这些结果中表现出来的量子效应。
(10) 了解如何用驻波观点说明能量量子化,了解角动量量子化及空间量子化。了解史特恩-盖拉赫实验及微观粒子的自旋。
(11) 了解描述原子中电子运动状态的四个量子数,了解泡利不相容原理和原子的电子壳层结构。
(12) 了解费米能级、费米能量、费米速度及费米温度的概念;了解能带特点。
(13) 了解PN结的构成,掌握PN结的单向导电性原理。

【内容概要】

16.1　黑体辐射和普朗克的能量子假说

1. 热辐射

任何物体(固体或液体)在任何温度下都向外发射各种波长的电磁波。在一定时间内,物体向外发射电磁波的总能量(辐射能)以及该能量按波长的分布都与物体的温度密切相关,这种现象称为热辐射。

热传递分为:①热传导;②热对流;③热辐射。

2. 基尔霍夫辐射定律

1) 辐出度 $M(T)$

单位时间从物体表面单位面积上所发射的各种波长的总辐射能称辐出度,用 $M(T)$ 表示。它是温度的函数,单位: W/m^2。

2) 单色辐出度 $M_\lambda(T)$

单位时间从物体表面单位面积上所发射的波长在 $\lambda \sim \lambda + d\lambda$ 内的辐出能 dM_λ 与波长间隔 $d\lambda$ 之比称单色辐出度,即

$$M_\lambda(T) = dM_\lambda / d\lambda$$

$M_\lambda(T)$ 与 λ、T 有关,单位: W/m^2。

在某特定温度 T 下,有

$$M(T) = \int_0^\infty M_\lambda(T) d\lambda$$

3) 吸收比和反射比

(1) 吸收比:物体吸收能量与入射能量比称为吸收比 $\alpha(\lambda, T)$。

(2) 反射比:物体反射能量与入射能量比称为反射比 $r(\lambda, T)$。

当入射能量的波长在 $\lambda \sim \lambda + d\lambda$ 内时,$\alpha(\lambda, T)$ 和 $r(\lambda, T)$ 分别称为单色吸收比和单色反射比。

对不透明的物体:

$$\alpha(\lambda, T) + r(\lambda, T) = 1$$

4) 基尔霍夫定律

在热平衡下(同一温度),各种不同物体对相同波长的单色辐出度与单色吸收比之比都相等。

假设当温度为 T 时:

$$\frac{M_{1\lambda}(T)}{\alpha_1(\lambda, T)} = \frac{M_{2\lambda}(T)}{\alpha_2(\lambda, T)} = \cdots = \frac{M_{0\lambda}(T)}{\alpha_0(\lambda, T)} = M_{0\lambda}(T)$$

5) (绝对)黑体

绝对黑体指在任何温度下全部吸收投射其上的各种波长的电磁辐射的物体,即吸收比 $\alpha_0(\lambda, T) = 1$,反射比 $r(\lambda, T) = 0$。

黑体不一定呈黑色,黑体也能辐射能量。

讨论：

(1) $\alpha(\lambda,T)$ 大，$M_\lambda(T)$ 必定大。

(2) 对黑体来说，$\alpha_0(\lambda,T)$ 最大，则 $M_{0\lambda}(T)$ 最大。

(3) 只要已知 $M_{0\lambda}(T)$，就能知道一般物体的辐射情况。

3. 黑体辐射实验定律

1) 斯特藩-玻耳兹曼定律

对黑体：

$$M_0(T) = \int_0^\infty M_{0\lambda}(T)\,\mathrm{d}\lambda$$

实验指出：对绝对黑体，有

$$M_0(T) = \sigma T^4,$$

其中 $\sigma=5.67\times10^{-8}\,\mathrm{W/(m^2 \cdot K^4)}$ 称为斯特藩常数。

2) 维恩位移定律（实验定律）

对于给定温度 T，黑体的单色辐出度 $M_{0\lambda}$ 有一最大值，其对应波长为 λ_m。有

$$\lambda_\mathrm{m} T = b,$$

其中 $b=2.897\times10^{-3}\,\mathrm{m\cdot K}$。从实验结果看出（如图 16.1 所示）：每一条曲线都有一个极大值，随着温度的升高，黑体的单色辐出度迅速增大，并且曲线的极大值 λ_m 逐渐向短波移动。

例 16.1　实验测得太阳辐射波谱的 $\lambda_\mathrm{m}=$ 490nm，若把太阳视为黑体，试计算：(1)太阳每单位表面积上所发射的功率；(2)地球表面阳光直射的单位面积上接收到的辐射功率；(3)地球每秒内接收的太阳辐射能。（已知太阳半径 $R_\mathrm{S}=6.96\times10^8\,\mathrm{m}$，地球半径 $R_\mathrm{E}=6.37\times10^6\,\mathrm{m}$，地球到太阳的距离 $d=1.496\times10^{11}\,\mathrm{m}$）

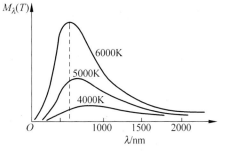

图 16.1　不同温度下黑体单色辐出度随波长分布曲线

解：根据维恩位移定律可得太阳表面温度

$$T = \frac{b}{\lambda_\mathrm{m}} = \frac{2.897\times10^{-3}}{490\times10^{-9}} = 5.9\times10^3\,(\mathrm{K})$$

根据斯特藩-玻耳兹曼定律可求出辐出度，即单位表面积上的发射功率

$$M_0 = \sigma T^4 = 5.67\times10^{-8}\times(5.9\times10^3)^4 = 6.87\times10^7\,(\mathrm{W/m^2})$$

太阳辐射的总功率

$$P_\mathrm{S} = M_0 4\pi R_\mathrm{S}^2 = 6.87\times10^7\times4\pi\times(6.69\times10^8)^2 = 4.2\times10^{26}\,(\mathrm{W})$$

这功率分布在以太阳为中心、以日地距离为半径的球面上，故地球表面单位面积接受到的辐射功率

$$P'_E = \frac{P_\mathrm{S}}{4\pi d^2} = \frac{4.2\times10^{26}}{4\pi\times(1.496\times10^{11})^2} = 1.49\times10^3\,(\mathrm{W/m^2})$$

由于地球到太阳的距离远大于地球半径，可将地球看成半径为 R_E 的圆盘，故地球接收到太阳的辐射能功率

$$P_\mathrm{E} = P'_E\times\pi R_\mathrm{E}^2 = 1.50\times10^3\times\pi\times(6.37\times10^6)^2 = 1.90\times10^{17}\,(\mathrm{W})$$

4. 普朗克能量子假说　普朗克公式

为了寻找与黑体辐射的实验定律相吻合的理论根据,许多理论物理学家做了艰苦的努力。

1) 瑞利-金斯公式(1890年)

1900年,瑞利与金斯试图把能量均分定理应用到电磁辐射能量密度按能量分布的情况中,他们假定空腔处于热平衡时的辐射场将是一些驻波,根据能量均分定理,每一列驻波的平均能量都是 kT,与频率无关,这样可以算出黑体单色辐出度

$$M_{0\lambda}(T) = C_1 \lambda^{-4} T$$

该公式长波方向与实验符合较好,但短波方向存在"紫外灾难"(见图16.2)。

2) 维恩公式(1896年)

1896年维恩根据经典热力学理论及实验数据的分析,利用辐射按波长分布类似麦克斯韦分子速率分布的思想得出

$$M_{0\lambda}(T) = C_2 \lambda^{-5} e^{\frac{C_3}{\lambda T}}$$

该公式在短波方向与实验符合较好(见图16.2)。式中 C_2、C_3 为经验参数。

以上两公式都与实验不符,暴露了经典物理学的缺陷。

3) 能量子假说与普朗克公式

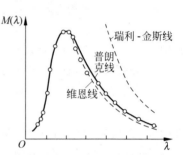

图 16.2　黑体辐射能量分布的实验结果与理论对比

1900年,普朗克在对黑体辐射的研究中推导出一个完全与实验相符合的理论结果。他假设:器壁振子的能量不能连续变化,而只能处于某些特殊状态,这些状态的能量分立值为:ε,2ε,3ε,$\cdots$,$n\varepsilon$,其中 n 为正整数,称为量子数。

对频率为 ν 的谐振子来说,最小能量为 $\varepsilon = h\nu$,其中 $h = 6.63 \times 10^{-34}$ J·S。

按照以上假说和麦克斯韦-玻耳兹曼统计分布律可得普朗克公式:

$$M_{0\lambda}(T) = 2\pi hc^2 \lambda^{-5} \frac{1}{e^{\frac{hc}{k\lambda T}} - 1} = 2\pi hc^2 \lambda^{-5} \frac{1}{e^{\frac{h\nu}{kT}} - 1}$$

其中 c 为光速,k 为玻耳兹曼常数。普朗克公式与实验结果相符,不仅解决了黑体辐射理论的基本问题,而且由此引出的"能量子"成为了近代物理学发展中的一个重要的基本观点,为此他获得了1918年度诺贝尔物理学奖。

普朗克公式还包含了斯特藩-玻耳兹曼定律和维恩位移定律。

16.2　光电效应和爱因斯坦的光量子论

1. 光电效应的实验规律

当光照射在金属表面时,金属中有电子逸出的现象叫做光电效应。所逸出的电子叫光电子,所形成的电流称为光电流。

(1) 入射光的频率不变时的伏安特性曲线见图16.3(a)。

(2) 入射光的强度不变时的伏安特性曲线见图16.3(b)。

(3) 从以上实验曲线可以得出以下结论:

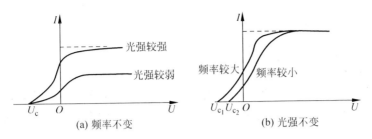

图 16.3　光电效应伏安特性曲线

① 当电压 U 足够大时,阴极 K 上逸出的电子全部被阳极 A 吸收。饱和电流 I_m 与入射光强成正比。

② 存在遏止电压 U_c,对应于电子逸出的最大初动能

$$\frac{1}{2}mv_m^2 = e\,|\,U_c\,|$$

且

$$|\,U_c\,| = K\nu - U_0,\quad K > 0, U_0 > 0$$

其中 U_0 是与金属有关的恒量,K 是普适恒量。

③ 分析与实验得

$$\frac{1}{2}mv_m^2 \geqslant 0$$

由此可得入射光频率

$$\nu \geqslant \frac{U_0}{K}$$

而 $\nu_0 = \dfrac{U_0}{K}$ 称为光电效应的红限频率。

④ 光照到金属上立即有光电子逸出,经历的时间 $\Delta t < 10^{-9}\,\text{s}$。

(4) 总结光电效应四条规律:

① 饱和电流 I_m 的大小与入射光的强度成正比,即单位时间内光电子数与入射光的强度成正比。

② 遏止电压 $|\,U_c\,|$ 与入射光强度无关,只与入射光的频率 ν 有关,ν 大,$|\,U_c\,|$ 大,电子初动能大。

③ 对于一定的金属,存在该金属的红限频率 ν_0,当光的频率 $\nu < \nu_0$ 时,不论光强如何,照射时间多长,均无光电子逸出,不同的金属 ν_0 不同。

④ 当 $\nu > \nu_0$ 时,假使光强度非常微弱,在 $\Delta t < 10^{-9}\,\text{s}$ 内即可有光电子逸出。

2. 光的波动说的缺陷

按波动说:光能量正比于振幅的平方,即辐射能决定于光的强度,它在解释光电效应时主要有三点困难。

(1) 按波动说,光电子初动能正比于入射光强。

(2) 不应该存在红限频率 ν_0,只要光强足够大,就可有光电子产生。

(3) 按波动说,辐射能连续分布在被照射的空间并以光速传播,所以从光照射到有光电子出现需要一段积累时间,且入射光越弱,时间越长。

3. 爱因斯坦光子理论

1) 爱因斯坦的光子假设(1905 年)

光在传播过程中具有波动的特性,而在光和物质相互作用的过程中,光能量是集中在一些叫光量子(光子)的粒子上。产生光电效应的光是光子流,单个光子的能量与频率成正比,每个光子能量为 $\varepsilon = h\nu$,若单位时间通过单位面积的光子数为 N,则能流密度大小为

$$I = Nh\nu$$

2) 爱因斯坦光电效应方程

按光子的概念假设,光子与金属中束缚电子相互作用而被吸收,产生电子,按能量守恒和转换定律有

$$h\nu = \frac{1}{2}mv^2 + A$$

此式称为爱因斯坦光电效应方程。其中 $\frac{1}{2}mv^2$ 是光电子的动能;A 为逸出(脱出)功,是光电子逸出金属表面所需要的最小能量。

注意:该方程于 1916 年被密立根的实验所证实,为此,爱因斯坦获得 1921 年度诺贝尔物理学奖、密立根获得 1923 年度诺贝尔物理学奖。

爱因斯坦的光子理论成功地解释了经典物理所不能解释的光电效应的实验规律。

3) 光电效应解释:

(1) 光电子数正比于入射光子数(入射光强),饱和电流 I_m 正比于入射光电子数,即正比于入射光强。

(2) 频率 ν 越大,光电子的初动能 $\frac{1}{2}mv^2$ 越大 遏止电压 $|U_c|$ 越大。

(3) 要产生光电子,应有 $\frac{1}{2}mv^2 \geq 0$,即 $h\nu \geq A$,$\nu \geq \nu_0 = \frac{A}{h}$,存在红限。

(4) 电子能一次全部吸收光子能量,不必时间积累。

4. 光子的质量和动量

(1) 能量:

$$\varepsilon = h\nu$$

(2) 质量:

$$m = \frac{\varepsilon}{c^2} = \frac{h\nu}{c^2} = \frac{h}{c\lambda}$$

光子的静止质量为 $m_0 = 0$。

(3) 动量:

$$p = \boldsymbol{m}c = \frac{h\nu}{c} = \frac{h}{\lambda}$$

光在传播时表现出波动性,在与物质相互作用时表现出粒子性的一面。

5. 光电效应的应用

(1) 光电管;
(2) 光电倍增管。

例 16.2　波长 $\lambda = 4.0 \times 10^{-7}$m 的单色光照射到金属铯上,求铯所释放的光电子最大初速度。

解：铯原子的红限频率 $\nu_0 = 4.8 \times 10^{14}$Hz,据爱因斯坦光电效应方程,光电子最大初动能

$$\frac{1}{2}mv_m^2 = h\nu - A, \quad \nu = c/\lambda, \quad A = h\nu_0$$

代入已知数据得光电子最大初速度 $\nu_m = 6.50 \times 10^5$m/s。

16.3　康普顿效应

1. 康普顿实验

1923 年康普顿研究 X 射线($6 \times 10^{16} \sim 7.5 \times 10^{19}$Hz)经金属、石墨等物质散射后的光谱成分,进一步证实了光的粒子性。康普顿实验装置见图 16.4。

实验结果表明：散射光中除了与入射光波长 λ_0 相同的射线外,同时还出现一种波长 λ 大于 λ_0 的射线,这种改变波长的散射称为康普顿效应,但是：

（1）原子量小的物质,康普顿散射强；原子量大的物质,康普顿散射弱。

（2）康普顿位移 $\Delta\lambda = \lambda - \lambda_0$ 随散射角的增大而增大,与物质无关。而且随着散射角的增大,原波长的谱线强度增大。

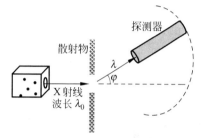

图 16.4　康普顿散射实验装置

（3）在同一散射角下,对于所有散射物质,波长的偏移 $\Delta\lambda$ 都相同,但原波长的谱线强度随散射物质的原子序数的增大而增加,新波长的谱线强度随之减小。

2. 经典波动观点的困难

根据经典电磁波理论,当电磁波通过物质时,物质中带电粒子将作受迫振动,其频率等于入射光频率,所以它所发射的散射光频率应等于入射光频率。光的波动理论无法解释康普顿效应。

3. 康普顿光子理论的解释

1）光子理论对康普顿效应的解释

光子理论认为康普顿效应是光子和自由电子作弹性碰撞的结果,具体解释如下：

（1）若光子和外层电子相碰撞,光子有一部分能量传给电子,散射光子的能量减少,于是散射光的波长大于入射光的波长。

（2）若光子和束缚很紧的内层电子相碰撞,由于光子质量远小于原子质量,根据碰撞理论,碰撞前后光子能量几乎不变,波长不变。

（3）因为碰撞中交换的能量和碰撞的角度有关,所以波长改变和散射角有关。

2）康普顿效应的定量分析

康普顿效应的微观机制可简化为：入射光子与静止自由电子发生弹性碰撞。

（1）按能量-动量守恒,光子只失去部分能量,产生康普顿位移。

（2）光子与原子实碰撞,能量近似不变,保持波长 λ_0 的 X 射线。

（3）原子量小，康普顿散射强；原子量大，康普顿散射弱。

康普顿效应的理论推导：

动量守恒（见图 16.5）：

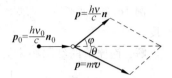

图 16.5　康普顿散射动量
守恒矢量图

$$\begin{cases} \text{矢量式：} \dfrac{h\nu_0}{c}\boldsymbol{n}_0 = \dfrac{h\nu}{c}\boldsymbol{n} + m\boldsymbol{v} \\[3mm] \text{标量式：} (m\upsilon)^2 = \left(\dfrac{h\nu}{c}\right)^2 + \left(\dfrac{h\nu_0}{c}\right)^2 - \dfrac{2h^2}{c^2}\nu\nu_0\cos\varphi \end{cases} \quad (1)$$

能量守恒：

$$h\nu_0 + m_0 c^2 = h\nu + mc^2 \qquad (2)$$

电子运动质量和静止质量的关系：

$$m = \frac{m_0}{\sqrt{1 - \upsilon^2/c^2}} \qquad (3)$$

由 $\nu = c/\lambda$，解式（1）、（2）、（3）得

$$\Delta\lambda = \lambda - \lambda_0 = \frac{h}{m_0 c}(1 - \cos\varphi) = \frac{2h}{m_0 c}\sin^2\left(\frac{\varphi}{2}\right)$$

其中 $\lambda_c = \dfrac{h}{m_0 c} = 2.4263 \times 10^{-3}$ nm 称为康普顿波长。其物理意义是：入射光子的能量与电子的静止能量相等时（$m_0 c^2 = h\nu$）所对应的入射光子的波长。又可理解为散射角 $\varphi = 90°$ 时的康普顿位移。

例 16.3　用波长 $\lambda_0 = 1\text{Å}$ 的光子做康普顿实验。

（1）散射角 $\varphi = 90°$ 的康普顿散射波长是多少？

（2）这个反冲电子所获得的动能有多大？

解：（1）由康普顿散射公式可得散射光波长

$$\lambda = \lambda_0 + \frac{h}{m_e c}(1 - \cos\varphi) = 1 + 0.024 = 1.024(\text{Å})$$

（2）由能量守恒定律，反冲电子的动能

$$E_k = mc^2 - m_0 c^2 = h\nu_0 - h\nu = \frac{hc}{\lambda_0} - \frac{hc}{\lambda}$$

$$= 6.63 \times 10^{-34} \times 3 \times 10^8 \times \left(\frac{1}{1 \times 10^{-10}} - \frac{1}{1.024 \times 10^{-10}}\right)$$

$$= 4.66 \times 10^{-17}(\text{J}) = 291(\text{eV})$$

16.4　玻尔的量子假设

1.氢原子光谱的规律性

1）光谱

光谱是研究原子结构的重要途径之一，是研究电磁辐射的波长成分和强度分布的记录。光谱可分为三类：①线状光谱；②带状光谱；③连续光谱。此外还可分为发射和吸收光谱。

　2）氢原子光谱

1885 年从某些星体的光谱中已观测到氢谱线达 14 条，瑞士科学家巴耳末发现有简单规律：

$$\lambda = B\frac{n^2}{n^2 - 4}, \quad n = 3, 4, 5, \cdots$$

此式称为巴耳末公式。其中 $B=3645.6\text{Å}$,所对应的一组谱线称为巴耳末系。

当 $n\to\infty$ 时,$\lambda_n\to B$,$\lambda_{n-1}-\lambda_n\to 0$。

令 $\tilde{\nu}=\dfrac{1}{\lambda}$ 称为波数,则

$$\tilde{\nu}=\frac{1}{\lambda}=\frac{1}{B}\frac{n^2-4}{n^2}=\frac{4}{B}\left(\frac{1}{2^2}-\frac{1}{n^2}\right)=R_{\text{H}}\left(\frac{1}{2^2}-\frac{1}{n^2}\right)$$

其中实验测得 $R_{\text{H}}=1.0967758\times10^7\,\text{m}^{-1}$,称为氢原子的里德伯常数。

1889 年,里德伯提出了一个普遍方程

$$\tilde{\nu}=R_{\text{H}}\left[\frac{1}{m^2}-\frac{1}{n^2}\right],\quad n=m+1,m+2,\cdots$$

普丰特系:

$$\tilde{\nu}=R_{\text{H}}\left[\frac{1}{5^2}-\frac{1}{n^2}\right],\quad n=6,7,8,\cdots$$

里兹合并原理:

$$\tilde{\nu}=R_{\text{H}}\left[\frac{1}{m^2}-\frac{1}{n^2}\right]=\tilde{\nu}=T(m)-T(n),\quad\begin{cases}m=1,2,3,\cdots\\n=2,3,4,\cdots\end{cases},m<n$$

$T(n)$ 称为光谱项。氢原子光谱项

$$T(n)=\frac{R_{\text{H}}}{n^2},\quad n=1,2,3,\cdots$$

3) 氢原子光谱特点总结

(1) 线光谱,谱线位置确定,且彼此分立。

(2) 谱线间有一定关系:

① 谱线构成各谱线系;

② 不同系的谱线有关系。

(3) 每一谱线的波数都可以表达为二光谱项之差。

2. 玻尔氢原子理论

1911 年卢瑟福在 α 粒子散射实验基础上提出有核模型。

设电子绕核运动,有

$$m\frac{v^2}{r}=\frac{1}{4\pi\varepsilon_0}\frac{e^2}{r^2}\tag{1}$$

假设核不动,势能 $U=K-\dfrac{1}{4\pi\varepsilon_0}\dfrac{e^2}{r}$,其中 K 是无穷远处的势能,若取 $K=0$,则

$$U=-\frac{1}{4\pi\varepsilon_0}\frac{e^2}{r}\tag{2}$$

由式(1)、式(2)得原子的能量

$$E=\frac{1}{2}mv^2-\frac{1}{4\pi\varepsilon_0}\frac{e^2}{r}=-\frac{1}{4\pi\varepsilon_0}\frac{e^2}{2r}$$

由式(1)得频率为

$$\nu=\frac{v}{2\pi r}=\frac{e}{2\pi}\sqrt{\frac{1}{4\pi\varepsilon_0 mr^3}}$$

按照经典电动力学的观点,电子存在加速度,应该有连续电磁辐射。

1）经典理论的困难

（1）如果按照经典理论预期，那么原子连续辐射能量，电子能量下降，半径会减小，最后落到原子核上。

（2）原子光谱应是连续谱。

2）玻尔氢原子理论（1913 年）

（1）玻尔的基本假设

① 定态假设

电子在原子中可以在一些特定的轨道上运动而不辐射电磁波，这时原子处于稳定态并具有一定的能量，这样的状态称为定态。

② 量子跃迁（频率）假设

当电子从能量较高的定态 E_n 跃迁到另一能量较低的定态 E_k 时，辐射的光子能量

$$h\nu_{kn} = E_n - E_k$$

反之吸收频率为 ν_{kn} 的光子。

③ 轨道角动量量子化假设

处于定态的电子，轨道角动量（动量矩）：

$$L = n\frac{h}{2\pi} = n\hbar$$

式中 $n = 1, 2, 3, \cdots$ 称为量子数。

（2）玻尔模型的理论推导

设原子核静止，由角动量量子化条件可得核外电子运动角动量

$$mvr = n\hbar$$

由牛顿定律可得

$$m\frac{v^2}{r} = \frac{1}{4\pi\varepsilon_0}\frac{e^2}{r^2}$$

解上两式可得电子运动轨道半径

$$r_n = \frac{4\pi\varepsilon_0 n^2 \hbar^2}{me^2}, \quad n = 1, 2, 3, \cdots$$

可见，轨道半径只能取一系列分立值。

对应 $n=1$ 称为基态，半径 $r_1 = \frac{4\pi\varepsilon_0 \hbar^2}{me^2} = 0.529 \times 10^{-10}$ (m) $= 0.529$ (Å) 称为玻尔半径。

由第 n 级轨道电子总能量

$$E_n = \frac{1}{2}mv_n^2 - \frac{1}{4\pi\varepsilon_0}\frac{e^2}{r_n}$$

及牛顿定律可得

$$\begin{cases} E_n = -\dfrac{1}{4\pi\varepsilon_0}\dfrac{e^2}{2r} \\ r_n = \dfrac{4\pi\varepsilon_0 n^2 \hbar^2}{me^2} \end{cases}$$

因此得玻尔能级

$$E_n = -\frac{me^4}{8\varepsilon_0^2 h^2}\frac{1}{n^2}, \quad n = 1, 2, 3, \cdots$$

当 $n=1$ 时，对应基态能量为

$$E_1 = -\frac{me^4}{8\varepsilon_0^2 h^2}\frac{1}{n^2} = -2.18 \times 10^{-18} \text{(J)} = -13.6 \text{(eV)}$$

其他定态的能量为

$$E_n = -\frac{13.6}{n^2}(\text{eV}) \quad n > 1$$

根据玻尔量子跃迁假设

$$h\nu_{kn} = E_n - E_k$$

跃迁频率

$$\nu_{mn} = \frac{E_n - E_m}{h}$$

将玻尔能级代入上式得

$$\tilde{\nu}_{mn} = \frac{\nu_{mn}}{c} = \frac{1}{hc}(E_n - E_m) = \frac{me^4}{8\varepsilon_0^2 h^3 c}\left(\frac{1}{m^2} - \frac{1}{n^2}\right)$$

上式中令 $R_H = \dfrac{me^4}{8\varepsilon_0^2 h^3 c} = 1.0973731 \times 10^7 (\text{m}^{-1})$，称里德伯常量。

与实验结果比较可知，玻尔模型成功解释了氢光谱和类氢光谱实验。

3）玻尔的贡献

（1）成功地揭示了"巴耳末公式之谜"；

（2）首次打开了人们认识原子结构的大门；

（3）定态和量子跃迁（频率）假设在原子结构和分子结构的现代理论中仍是重要概念；

（4）为量子力学的建立奠定了基础。

4）玻尔氢原子理论的改进及其局限

玻尔的理论是半经典的并且仍有许多缺陷，此后在 1925—1928 年期间玻尔的旧量子论发展成为量子力学。

例 16.4　试求氢原子线系极限的波数表达式及赖曼系（由各激发态跃迁到基态所发射的谱线构成）、巴耳末系、帕邢系（由各高能激发态跃迁到 $n = 3$ 的定态所发射的谱线构成）的线系极限波数。（里德伯恒量 $R_H = 1.097 \times 10^7 \text{m}^{-1}$）

解：由

$$\tilde{\nu} = \frac{1}{\lambda} = R\left(\frac{1}{m^2} - \frac{1}{n^2}\right), \quad n > m$$

线系极限即令 $n = \infty$，所以线系极限的波数 $\tilde{\nu} = \dfrac{R}{k_2}$。

赖曼系：

$$m = 1, \tilde{\nu} = R = 1.097 \times 10^7 (\text{m}^{-1})$$

巴耳末系：

$$m = 2, \tilde{\nu} = \frac{R}{2^2} = \frac{1.097 \times 10^7}{4} \approx 0.274 \times 10^7 (\text{m}^{-1})$$

帕邢系：

$$m = 3, \tilde{\nu} = \frac{R}{3^2} = \frac{1.097 \times 10^7}{9} \approx 0.122 \times 10^7 (\text{m}^{-1})$$

16.5　实物粒子的波动性

1. 德布罗意波假设(1924 年)

德布罗意(L. V. de Broglie，1892—1986)从自然界的对称性出发认为：既然光（波）具有粒子性,那么实物粒子也应具有波动性。1924 年 11 月德布罗意把题为"量子理论的研究"的博士论文提交给巴黎大学,指出:一个能量为 E、动量为 p 的实物粒子同时具有波动性。

假设:质量为 m 的粒子,以速度 v 运动时,不但具有粒子的性质,也具有波动的性质。

粒子性用能量 E、动量用 p 描述。类比光子,由相对论能量、动量、质量公式可得

$$E = mc^2 = h\nu, \quad p = mv = \frac{h}{\lambda}, \quad m = \frac{m_0}{\sqrt{1 - v^2/c^2}}$$

其中 m_0 为粒子静质量。

波动性用频率和波长描述:

$$\text{频率} \ \nu = \frac{mc^2}{h} = \frac{m_0 c^2}{h\sqrt{1 - v^2/c^2}},$$

$$\text{波长} \ \lambda = \frac{h}{mv} = \frac{h\sqrt{1 - v^2/c^2}}{m_0 v}$$

即德布罗意波长。

当速度 $v \ll c$ 时

$$E_k = \frac{1}{2}m_0 v^2, \quad p = m_0 v, \quad \text{或} \ E_k = \frac{p^2}{2m_0}, \quad p = \sqrt{2m_0 E_k}, \quad \lambda = \frac{h}{p} = \frac{h}{\sqrt{2m_0 E_k}}$$

2. 电子的非相对论德布罗意波长

设加速电势差为 U,则

$$\frac{1}{2}m_0 v^2 = eU, v = \sqrt{\frac{2eU}{m_0}}$$

$$\text{波长} \ \lambda = \frac{h}{m_0 v} = \frac{h}{\sqrt{2eUm_0}} = \frac{h}{\sqrt{2em_0}} \cdot \frac{1}{\sqrt{U}}$$

$$\lambda = \frac{1.225}{\sqrt{U}} \text{nm}$$

例如当 $U = 220V$ 时,$\lambda = 0.08\text{nm}$(与 X 射线的波长相当)。

例 16.5 质量为 $m_e = m_0$ 的电子被电势差为 $U_{12} = 100\text{kV}$ 的电场加速,如果考虑相对论效应,试计算其德布罗意波的波长。若不用相对论计算,则相对误差是多少?

(电子静止质量 $m_e = 9.11 \times 10^{-31}\text{kg}$,普朗克常量 $h = 6.63 \times 10^{-34}\text{J} \cdot \text{s}$)

解:由相对论关系有

$$p = mv = \frac{m_0}{\sqrt{1 - \left(\frac{v}{c}\right)^2}}v \tag{1}$$

$$eU_{12} = mc^2 - m_0 c^2 = \left[\frac{m_0 c^2}{\sqrt{1 - \left(\frac{v}{c}\right)^2}} - m_0 c^2\right] \tag{2}$$

$$\lambda = \frac{h}{p} \tag{3}$$

由以上三式可得

$$\lambda = \frac{h}{\sqrt{2m_0 eU_{12}\sqrt{1 + \frac{eU_{12}}{2m_0 c^2}}}} = 3.71 \times 10^{-12}(\text{m})$$

若不考虑相对效应,有

$$p = m_0 v, \quad eU_{12} = \frac{1}{2} m_0 v^2, \quad \lambda' = \frac{h}{\sqrt{2m_0 eU_{12}}}$$

相对误差

$$\frac{|\lambda' - \lambda|}{\lambda} = \sqrt{1 + \frac{eU_{12}}{2m_0 c^2}} - 1 = 4.8\%$$

3. 对氢原子量子化条件的解释

德布罗意认为当电子在半径为 r 的某个圆轨道上绕核运动时,如果圆周轨道长度恰好是电子德布罗意波长 λ 的正整数倍,即电子运动对应稳定的驻波,对应的定态如图 16.6 所示,即可得到玻尔角动量量子化假设。

假设周长为

$$2\pi r = n\lambda, \quad n = 1, 2, \cdots$$

由 $\lambda = h/p$ 可得

$$2\pi r = n \frac{h}{p} = n \frac{h}{mv}$$

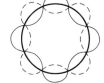

图 16.6 电子运动形成驻波图形

经整理即可得电子角动量量子化条件:

$$mvr = L = n \frac{h}{2\pi} = n\hbar$$

德布罗意获 1929 年诺贝尔物理奖。

4. 电子的衍射实验——德布罗意假设的实验验证

1) 戴维森-革末实验

1927 年戴维森及革末用电子束打在镍单晶表面的散射实验,观察到了和 X 射线衍射类似的电子衍射现象,首先证实了电子的波动性。

实验装置如图 16.7 所示,由布拉格方程可得 $\lambda = 2d\sin\varphi = 0.165(\mathrm{nm})$,其中 $d = 0.091\mathrm{nm}$,即固体晶体常数,$\varphi = 65°$,当 $U = 100\mathrm{V}$ 时,由德布罗意波长公式可得 $\lambda = \dfrac{1.225}{\sqrt{U}} = 0.167\mathrm{nm}$,两种方法所得结果极为相近。

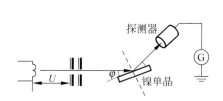

图 16.7 戴维森-革末实验装置

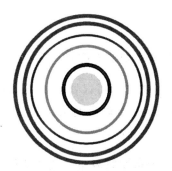

图 16.8 电子衍射图像

2) 汤姆孙电子衍射实验

同年(1927 年)汤姆孙(G. P. Thomson)做了电子束穿过多晶薄膜的衍射实验,成功地得到了和 X 射线通过多晶薄膜后产生的衍射图样极为相似的衍射图样,如图 16.8 所示,证实了德布罗意的假设。

戴维森-革末和汤姆孙实验证实了德布罗意的假设。他们于 1937 年共获诺贝尔物理奖。

16.6 波函数及统计解释

1. 波函数的统计意义

德布罗意认为具有能量 E 和动量 $\boldsymbol{p}$ 的自由粒子对应于频率为 ν、波长为 λ、沿 x 正方向传播的平面简谐波 $y = A\cos 2\pi\left(\nu t - \dfrac{x}{\lambda}\right)$,如图 16.9 所示,并且有

$$\nu = \frac{E}{h}, \quad \lambda = \frac{h}{p}$$

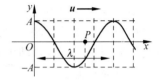

图 16.9 平面简谐波

自由粒子的波粒二象性和平面波函数如何给出合理的物理解释?

玻恩的统计解释:

波函数在某一 t 时刻在空间某点 $\boldsymbol{r}$ 的强度,即其振幅绝对值的平方和在该点处找到粒子的概率成正比,和粒子相联系的波(德布罗意波)是概率波。描述粒子的波函数为 ψ,$|\psi|^2$ 代表 t 时刻空间某点单位体积元内粒子出现的概率即概率密度(几率密度)。

空间某点 $\boldsymbol{r}$ 处 $\mathrm{d}V$ 体积元内粒子出现的概率为

$$\mathrm{d}W = |\psi|^2 \mathrm{d}V, \quad \mathrm{d}V = \mathrm{d}x\mathrm{d}y\mathrm{d}z$$

$P = \mathrm{d}W/\mathrm{d}V = |\psi|^2$ 即概率密度。则按玻恩的统计解释,对应于自由粒子的平面波的振幅平方与空间坐标无关,表明粒子在空间各处出现的概率密度相等。为了定量地描述微观粒子的状态,量子力学中引入了波函数。一般来讲,波函数是空间和时间的复函数,简称概率幅。

2. 波函数的性质(标准条件)

(1) 单值性:粒子在某时某处出现的概率唯一。

(2) 有限性:$P < 1$。

(3) 连续性:P 的分布是连续的。

(4) 波函数满足归一化条件:

$$\iiint_V |\psi|^2 \mathrm{d}V = 1$$

3. 波函数的态叠加原理

某一粒子既可以处于 ψ_1 描写的状态,也可以处于 ψ_2 描写的状态,则该粒子状态可以用 $\psi_{12} = \psi_1 + \psi_2$ 来描述,称为波函数的态叠加原理,相应的概率密度分布为

$$P_{12} = |\psi_{12}|^2 = |\psi_1 + \psi_2|^2 = |\psi_1|^2 + |\psi_2|^2 + \psi_1 \cdot \psi_2^* + \psi_1^* \cdot \psi_2$$

4. 德布罗意波与经典波的区别

(1) 它是微观粒子运动的统计描述,不是某物理量周期性变化的传播。

(2) 德布罗意波模的平方满足归一化条件,且 ψ 与 $C\psi$(C 为常量)描述的是同一种波。经典波的振幅增大到原来的 C 倍,其强度 $I' = C^2 I$,即强度变为原来的 C^2 倍。

例 16.6　设粒子沿 x 方向运动,其波函数为

$$\psi(x) = \frac{A}{1 + \mathrm{i}x}$$

(1) 将此波函数归一化。

(2) 求出粒子按坐标的概率分布函数和概率密度。

(3) 在何处找到粒子的概率密度最大?

解:(1) 由归一化条件

$$\int_{-\infty}^{\infty} \left| \frac{A}{1 + \mathrm{i}x} \right|^2 \mathrm{d}x = \int_{-\infty}^{\infty} \frac{A^2}{1 + x^2} \mathrm{d}x = A^2 \arctan x \Big|_{-\infty}^{\infty} = A^2 \pi = 1$$

$$A = \sqrt{\frac{1}{\pi}}, \quad \psi(x) = \frac{1}{\sqrt{\pi}(1 + x)}$$

(2) 概率分布函数为

$$P(x) = |\psi(x)|^2 \mathrm{d}x = \left| \frac{A}{1 + \mathrm{i}x} \right|^2 \mathrm{d}x = \frac{A^2}{1 + x^2} \mathrm{d}x$$

概率密度为

$$|\psi(x)|^2 = \left| \frac{1}{\sqrt{\pi}(1 + \mathrm{i}x)} \right|^2 = \frac{1}{\pi(1 + x^2)}$$

(3) 由 $\dfrac{\mathrm{d}}{\mathrm{d}x} |\psi(x)|^2 = 0$ 得 $x = 0$,即在 $x = 0$ 处粒子的概率密度最大。

16.7　不确定关系

假设一个微观粒子位置的不确定范围为 Δq(q 为广义坐标),动量的不确定范围为 Δp,

则:$\Delta p \cdot \Delta q \geqslant \dfrac{\hbar}{2}$,其中 $\hbar = h/2\pi$,$h = 6.626 \times 10^{-34} \mathrm{J} \cdot \mathrm{s}$。

以电子通过单缝后位于缝后的屏幕上为例(见图 16.10):位置的不确定范围是 $\Delta x = a$(缝宽)。

设 θ_1 为第一级暗纹的衍射角,$a \sin\theta_1 = \lambda$,若只考虑电子出现在中央明纹区域,则:动量 p 在 Ox 轴方向上的分量 p_x 的不确定范围为

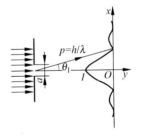

图 16.10　电子的单缝衍射实验

$$\Delta p_x = p \cdot \sin\theta_1 = \frac{h}{\lambda} \frac{\lambda}{d} = \frac{h}{d} = \frac{h}{\Delta x}$$

得

$$\Delta x \cdot \Delta p_x = h$$

对高级次衍射纹:

$$\Delta x \cdot \Delta p_x \geqslant h$$

以上只是粗略估计,严格推导由量子力学公式给出。

注意:不确定关系是微观粒子运动的基本规律。严格说来,它是波粒二象性和波函数统计解释导致的必然结果。由量子力学可以严格证明:只要两个力学量的算符不对易,它们就没有共同本征态。因此,不可能同时准确测量这两个力学量。例如

$$\Delta p_x \cdot \Delta x \geqslant \hbar/2, \quad \Delta p_y \cdot \Delta y \geqslant \hbar/2, \quad \Delta p_z \cdot \Delta z \geqslant \hbar/2, \quad \Delta E \cdot \Delta t \geqslant \hbar/2$$

例 16.7　在电子单缝衍射实验中,若缝宽为 $a=0.1\text{nm}(1\text{nm}=10^{-9}\text{m})$,电子束垂直射在单缝上,衍射的电子横向动量的最小不确定量为多少?(普朗克常量 $h=6.63\times10^{-34}\text{J}\cdot\text{s}$)

解：根据 $\Delta x\cdot\Delta p_x\geqslant\hbar/2,\Delta x=a$,得

$$\Delta p_x\geqslant\frac{\hbar}{2a}=\frac{1.06\times10^{-34}}{2\times0.1\times10^{-9}}=0.53\times10^{-24}(\text{N}\cdot\text{s})$$

若用公式 $\Delta x\cdot\Delta p_x\geqslant h$,则可得

$$\Delta p_x\geqslant\frac{h}{a}=6.63\times10^{-24}(\text{N}\cdot\text{s})$$

16.8　薛定谔方程

1. 自由粒子的薛定谔方程(非相对论)

沿 x 方向运动的一维波函数为

$$\Psi=\psi_0\,\text{e}^{-\frac{\text{i}}{\hbar}(Et-px)}$$

沿 r 方向运动的三维波函数为

$$\Psi=\psi_0\,\text{e}^{-\frac{\text{i}}{\hbar}(Et-\boldsymbol{p}\cdot\boldsymbol{r})}$$

对 x、y、z 求二阶偏导,得

$$\nabla^2\Psi=-\frac{p^2}{\hbar^2}\Psi \tag{1}$$

对 t 求一级偏导,得

$$\text{i}\,\hbar\frac{\partial\Psi}{\partial t}=E\Psi=\frac{p^2}{2m}\Psi \tag{2}$$

将式(1)与式(2)类比得

$$-\frac{\hbar^2}{2m}\nabla^2\Psi=\text{i}\,\hbar\frac{\partial\Psi}{\partial t}$$

此即自由粒子的含时薛定谔方程。

2. 非自由粒子的薛定谔方程

$$\hat{H}\Psi=-\frac{\hbar^2}{2m}\nabla^2\Psi+U\Psi=\text{i}\,\hbar\frac{\partial\Psi}{\partial t}$$

即一般形式的含时薛定谔方程。其中 U 为粒子所受势场作用的势函数；$\hat{H}=-\frac{\hbar^2}{2m}\nabla^2+U$ 称哈密顿算符。

3. 定态薛定谔方程

当势函数不显含时间 t 时,可以设波函数

$$\Psi(x,y,z,t)=\psi(x,y,z)\cdot f(t)$$

定态波函数为

$$\Psi(x,y,z,t)=\psi(x,y,z)\text{e}^{-\frac{\text{i}Et}{\hbar}}$$

定态势场中运动粒子的薛定谔方程为

$$-\frac{\hbar^2}{2m}\nabla^2\psi+U\psi=E\psi$$

$\hat{H}\psi = E\psi$ 称能量本征方程，E 为能量本征值，$\psi(x,y,z)$ 为本征态。

例如，一维自由粒子的波函数为

$$\psi(x) = \psi_0 \mathrm{e}^{\frac{iP_x x}{\hbar}}$$

$$\frac{\mathrm{d}^2\psi}{\mathrm{d}x^2} = \left(\frac{\mathrm{i}}{\hbar}P_x\right)^2 \psi_0 \mathrm{e}^{\frac{iP_x x}{\hbar}} = \frac{-P_x^2}{\hbar^2}\psi$$

非相对论下，对自由粒子：

$$U = 0, \quad E = E_k, \quad p_x^2 = 2mE_k$$

所以有

$$\frac{\mathrm{d}^2\psi}{\mathrm{d}x^2} + \frac{2mE_k}{\hbar^2}\psi = 0$$

对保守场中的粒子有：

$$E_k = E - U$$

代入上式得

$$\frac{\mathrm{d}^2\psi}{\mathrm{d}x^2} + \frac{2m(E-U)}{\hbar^2}\psi = 0$$

整理得

$$-\frac{\hbar^2}{2m}\frac{\mathrm{d}^2\psi}{\mathrm{d}x^2} + U\psi = E\psi$$

即一维定态薛定谔方程。

推广到三维情况：

$$\frac{\partial^2\psi}{\partial x^2} + \frac{\partial^2\psi}{\partial y^2} + \frac{\partial^2\psi}{\partial z^2} + \frac{2m}{\hbar^2}(E-U)\psi = 0$$

即三维定态薛定谔方程。

总结量子力学解题的一般步骤：

(1) 由粒子运动的情况，写出势函数 $U(\boldsymbol{r})$；

(2) 代入定态薛定谔方程；

(3) 由波函数标准条件，解出能量本征值和相应的本征函数；

(4) 求出概率密度分布及其他力学量。

16.9　无限深方势阱中的粒子

例 16.8　一维无限深方势阱是量子物理中最简单的模型，设质量为 m 的粒子在这种外力场中的势能函数为

$$U(x) = \begin{cases} \infty, & x < 0 \\ 0, & 0 \leqslant x \leqslant a \\ \infty, & x > a \end{cases}$$

求：粒子运动的能级和对应的波函数。

解：一位无限深势阱中，定态薛定谔方程为

$$-\frac{\hbar^2}{2m} \cdot \frac{\partial^2\psi(x)}{\partial x^2} - E\psi(x) = 0, \quad 0 \leqslant x \leqslant a$$

令

$$k^2 = \frac{2mE}{\hbar^2}, \quad \frac{\partial^2\psi(x)}{\partial x^2} + k^2\psi(x) = 0$$

其解为

$$\psi(x) = A\sin kx + B\cos kx$$

依据波函数的连续性有

$$x = 0, \quad \psi(0) = 0; \quad x = a, \quad \psi(a) = 0$$

可知 $B = 0$, $\sin ka = 0$, 得

$$ka = n\pi$$

$$E_n = \frac{n^2\pi^2\hbar^2}{2ma^2}, \quad n = 1, 2, 3, \cdots$$

波函数为

$$\psi(x) = A\sin\frac{n\pi x}{a}, \quad n = 1, 2, 3, \cdots$$

由归一化条件 $\int \psi^* \psi \mathrm{d}x = 1$ 得

$$A = \sqrt{\frac{2}{a}}$$

定态波函数为

$$\psi(x,t) = \psi(x)\mathrm{e}^{-\frac{\mathrm{i}}{\hbar}Et} = \sqrt{\frac{2}{a}}\sin\frac{n\pi x}{a}\mathrm{e}^{-\frac{\mathrm{i}}{\hbar}Et}$$

例 16.9　一维无限深方势阱是量子物理中最简单的模型,设质量为 m 的粒子在这种外力场中的势能函数为

$$U(x) = \begin{cases} 0, & |x| \leqslant a/2 \\ \infty, & |x| \geqslant a/2 \end{cases}$$

求:粒子运动的能级和对应的波函数。

解:

$$-\frac{\hbar^2}{2m}\frac{\mathrm{d}^2\psi}{\mathrm{d}x^2} = E\psi, \quad |x| \leqslant a/2$$

$$\frac{\mathrm{d}^2\psi}{\mathrm{d}x^2} + k^2\psi = 0$$

其中

$$k^2 = \frac{2mE}{\hbar^2}$$

上式微分方程的解为

$$\psi(x) = A\sin(kx + \varphi)$$

由波函数边界条件:

$$\psi(-a/2) = 0, \quad \psi(a/2) = 0$$

$$\begin{cases} A\sin(-ka/2 + \varphi) = 0 \\ A\sin(ka/2 + \varphi) = 0 \end{cases} \Rightarrow \begin{cases} -ka/2 + \varphi = l_1\pi \\ ka/2 + \varphi = l_2\pi \end{cases} \Rightarrow \varphi = \frac{(l_1 + l_2)\pi}{2} = \frac{l\pi}{2}$$

其中 l_1、l_2、l 皆为整数。

$$\psi(x) = A\sin\left(kx + \frac{l\pi}{2}\right) = \begin{cases} A\sin kx, & l = 0, 2, 4, 6, \cdots \\ A\cos kx, & l = 1, 3, 5, 7, \cdots \end{cases}$$

由波函数连续条件: $\psi(a/2) = A\sin(ka/2) = 0$, 由此 $ka = 2n\pi$, $n = 1, 2, 3, \cdots$

$$\psi'(a/2) = kA\cos(ka/2) = 0, \text{由此 } ka = (2n + 1)\pi$$

n 不能取零,否则 $\psi=0$,n 取负数概率密度与其取相应正数结果相同。综合上述两式得

$$ka = n\pi, \quad k = n\frac{\pi}{a}, \quad n = 1,2,3,\cdots$$

由 $k^2 = \dfrac{2mE}{\hbar^2}$,将 $k = n\dfrac{\pi}{a}$ 代入得 $n^2\dfrac{\pi^2}{a^2} = \dfrac{2mE_n}{\hbar^2}$,所以

$$E_n = n^2\left(\frac{\pi^2\hbar^2}{2ma^2}\right), \quad n = 1,2,3,\cdots$$

即能量本征值。

波函数为

$$\psi_n(x) = \begin{cases} A\sin\dfrac{n\pi}{a}, & n = 2,4,6,\cdots, \; |x| \leqslant a/2,\text{具有奇宇称} \\[2mm] A\cos\dfrac{n\pi}{a}x, & n = 1,3,5,\cdots, \; |x| \leqslant a/2,\text{具有偶宇称} \\[2mm] 0, & |x| \geqslant a/2 \end{cases}$$

由波函数归一化条件有

$$\int_{-\infty}^{\infty} |\psi_n(x)|^2\,\mathrm{d}x = 1 \Rightarrow \begin{cases} \displaystyle\int_{-a/2}^{a/2} A^2\sin^2\left(\dfrac{n\pi}{a}x\right)\mathrm{d}x = A^2\dfrac{a}{2} = 1 \\[3mm] \displaystyle\int_{-a/2}^{a/2} A^2\cos^2\left(\dfrac{n\pi}{a}x\right)\mathrm{d}x = A^2\dfrac{a}{2} = 1 \end{cases}, \quad \text{可得 } A = \sqrt{\frac{2}{a}}$$

其中 A 为归一化系数。这些波函数叫做能量本征波函数。每个本征波函数所描述的粒子状态称为粒子的能量本征态。含时波函数为

$$\Psi_n(x,t) = \psi_n(x)\exp(-\mathrm{i}E_n t/\hbar)$$

势阱内粒子能量的可能值为

$$E_n = n^2\left(\frac{\pi^2\hbar^2}{2ma^2}\right), \quad n = 1,2,3,\cdots$$

由于 n 只能取整数值,这一结果表明束缚在势阱内的粒子能量只能取离散的值,每一值对应于一个能级。这些能量值称为能量本征值,而 n 称为量子数。

各能量本征值的集合 $\{E_n\}$ 称为能谱。每一本征值对应的本征态 Ψ_n 表示粒子的量子态,见图 16.11。

粒子在势阱中呈现特定的几率分布,在对称势阱的情况下,波函数还具有空间反演的对称性,称波函数具有奇宇称或偶宇称。

粒子在势阱中运动呈驻波状态,其波长为

$$\lambda_n = h/p = h/\sqrt{2mE_k} = \frac{h}{\hbar k} = \frac{2a}{n}, \quad n = 1,2,3,\cdots$$

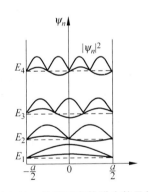

图 16.11　无限深方势阱中粒子的本征函数和概率密度

16.10　势垒贯穿

前面讨论的是束缚态,势垒贯穿涉及散射态。

如图 16.12 所示的方形势垒势函数为

$$U(x) = \begin{cases} U_0, & 0 < x \leqslant a(\text{II 区}) \\ 0, & x < 0(\text{I 区}),\text{或 } x > a(\text{III 区}) \end{cases}$$

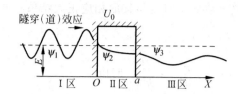

图 16.12　电子隧穿（道）效应示意图

当能量为 $E(<U_0)$ 的粒子从左向右射向势垒时，若问粒子能否穿透势垒到达Ⅲ区，只能从求解定态薛定谔方程中得到答案。这实际上是粒子被势垒散射的一维问题，粒子从无限远处来，沿图中箭头所示的方向射向势垒，按一般的估计，可能一部分被反射，还有一部分透射。在Ⅰ区和Ⅲ区薛定谔方程的形式为

$$\frac{\mathrm{d}^2\psi}{\mathrm{d}x^2} + k^2\psi = 0, \quad k^2 = \frac{2mE}{\hbar^2}$$

在Ⅱ区粒子应满足下面的方程式：

$$\frac{\mathrm{d}^2\psi}{\mathrm{d}x^2} - \gamma^2\psi = 0, \quad \gamma^2 = \frac{2m(U_0 - E)}{\hbar^2}$$

利用分离变量法及波函数边界条件解上面两个方程可得

$$\psi(x) = \begin{cases} A_1 \mathrm{e}^{ikx} + B_1 \mathrm{e}^{-ikx}, & x < 0 \\ A_2 \mathrm{e}^{\gamma x} + B_2 \mathrm{e}^{-\gamma x}, & 0 < x < a \\ A_3 \mathrm{e}^{ikx}, & x > a \end{cases}$$

在Ⅰ区，波函数包括两部分，一部分是沿 x 方向传播的入射波 $A_1 \mathrm{e}^{ikx}$，另一部分则是沿 $-x$ 方向传播的反射波 $B_1 \mathrm{e}^{-ikx}$，并可以由系数 A_1 和 B_1 确定势垒的反射系数

$$R = \mid B_1/A_1 \mid^2$$

在Ⅱ区，也存在沿 x 方向传播的透射波 $A_2 \mathrm{e}^{\gamma x}$ 和沿 $-x$ 方向传播的反射波 $B_2 \mathrm{e}^{-\gamma x}$。在Ⅲ区，只可能存在沿 x 方向传播的透射波 $A_3 \mathrm{e}^{ikx}$，所以势垒的透射系数可以表示为

$$T = \mid A_3/A_1 \mid^2$$

系数 A_1、B_1、A_2、B_2 和 A_3 可以根据归一化条件、波函数及其导数在 $x=0$ 和 $x=a$ 处连续的要求加以确定。问题是，在粒子能量 $E<U_0$ 的情况下是否有粒子能够穿透势垒到达Ⅲ区，也就是透射系数 T 是否为 0 的问题。按上述方法确定 A_1 和 A_3 即可求得透射系数 T。结果表明，一般情况下透射系数 $T \neq 0$。粒子能够穿透比其动能高的势垒的现象称为隧穿效应，它是粒子具有波动性的表现。从经典物理学观点看，粒子不可能穿透比其动能高的势垒。

参考文献

[1] 张三慧.大学物理学[M].2版.北京：清华大学出版社,1999.

[2] 程守洙,江之永,等.普通物理学[M].2版.北京：高等教育出版社,1982.

[3] 吴百诗.大学物理(上、下册)[M].西安：西安交通大学出版社,1995.

[4] 马文蔚.物理学[M].5版.北京：高等教育出版社,2006.

[5] 程守洙,江之永.普通物理学[M].5版.北京：高等教育出版社,2007.

[6] 徐行可.大学物理教程(上、下册)[M].成都：西南交通大学出版社,2005.

[7] 王莉,徐行可.大学物理.(上册)[M].北京：机械工业出版社,2002.

[8] 王祖源,张庆福.大学物理(下册)[M].北京：机械工业出版社,2002.

[9] 陈宜生,李增智.大学物理[M].天津：天津大学出版社,1999.

[10] 王少杰,顾牡.基础物理学(上册)[M].上海：同济大学出版社,2005.

[11] 王少杰,顾牡.基础物理学(下册)[M].上海：同济大学出版社,2006.

[12] 曾谨言.量子力学教程[M].北京：科学出版社,2003.

[13] 姚启钧原著,华东师大光学教材编写组改编.光学教程[M].3版.北京：高等教育出版社,2002.

[14] 赵近芳,王登龙.大学物理学[M].3版.北京：北京邮电大学出版社,2013.